JN438872

현장을 위한 식품문제해결

PROBLEM SOLVING

IN THE FOOD INDUSTRY

현장을 위한 식품문제해결

노봉수 · 양지영 · 송상훈 · 이재환
한정훈 · 송태국 · 오원택 · 김현정

수학사

PREFACE
머리말

2019년 스위스 다보스포럼에서는 2020년 이후 산업체에서 필요로 하는 사람의 능력으로 복합적인 문제 해결, 비판적인 사고, 그리고 창의성을 손꼽았다. 이제는 암기하거나 기억력이 뛰어난 사람보다도 창의적인 사람이 더 필요한 세계로 다가가고 있다. 인공지능의 발달이 어디까지 계속될지 모르지만 인간보다 더 나은 존재가 탄생하는 것은 시간문제이다. 이제는 기억하는 것이 중요한 세상이 아니라 접해 본 적도 없는 엉뚱한 상황의 문제를 해결하는 능력을 갖춘 사람을 요구하는 시대로 들어서고 있다.

4차 산업혁명을 대비한 교육은 어떤 것이 되어야 하는가? 다양한 상황을 스스로 극복해 나가는 능력을 키워야 한다고 본다. 그것은 바로 문제 해결 능력이다. 어떤 사실을 암기하고 있는 것은 살아 있는 지식이 아니다. 알고 있는 지식을 토대로 복잡하고 어려운 상황을 맞이하여 해결할 수 없다면 그것은 죽은 지식이나 마찬가지이다. 그러나 사회가 그런 능력을 요구하고 있음에도 불구하고 대학에서 그런 능력을 가르치는 데 소홀히 해왔다면 교육자의 책임이 크다. 산업체들이 문제 해결 능력을 갖춘 사람을 원하고, 이런 능력을 제대로 갖추지 못한 신입사원을 교육하기 위해 많은 투자를 하고 있다. 교육자의 한 사람으로 부끄러움을 금할 길이 없다.

영화「마션」은 예상치 못한 사고로 화성에 홀로 남게 된 상황을 가정하여 어떻게 살아남았는가를 보여 준다. 극복하기 어려운 문제들이 끊임없이 생겨나고, 주인공은 그때마다 자신이 선택할 수 있는 가장 최선의 방안을 선택하여 해결해 나간다. 때로는 실패도 하지만 여기에 굴하지 않고 차선의 해결책으로 또 다시 대응해 나간다. 혼자 힘으로 연이어 발생하는 문제들을 해결해 나가는 자세와 상황 대처 능력을 잘 보여 주는 영화이다. 주인공이 헤쳐 나가는 과정을 보면 문제 상황에 대한 통찰력이 뛰어남을 알 수 있다. 물론 이런 능력을 누구나 다 갖추고 있는 것은 아니다. 하지만 평소 여러 가지 문제 해결을 위한 훈련이 잘 되어 있고, 위기 상황에 대응하여 그에 합당한 대책을 수립할 수 있는 훈련이 되어 있다면 충분히 헤쳐 나갈 수 있는 것이다.

"문제를 해결해 나가면서 또 다른 문제가 생기면 그것을 해결하고, 또 다른 문제가 생기면 또 그것을 해결하고, 그러다 보면 언젠가는 지구로 돌아올 수 있을 것이라는 믿음이 있었다."는 주인공의 마지막 대사는 문제 해결 능력을 키우고자 하는 사람들에게

귀감이 되는 말이다.

그런데 이러한 이야기는 이미 2,000여 년 전 중국에서도 후손들에게 당부하는 말로 전해지고 있었다. 『삼국지』에서 제갈량이 스승으로부터 많은 배움을 받고 작별할 때 그의 스승은 다음과 같은 말을 남기고 홀연히 사라졌다.

"진정한 (문제 해결) 능력은 실제 사용하면서 얻어지는 것이다. 책에서 알게 된 것은 천지 만물의 변화를 보고 때에 따라 바꾸고, 때에 맞게 처리해야 쓸모가 있다."

마찬가지로 이 책을 통해서 얻은 것은 그것을 활용하고 응용하여 자기 것으로 만들지 못한다면 아무런 의미가 없는 죽은 지식에 불과하다. 미래는 살아 있는 지식을 필요로 한다. 그리고 살아 있는 지식은 우리가 계속해서 만들어 가야 하는 것이다.

이 책은 현장의 업무를 잘 모르는 학생들이나 이제 막 산업체에 입사하여 새로 시작하는 초년생으로 이러한 훈련을 제대로 받아보지 못한 이들에게 여기서 논의한 것들이 매우 중요한 정보가 될 수 있도록 하였다. 아울러 본 저서가 향후 대학 과정에서 이러한 분야의 능력을 키워 나가는 데 필요한 부분을 채워줄 것으로 기대한다.

이 책의 집필진은 가급적 산업체 현장 경험이 있으신 분들을 중심으로 구성하였다. 익숙지 않은 분야인 문제 해결에 대한 책을 써보자고 하였을 때 모두들 "오늘날 우리에게 꼭 필요하다."며 흔쾌하게 뜻을 모아 주셨다. 심혈을 기울여 집필해 주신 여러 저자들과 특히 국내 및 해외 현장에서의 문제 상황을 토대로 해결 방안을 제안해 주신 문제공학 연구소의 송태국 소장님, 미국 풀무원 LA 지사의 한정훈 부사장님, 그리고 유니레버의 김현정 박사님께 진심으로 감사를 드린다.

여러 명의 저자들이 각기 다른 관점에서 문제를 바라보며 접근하여 부족한 부분이 많으리라 생각한다. 여러 선후배님의 날카로운 질책과 조언을 부탁드리며, 부족한 점은 앞으로 계속해서 수정 보완해 나가고자 한다. 끝으로 이 책을 발간하도록 힘써 주신 수학사 이영호 사장님과 직원 여러분의 노고에 감사의 뜻을 전한다.

저자 일동

CONTENTS
차례

CHAPTER 1 문제란 무엇인가

CHAPTER 2 문제 해결의 필요성 및 요소

CHAPTER 3 문제 해결 방법

CHAPTER 4 TRIZ를 이용한 문제 해결

CHAPTER 5 이화학적 관점에서의 식품 문제 해결

CHAPTER 7 문제 해결자의 자세

CHAPTER 8 식품 산업의 세계화를 위하여

Problem Solving
in the Food Industry

CHAPTER 1

문제란 무엇인가

1. 서론

2. 문제란 무엇인가?

3. 문제에 대한 정의

4. 문제 해결을 시작하기 전에 생각해 둘 개념 7가지

1. 서론

1) 문제란 무엇이며, 문제 해결이란 무엇인가를 이해해야 하는 필요성

(1) 문제 유형에 따라 사고의 과정(프로세스)과 주요 항목이 다르다.

어떤 문제가 이미 발생했다고 한다면 이에 대한 원인을 정확히 도출하고 대책을 세울 수 있는 사고방식 및 사고 과정이 필요할 것이며, 아직 발생하지 않은 문제에 대해서는 이러 이러한 문제가 발생했을 때에 예상되는 악영향에 대한 가설을 세우고, 어떻게 조처를 하는 것이 가장 합리적인가를 생각하고 궁리할 수 있는 사고방식이 필요하다. 그리고 무엇보다 중요한 것은 무엇을 문제로 볼 것인가 하는 것이다. 여기서 문제라고 하는 표현은 원인의 다른 표현이 아니라 해결해야 하는 대상이라는 점을 명확히 해야 한다.

따라서 무엇을 문제로 볼 것인지(what), 원인이 무엇이며(why), 그래서 어떤 조처를 취할 것인지(how)를 결정하는 일련의 과정을 문제 해결 과정이라고 설명할 수 있으며, 이는 육하원칙 중의 3가지 요소를 사용하여 가장 단순히 설명한 것이므로 문제 해결 전문가들의 입장에서도 별다른 이견은 없을 것으로 생각된다.

2) 문제 해결 기법들의 공통점

(1) 판단과 결정의 근거를 수립하는 일련의 과정이다.

세상에는 수많은 문제 해결 기법들이 정립되어 있다. 그 문제 해결 기법들의 공통점은 위의 3가지 항목인 문제와 원인과 대책에 대한 근거를 논리적이고 과학적이며 공학적으로 설명하여, 절대적 타당성이 확보되는 수준까지 끌어올리려고 하는 '생각의 범위와 수준을 넓혀가는 것'이라고 이해하면 될 것이다. 즉 왜 이것을 문제라고 볼 수 있는가 하는 근거와 왜 이것이 원인이라고 확신할 수 있는가에 대한 근거, 그리고 왜 이것이 최선의 대책인가를 납득할 수 있는 근거를 제시하기 위한 일련의 정보 수집과 판단 및 결정의 과정이 문제 해결 기법이라는 이름으로 정립된 것이라고 할 수 있다.

따라서 여러분도 스스로에게 맞는 문제 해결 기법을 만들 수 있을 것이다. 여러분의 판단과 결정의 근거를 보다 논리적으로 공학적으로 과학적으로 제시하는 방법을 모색하면 되는 것이다.

2. 문제란 무엇인가?

문제란 무엇인지 상황에 따라 다양하게 정의할 수 있지만 나를 비롯한 많은 사람에게 불편함이나 어려움이 발생하여 만족스럽지 못한 상황이 펼쳐져 있는 상태라고 한다면, 일반적으로 현재 자신이 처해 있는 상태에서 기대하거나 목표로 설정해 놓은 상태에 쉽게 도달할 수 없도록 가로막는 방해물이 있을 때 이와 같은 상황을 문제라고 정의할 수 있다.

그림 1-1 현재 상태와 기대하는 상태의 차이(갭) : 그것이 문제다.

하루 종일 사막을 걸어 목이 말라 지쳐 버린 사람이 오아시스가 바로 코앞인데 뱀들이 가로막고 있다면 어떤 방법으로든 물이 있는 곳으로 가려 할 것이다. 또 그림 1-1과 같이 강을 건너면 푸르른 초지가 펼쳐져 있는데 강 속에 악어 떼가 우글거린다면……. 이런 상황들을 바로 문제라고 할 수 있다.

3. 문제에 대한 정의

(1) 문제는 손실이다. 손실이 없으면 문제도 없다.

문제의 가장 보편적인 정의는 "이상과 현실의 차이"라고 설명된다. 바람직한 모습과 현실과의 차이 또는 기대치와 결과치의 차이 등으로 바꾸어 설명을 해도 무방할 것이다. 보다 정확하게 표현하면 "이상과 현실에 차이가 발생하는 것"이라고 할 수 있다. 기회 손실이 발생하고 있다는 것이다.

속담에 "같은 말이라도 '어' 다르고, '아' 다르다."라는 말이 있다. 이 말의 의미는 추상적으로 해석하면 전달하고자 하는 내용이 동일할지라도 어떤 단어를 선택할 것인가, 어떻게 표현할 것인가 하는 것과, 말로 하는 경우에는 억양을 어떻게 할 것인가에 따라서도 감성적 전달 내용은 전혀 달라질 수 있다는 것이다. 그러나 사실적으로 해석하면, '어'와 '아'는 물리적으로 소리가 완전히 다르다. 소리가 다르다는 것은 소리를 낼 때 구강의 형상과 혀의 모양 및 위치가 다르다는 원리가 포함되어 있다. 직접 발음을 해 보면 바로 이해가 될 것이다.

이러한 예를 드는 이유는 여러분은 앞으로 많은 문제 해결 기법에서 구체적이고도 폭넓게 또는 논리적으로 공학적으로, 때로는 창의적으로 생각할 것을 요구받는 경우를 많이 접하게 될 것인데, 문제 해결의 경험이 많아지면 자신의 생각에 '혹시 누락된 것은 없는가' 하는 의문을 가지게 될 것이다. 지금 자신이 실행하려고 하는 대책보다 더 좋은 대책이 존재할 수도 있을 텐데, 내가 그런 점을 놓치고 있는 것은 아닐까 하는 생각이 들 때가 있을 수 있다는 것이다.

여기서 생각의 폭을 넓힌다는 개념을 좀 더 이해해 보자.

"이상과 현실에 차이가 발생한다."에서 표현을 조금 변형하면 다음과 같이 다양하게 표현할 수가 있다.

- 발생했었다.
- 발생하고 있다.
- 발생할 것 같다.
- 발생할 것 같은 조짐이 보인다.
- 자주 발생한다.
- 특정한 단계에서만 발생한다.
- 특정한 장소에서 많이 발생한다.

이와 같이 전하고자 하는 바는 표현만 조금 달라진 것이지만, 문제의 내용이나 접근하는 방법에 있어서는 많이 달라질 수 있다는 것이다. 이미 발생한 문제에 대한 접근법과 앞으로 발생할 수 있는 문제에 대한 접근법은 완전히 다를 수 있다. 현장의 예를 든다면 양산 단계에서 발생하는 문제 해결 접근법과 신제품 개발 단계에서 발생하는 문제 해결 접근법은 다를 수 있다는 것이다.

(2) 이상과 현실의 차이를 메우기 위하여 넘어야 할 장애 요인이다.

이상이란 아직 달성하지 못한 상태를 의미한다. 달성하고는 싶은데 현실적으로 안 되거나, 시도했으나 결과가 미달되거나 아니면 아직 이상적인 목표가 세워지지 않은 단계일 수도 있다.

이상적인 모습을 쉽게 달성할 수 있으면 우리는 문제라고 느끼지 않을 수도 있다. 쉬운 문제는 문제라고 느끼지 않는다는 것이다. 그래서 문제의 정의에 "넘어야 할 장애 요인"이라는 표현을 추가하는 경우가 많으며, 장애 요인의 수준이 곧 문제 난이도의 수준이라고 할 수 있다. 반대로 너무 어려운 문제는 문제로 느끼지 못한다는 것이다. 해결 가능성이 전혀 보이지 않는 것은 문제시하지 못하고 현실로 받아들이게 된다는 것이다.

(3) 문제가 문제로 보이지 않는다 : 문제 인식력 부족

문제를 해결하고자 하는 마인드가 강한 사람은 문제를 문제로 인식하는 것도 강하다. 집념도 강하다. 이는 그 이면에 문제를 해결할 수 있는 가능성이 스스로에게 있다는 것을 자각하고 있기 때문이다. 그것이 그 사람의 문제 해결 능력이라고 말할 수 있다.

그러나 바빠서 실천할 수 있는 시간을 만들어 내지 못하거나 다른 인력을 동원하지 못한다면 문제 해결은 현실적으로 불가능하다는 판단을 내릴 수밖에 없게 된다. 이 점이 개선의 마인드를 잠식하게 된다.

따라서 문제가 문제로 인식되기 위해서는 문제 해결 마인드와 문제 해결 능력과 실천력이 고루 갖춰져 있어야 한다. 이를 공식으로 표현해 보면 다음과 같다.

문제 해결 가능성 = 문제 해결 마인드 × 문제 해결 능력 × 실천량(실행 속도 × 투입 시간)

이 3가지 요인은 서로 곱하기의 상관관계를 가지고 있어서 어느 한 요인의 저하가 전체에 미치는 영향은 매우 크다.

3가지 요인이 모두 중요하지만 이 중에 우선 순서를 정하라고 한다면 단연코 문제 해결 능력을 꼽고 싶다. 그 이유는 문제 해결 능력이 있는 사람이 개선 마인드를 만들어 내는 계기를 만들기도 쉽고, 실행 속도가 빨라서 짧은 시간을 투입하더라도 실천량이 많아지기 때문이다. 일 잘하는 사람이 일을 하고 싶어한다는 의미이다.

(4) 생산 기술상의 문제와 제조 기술상의 문제

제조 현장에서는 기술을 생산 기술과 제조 기술로 나누어서 생각할 때가 많다. 규모가 큰 현장은 생산 기술팀과 제조 기술팀이 분리되어 있는 경우도 많이 있다.

생산 기술은 원하는 품질 수준과 성능 수준을 가진 물건(음식)을 현실적으로 제품화할 수 있는 고유 기술을 의미하며, 제조 기술은 주어진 사람(Man), 기계(Machine), 재료(Material), 방법(Method)을 활용하여 효율적이고도 지속적으로 안전하고 질 좋은 제품을 생산할 수 있도록 하는 기술을 의미한다.

제조 현장은 생산 기술만으로 운영되는 곳이 아니라 제조 기술과 함께 운영되는 곳이다. 따라서 제조 기술상의 문제 해결에도 관심을 갖고 학습할 필요가 있다. 경우에 따라서는 제조 기술상의 문제 해결 점유율이 훨씬 커지는 경우도 많다고 할 수 있다. 제조 기술상의 문제는 작업 생산성의 저하, 설비 생산성의 저하, 품질 불량, 원가 상승, 납기 지연, 안전사고 등의 문제를 다룬다.

① 어떤 문제들이 우리 주변에 있을까?

- 식품 산업체 현장의 자동화 기기에 의해 작동되는 어묵 공장의 중간 과정에서 튀긴 어묵이 하루에 한두 개씩 공장 바닥으로 떨어지는 일이 꾸준히 일어난다면 어딘가에 문제가 있으리라고 여겨진다. 어디서부터 이 문제의 원인을 찾아 해결할 것인가? 이처럼 공정 과정에서 예기치 못한 문제를 발견할 수도 있다.
- 유사한 재료로 같은 공정에서 펼쳐지는 라인 확장(line extension)의 신제품 개발 과정에서 조직감의 안정성이 떨어져 유사한 유통기한을 설정할 수 없는 예기치 못한 문제가 발생한다면 그 원인이 어디에서 기인한 것인지 해결해야 할 것이다.
- 이제까지 아무런 문제없이 이루어졌던 공정에서 시장의 수요를 충족시키기 위해 무리하게 대량 생산을 하게 되어 문제가 생겼다. 문제의 원인을 알 수 있을 것도 같은데 상사에게 털어 놓고 이야기할 수 있는 문화가 조성된 환경이 아니라면 어떤 방식으로 소통해야 하는지, 아니면 소통 문화를 새롭게 창출해야 하는지 이 또한 종종 발생할 수 있는 문제이다.
- 우리나라에서 일하는 외국인이 많아지고, 또한 우리나라 사람이 외국 기업에서 일하는 경우도 점차 증가 추세에 있다. 이런 경우 많이 부딪힐 수 있는 문제로 문화 간의 차이로 인한 오해를 들 수 있는데 어떻게 서로 다른 문화를 이해하면서 서로

간의 합의를 도출할 수 있을까? 또 외국 업체와의 거래에서 발생할 수 있는 문제를 사전에 예방할 수 있는 방법을 검토하는 것도 향후 발생할 수 있는 문제의 근원을 해결하는 밑거름이 될 것이다.

- 식품의 안전에 관한 문제는 아무리 대비를 잘하고 노력을 해도 끊임없이 발생한다. 안전 시스템의 문제인지, 안전과 관련된 사람들의 인식이나 태도 문제인지, 아니면 공장 자체의 문제인지를 파악하고 관리하는 일 또한 새로운 문제를 발견하는 일이다.
- 도저히 유입될 수 없을 것 같은데 이물질이 유입되었다고 주장하는 블랙 컨슈머의 주장을 논리적으로 반박하여 대응할 수 있는 근거를 마련하는 문제도 대두될 수 있다.
- 어떠한 식품 소재를 사용하느냐에 따라, 또 어떤 공정 처리 조건에서 처리했느냐에 따라 최종 제품의 품질에 미치는 영향이 달라진다면 이러한 상황을 어떻게 파악하고 대처해야 가장 바람직한 것인가 하는 문제도 대두될 수가 있다.
- 포장을 잘하였는데도 불구하고 이물질의 유입 가능성이 대두될 수도 있고, 사회적 변화에 따른 생분해성 재질 사용으로 식품 성분과 포장 간의 화학 반응도 예상할 수 있을 것이다. 이에 따른 또 다른 문제들도 새롭게 발생할 수 있다.
- 국가의 식품 관련 정책이 합리적으로 운영되지 못하고 있음을 볼 때 이를 어떻게 합리적으로 설명하여 비합리적인 규정이나 법률을 새롭게 개정할 수 있을지에 대한 문제도 충분히 생각해 볼 수 있을 것이다.
- 세계적인 메이저 회사가 막대한 자금력을 동원하여 우리 회사를 인수 합병하려고 한다. 어떤 방법으로 대처하여야 우리 회사의 존속을 유지할 수 있을 것인가.

이외에도 이제까지 해결해 왔던 문제들과는 전혀 다른 새로운 형태의 문제들이 우리를 기다리고 있을 것이다. 다양한 문제를 해결할 수 있는 능력을 통해 그동안 경험하지 못한 문제들을 풀어 나갈 수 있는 역량을 키우는 것만이 새로운 형태의 문제에 대한 대처 방법이 될 수 있을 것이다.

(5) 문제는 어떻게 규정하는지에 따라 다양한 접근 방법이 도출될 수 있다.

특정한 한 가지 방안의 해결책이 나오기도 하지만 대개의 경우 여러 가지 방안이 나올 수 있으므로 이 중 가장 효율적이고 실현 가능한 방안을 채택하는 것이 중요하다. 무한 퍼즐(퍼즐을 풀더라도 새로운 문제가 무한히 만들어져 끝이 나지 않는다는 의미에서)의 형태를 띠면서 1인부터 다수의 인원이 동시에 즐길 수 있는 퍼즐 게임의 명작이 있다. 알렉스 랜돌프(Alex Randolph)가 만든 '리코셰 로봇(Ricochet Robots)'인데 장애물을 만나기까지 항상 직진하는 로봇의 이동 특성을 적절히 활용해 원하는 목표 지점에 특정한 로봇이 도착할 수 있는 최단 이동 경로를 찾는 것이 퍼즐의 목표이자 승리의 요소이다. 문제의 난이도에 따라 간단히 한 가지 방법의 해결책을 찾는 경우도 있으나 여러 가지 해결 방안이 도출되는 경우가 빈번히 발생한다. 내가 10번의 움직임으로 목표 지점에 도착할 수 있는 경로를 찾았다고 해도 제한된 시간에 상대방이 이보다 짧은 경로(9번 이하)를 찾는다면 해당 문제의 승자는 상대방이 된다. 이 게임에서 승리하기 위한 중요 요소는 두 가지로 귀결된다. 첫 번째는 얼마나 빨리 경로를 찾아내는가에 대한, 즉 시간의 문제이다. 두 번째는 시간이 다소 걸리더라도 최단 경로를 알아내는 효율성의 문제이다. 이러한 점은 실제 산업 현장에서 수없이 많은 문제에 직면했을 때도 동일한 방식으로 적용될 수 있다. 결국 시간과 돈의 문제로 귀결되는 것이다.

문제는 가급적 피하고 싶고 만나는 것이 꺼려지는 불청객과 같은 존재이다. 하지만 피해갈 수도 없고 불가피하게 등장하는 것이므로 보다 적극적으로 대처하면서 길을 모색해야 한다. 시련을 겪으면서 인생이 더욱 성숙해지듯 문제를 겪으면서 실력이 늘고 무엇으로도 살 수 없는 소중한 경험을 얻게 된다. 아울러 문제를 해결했을 때 느끼는 희열은 보너스로 주어지는 소중한 선물이 될 것이다. 그럼 이제 다양한 문제들을 만나러 떠날 시간이다. 준비되었다면 같이 출발해 보도록 하자.

4. 문제 해결을 시작하기 전에 생각해 둘 개념 7가지

(1) 모든 (문제) 현상은 공식화할 수 있도록 습관화하자.

"담배를 끊었더니 살이 쪘다."라는 명제를 생각해 보자. 일견 일리가 있다는 생각이

든다. 담배를 끊은 것이 원인이고 살이 찐 것이 결과이다. 이것을 인과 관계라고 한다. 원인과 결과 간의 관계라고 하는 것이다.

살을 다시 빼고 싶으면 어떻게 하면 될 것인가? 다시 담배를 피우면 간단히 해결될 것이다. 원인과 결과 간의 관계는 이렇듯 앞뒤가 연결되면 논리적으로 전개된 것처럼 보일 수 있다.

조금 다르게 생각하면 "담배를 끊었더니 → 식욕이 늘어서 → 많이 먹어서 → 살이 쪘다."라는 전개에서 살을 빼는 방법의 숫자가 몇 개 늘어나게 되는 것을 알 수 있다. 많이 먹지 않는 것도 하나의 방법이고, 식욕을 줄이는 것도 방법이 된다. 앞에서 말한 바와 같이 더 좋은 방법을 찾기 위한 "생각의 누락은 없는가?"를 염두에 두도록 하자.

이렇게도 생각해 볼 수도 있을 것이다. "담배를 끊으면 100% 살이 찌는가?" 이렇게 자문해 본다. '예스'라고 답할까 '노'라고 답할까 잠시 망설여진다. 그러나 많이 먹지 않으면 살도 찌지 않을 것 같으므로 100% 예스라는 답은 못할 것 같다. 즉 담배를 끊은 것이 살이 찌는 직접적인 요인은 아니라는 것이다. 다른 요인이 작용했을 수도 있다는 것이다. 이제 끝으로 하나를 더 자문해 보자. "많이 먹기만 하면 100% 살이 찌는가?"라는 질문에 대한 답은 무엇일까? '예스'일까 '노'일까.

살이 찌는 음식을 많이 먹으면 살이 찔 것이고, 많이 먹어도 살이 찌지 않는 음식을 먹으면 살이 안 찔 것이다. 그리고 많이 먹어도 더 많이 배출하면 살이 찔 수가 없을 것 같기도 하다. 아까보다도 살이 찌지 않는 대책이 많이 나온 것으로 보인다. 담배를 다시 피운다는 대책보다는 양질의 대책도 보인다.

이제 결론을 내려 보자. 이렇게 생각을 여러 가지로 해 보는 것도 물론 하나의 방법이다. 그러나 왜 이런 답에 도달했는지 그 과정이 산만하게 느껴진다. 즉 논리적이지 못하다는 것이다.

담배를 끊었다는 현상은 잠시 잊고 "어떻게 해야 살이 찌는가."에 집중하자. 살이 찌기 위한 원리를, 공식을, 방정식을 세워 보도록 하자.

"많이 먹고 적게 쓰면 살이 찐다."

언어로 풀어 쓰는 물리적 방정식의 시작이다. 조금 더 상세하게 "섭취량이 소모량보다 많다."라고 표현할 수도 있을 것이다. 여기서 한 걸음만 더 걸으면 방정식은 완성될 것이다.

"섭취 칼로리가 소모 칼로리보다 많다."

'살이 찐다'는 표현은 물리적인 표현이라고 하기는 어렵다. '비축된다'는 표현이 적합할 것이다. 따라서

체내 비축량 = 섭취 칼로리 × 소모 칼로리

라는 공식을 세우고, 이 방정식이 성립되지 않도록 할 수 있는 모든 대책을 수립하고 최선책을 택하면 될 것이다.

(2) 요소, 요인, 요건이라는 개념이 생각의 프레임을 튼튼하게 만들어 줄 것이다.

앞의 "담배를 끊었더니 살이 쪘다."는 이야기를 조금 더 전개해 보도록 하자. 이 이야기를 말로 하지 말고 머릿속으로 상상해 보라. 그러면 어떤 물체나 입체 또는 단어가 떠오르게 될 것이다.

담배를 끊었다고 하니 '담배'라고 하는 물체가 생각이 나고, 살이 찐 '사람'이라고 하는 단어가 생각나고, '음식'이 이것저것 떠오른다. 여기서 입체적으로 존재하는 것을 요소라고 규정해 보자. 그러면 담배와 사람과 음식이 요소에 해당할 것이다.

그리고 그 다음으로 살이 찐 사람이 음식을 먹는 행위나 운동을 하는 모습이나 또는 음식의 종류, 맛있게 느껴지는 냄새 등이 떠오른다. 이런 것들 중에 살이 찌는 현상에 관련되는 특성을 요인이라고 규정해 보자. 그러면 섭취하는 음식량과 음식의 단위 중량당의 칼로리, 사람의 동작당 소모 칼로리 등이 요인이라고 할 수 있을 것이다.

마지막으로 요건이라고 하는 개념을 규정해 보면, 위의 섭취 칼로리와 소모 칼로리를 계량하여 수치로 밝히고 단위를 붙인 것이 요건이다. 정리하면 요소란 더 이상 작게 나눌 수 없는 최소 단위(예 : 원소 기호) 또는 더 이상 작게 나눌 필요가 없는 최소 단위(예 : 양성자·중성자, 필요시에는 요소)를 의미한다. 요인이란 요소가 가진 수많은 성질 중에 현상에 관련되는 특별한 성질, 즉 특성이라고 할 수 있다. 요건이란 요인의 정량화(어떤 단위를 붙여서 표현할 수 있는 것)를 말한다.

(3) 탈 선입견 – 있는 그대로 보기(바로 떠오르는 원인과 대책 억누르기)

문제와 첫 대면하는 순간이 가장 중요하다. 선입견을 버리고 있는 그대로 보겠다는 마음을 먹을 수 있도록 습관화하자.

선입견이라는 말을 조금 더 명확하게 표현하면, 이 문제는 풀릴 수 있겠다 또는 풀리지 않겠다는 판단이 문제를 보는 순간 떠오르는 것, 이 문제의 원인 또는 대책이 불현듯 떠오르는 것을 의미한다.

물론 그 원인이 정확할 수도 있고, 그 대책이 최선일 가능성도 충분히 있다. 그러나 생각의 진전과 함께 다른 해석과 답을 구할 수 있다는 점을 명심하자.

"첫 단추를 잘못 끼웠다."라는 말을 듣는 경우가 있는데, 어쩌면 선입견에 의한 판단으로 문제 해결 과정이 처음부터 잘못되었다는 의미의 다른 표현이 아닌가 생각된다.

(4) 사실과 의견을 나누는 습관을 기르라 – 의견은 다시 사실과 거짓으로 나눌 수 있다.

어떠한 문제를 해결하기 위하여 판단과 결정을 하기 위해서는 '정보'라고 하는 것이 반드시 필요하다. 수집된 정보 속에는 사실 정보도 물론 있겠으나 거짓 정보도 포함이 되어 있을 수 있다. 실수에 의한 거짓 정보이건 고의에 의한 거짓 정보이건 간에 거짓 정보에 의한 가설을 세우는 경우는 문제 해결에 치명적인 오류가 발생할 수 있다.

따라서 어떤 정보를 수집했을 때는 그 정보가 사실인지 의견인지를 구분해 두는 습관을 기를 필요가 있다. 사실과 의견을 구분하는 방법은 '정보의 근거의 근거'가 어디에서 출발하는가를 확인하면 될 것이다.

(5) 탁상공론을 잘하는 습관을 기르라.

현장에서 자주 하는 말 중에 "탁상공론을 하지 말라."는 표현이 있다. 현실에 맞지 않게 너무 이론에 치우친 또는 허황한 말이라는 뜻일 것이다.

탁상공론은 한자로 '卓上空論'이라고 쓴다. 현장이 아닌 책상 위에서의 허황한 논리라는 의미일 것이다. 그러나 '빌 공(空)' 자 위의 '구멍 혈(穴)'을 떼버리면 공학의 '工'이 된다. '工'은 엔지니어링, 즉 공학이라는 의미로 사용되는 글자이다.

현장에서 실행 단계로 옮기기 전에는 충분한 엔지니어링 과정을 거쳐야 한다. 그것이 책상 위에서건 보행 중이건 꿈속에서건 반드시 엔지니어링을 거쳐야 현실에서 실현해 볼 수 있게 될 것이다.

'卓上空論'을 잘하라는 의미를 '卓上工論', 즉 엔지니어링을 잘하라는 의미로 받아들인다면 공학도들에게는 큰 도움이 될 것이다. 단, 현장에서 현실적으로 입증이 되어야 함은 물론이다.

탁상공론을 잘하라는 의미는 시간을 많이 들이라는 것이 아니라, 논리적이고 체계적이며 공학적으로 접근하라는 의미이다. 제조 현장은 과학을 활용한 공학적인 환경이다. 신제품을 개발하는 것도, 문제를 해결하는 것도 모두 원리적으로 접근하자는 전제를 의미하는 것이다.

(6) 경험적, 정성적 다수결의 원칙에서 논리적 다수결의 원칙으로 바꾸라.

문제 해결 과정 중에 원인을 도출함에 있어서 다수결로 결론을 도출하는 것이 무조건 나쁘다는 의미는 아니다. 그러나 다수결은 의사 결정의 한 방법이지 원리를 추구하는 방법으로서는 채택하기 어렵다는 점은 분명하다. 경험적 다수결로 원인을 결정하는 것을 피하고, 논리적으로 공학적으로 접근하여 논리적인 다수결을 추천하는 것이다.

논리적 다수결이란 논리적으로 많은 사람들이 인정하는 것을 의미하기도 한다. 논리적 과학적 충돌은 실험 등을 통해 입증할 수 있다. 그러나 경험적이거나 정성적인 다수결은 입증이 매우 어려워서 견해 차이를 영원히 좁힐 수 없을 수도 있다.

(7) 부족한 정보와 거짓 정보, 해석 오류에 유념하라.

문제 해결을 하다가 실패할 경우가 있다. 이를 시행착오라고 이야기한다. 그러나 시행착오를 반복하여도 해결되지 않는 문제에 봉착할 때도 있다. 이럴 때에는 지금의 사고방식으로는 이 문제가 해결되지 않는다는 것을 깨달아야 한다.

이 문제는 해결되지 않는다고 생각하기 전에 다시 한번 생각하라. 문제가 풀리지 않는 것이 아니라 생각이 풀리지 않는 것이라는 사실을.

생각이 풀리지 않는 것은 다음의 3가지에 해당되는 경우가 대부분이다. 그 하나가 수집한 정보 중에 부족한 정보, 거짓 정보가 포함되어 있는 경우이다.

부족한 정보란 이 문제를 해결하기 위하여 반드시 필요하지만 아직 알아내지 못한 정보를 말한다. 거짓 정보란 사실이 아닌 정보를 의미하며, 문제가 해결되지 않는 데에 치명적인 역할을 하게 된다. 만약에 부족한 정보도 아니고 거짓 정보도 아니라면, 즉 필요한 사실 정보가 모두 수집되었음에도 불구하고 문제가 해결되지 않는다면 해석을 잘

못한 것이다.

현재의 사고방식으로는 부족한 정보, 거짓 정보, 해석 오류를 스스로 알아낼 수 없다는 것이다. 이때 스스로의 사고를 원리적으로 더욱 재정비할 수 있는 방법이 있다. 그것이 바로 앞에서 기술한 공식화한다는 개념과 요소, 요인, 요건으로 나누어 생각한다는 개념이다.

문제 현상을 공식으로 만들어 낼 수 없을 경우에는 "아직 모르는 부분이 있다.", 즉 부족한 정보가 있다는 것을 알아낼 수 있는 가이드가 된다.

사실과 사실이 충돌할 경우에 어느 한쪽은 거짓 정보라고 판단할 수 있을 것이다. 그러나 종종 본인이 원하는 정보만 채택하고, 반대쪽 정보는 버린 경우가 있으므로 수집된 정보를 다시 정비할 필요성을 느끼게 될 것이다.

그리고 요소와 요인과 요건을 중심으로 인과 관계를 재정립하면 해석의 오류를 발견하는 데 크게 도움이 될 것이다.

Problem Solving
in the Food Industry

문제 해결의 필요성 및 요소

1. 문제 해결의 필요성

2. 문제 해결을 위한 접근

3. 문제 해결을 위한 요소

4. 문제 해결의 다양한 사례

1. 문제 해결의 필요성

문제를 불편함이나 어려움이 발생하여 만족스럽지 못한 상황이라고 정의한다면 현재 자신이 처해 있는 상태로부터 벗어나 새롭게 기대하는 목표를 향해 가기 위해 가로막고 있는 방해물을 극복해야 하는 것은 당연하다. 문제가 있다면 그것은 누군가에 의해 반드시 극복되고 해결되어야 한다. 예를 들어 아프리카 탄자니아의 세렌게티 평원에 있는 수백만 마리의 누(gnu) 무리는 곧 태어날 새끼들을 위해 강 건너편으로 가야 하는데, 강에는 악어 떼가 우글거리고 있다. 앞에 보이는 강을 건너면 태어날 새끼들이 먹을 수 있는 풀들이 풍족한 푸르른 초지가 펼쳐져 있다. 앞으로 태어날 새끼 누들이 살아남기 위해서는 이 상황을 극복하고 문제를 해결해야만 한다. 수백만 마리 중 연약하고 병든 누 몇 마리를 악어 떼의 먹이로 제공해 주면 문제는 해결될 수도 있다. 과연 어떤 누가 연약하고 병든 누인가 하는 문제는 누 스스로의 발 빠른 움직임으로 보여 주어야 할 것이다.

문제를 해결한다는 것이 생존의 범위까지는 아니더라도 우리 삶이 보다 나은 방향으로 가기 위한 것임은 분명하다. 문제 해결을 통해 내가 속해 있는 조직이 향상되거나 가정생활이 편안해지고 혹은 국가가 발전하는 등의 문제와도 연결되어 있다고 본다. 그야말로 "왜 문제 해결이 필요한가?"라는 질문에 대한 답변은 "보다 나은 미래를 향해서 가고자 하기 때문이다."라고 할 수 있다.

문제 해결의 필요성은 모든 분야에서 발견할 수 있다. 우리는 사회에서 또는 인간관계에서 많은 문제를 안고 살아간다. 문제가 야기되는 중요한 이유 중 하나는 모든 일이 우리의 뜻대로 이루어지지 않기 때문이다. 이는 상대방하고 서로 다른 가치 기준을 가지고 있어서 일어나는 문제로 대부분 상호 이해 과정을 통하여 가치의 기준을 하나로 일치시키면 문제를 해결할 수 있다. 즉 상대방의 관점에서 바라보며 상대방을 이해하면 문제는 자연스럽게 해결된다.

상호 차이(gab gap)를 극복하기 위해서는 우선 이성적으로 해결해야 한다. 이성적인 판단을 통해 논리적으로 풀어 나아가야 한다는 것이다. 검사가 범죄를 저지른 범죄자를 찾아내는 것도 여러 가지 정황을 토대로 하여 논리적 근거를 바탕으로 풀어 나가는 일종의 문제 해결이라고 말할 수 있다.

학교에서는 선생님이 학생들의 평균 능력에 초점을 맞추어 가르치다 보니 항상 아쉬움이 뒤따른다. 그 아쉬움은 바로 이해를 잘하는 학생과 이해력이 부족한 학생 간의 차이에서 발생할 수 있으며, 이 차이를 좁혀 나가기 위하여 다양한 노력이 필요한데 특히 가르치는 선생님 입장에서는 그러한 필요성이 더욱 절실하지 않을 수 없다.

문제 해결의 필요성은 식품 산업에서도 예외는 아니다. 식품 산업체의 연구 개발을 담당하는 연구원이라면 항상 "이번에는 어떤 신제품을 개발해야 하는가?" 하는 문제를 안고 이것을 해결하기 위해 노력한다. 시장에서 좋은 반응을 보이는 획기적인 신제품을 개발하고 싶은데 어떻게 해야 할지 모르는 가운데 해결점을 찾지 못하고 스트레스를 받으며 생활하게 된다.

회사를 경영하는 경영자 입장에서는 항상 안전한 식품을 제조할 수 있는 방안이 무엇인지, 어떻게 하면 좋은 사람을 확보할 수 있는지, 문제가 발생하지 않도록 하기 위해 직원과는 어떻게 소통해야 하는지 등 다양한 고민 속에서 문제를 접하는 한편, 이러한 문제를 극복할 수 있는 해결책을 마련하기 위해 분주히 노력한다.

만일 우리에게 원하는 목표가 없다면 아무 문제가 되지 않는다. 앞서 언급한 바와 같이 회사가 안전한 식품을 항상 제조하려고 한다면 '안전'이라는 목표가 설정되지만 그냥 만들어서 파는 일이라고 한다면 목표가 없는 상태가 되고, 이런 경우 문제가 되지 않고 문제를 해결할 필요도 없다. 그러나 해결할 필요가 있는 문제가 제대로 정의된다면 현재 상태와 기대하는 목표 간의 차이를 극복하기 위한 해결안을 찾는 과정이 필요하다.

2. 문제 해결을 위한 접근

해결 방법은 오직 한 가지만이 존재하는 것이 아니라 여러 가지 방법이 있을 수 있으며, 해결 방안을 찾아가는 여러 가지의 접근(approach) 과정 중에서 가장 합리적이고 논리적이며 경제적인 방법이 도출될 수 있다.

예를 들어 숙취 문제를 단번에 해결하고자 하는 노력은 산업체나 대학에서만 연구를 한 것이 아니라 국정원이나 영국의 해외 정보 전담 정보기관인 MI6를 비롯한 각국의

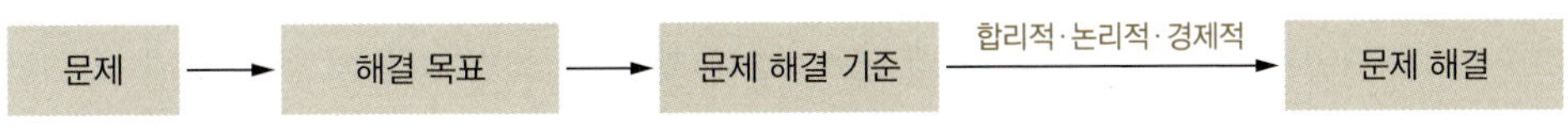

그림 2-1 문제 해결을 위한 접근 방법의 특성

첩보를 담당하는 기관에서도 활발히 연구한 것으로 알려져 있다. 어느 첩보 기관이 숙취 음료를 개발하였는데 그 효과가 말할 수 없을 정도로 좋았다. 이런 발명품이라면 제품화하여 시장에 판매를 해도 좋다고 생각하였으나 이것을 만드는 데 한 병에 수십만 원에 해당하는 돈이 든다는 것이다. 첩보 요원의 경우 작전을 수행하기 위해 술을 마시기도 하는데 다음날 바로 또 다른 일을 수행하기 위해서는 이런 발명품이 필요하다는 이야기였다. 그러나 비용보다 효능이 우선인 이런 제품을 상품화하기에는 문제가 있다. 시장에서는 합리적인 가격이 요구되는데 여기에 미치지 못한다면 비즈니스를 하는 사람에게 이것은 문제 해결이라고 볼 수 없다.

문제를 해결하기 위해 도둑질을 하거나 비인도적인 방법을 동원해서도 안 된다. 여러 방법 중에서 많은 사람들이 공감하고 받아들일 수 있는 합리적인 방법을 선택하거나 효과적이고 또 경제적인 해결 방법을 선택해야 한다. 그렇다면 "왜 합리적인 방법을 찾으려 하는가?", "왜 경제적이고 효율적인 방법을 선택하고자 하는가?"라는 질문에 대한 답변이 바로 문제 해결의 필요성이라고 말할 수 있다.

3. 문제 해결을 위한 요소

특정한 문제에 대하여 많은 경험과 식견을 가진 사람이 있다면 그 사람은 아마도 어떤 과정을 거치지 않고도 손쉽게 해결 방안을 제시할 수 있을 것이다. 그런 사람에게는 문제 해결 방법이 결코 필요하지 않을 수도 있다. 하지만 많은 것을 경험해 보지 못한 젊은 학생들에게는 해결 방안을 제시하는 일이 어려울 수 있다. 해결 방안을 찾기 매우 어려운 상황에 놓여 있을 때 도움이 될 수 있는 방법론을 도입한다면 문제 해결은 보다 손쉽게 이루어질 수도 있다. 그러면 어떤 요소들이 문제 해결을 하는 데 필요한지 살펴보자.

1) 체크리스트의 활용

우선 자기 자신에게 좋은 질문을 던져야 한다. 무엇을 해결해야 하는가? 왜 이런 문제가 생기게 되었는가? 그렇다면 어떻게 풀어 나갈 것인가? 이런 질문은 어떤 일을 기획할 때도 마찬가지이며, 강의실에서 교수님의 강의 내용에 대해서도 수동적으로 받아들이지 말고 '왜 그렇게 생각해야만 하는가?'에서부터 '꼭 그렇게만 해야 하는 것인지?'를 생각하고 고민하며 질문해야 한다. 좋은 질문으로부터 문제의 해결 방법이 나올 수 있으므로 어떻게 질문할 것인가 하는 방법으로 다음과 같은 체크리스트를 활용할 수 있다.

문제를 해결함에 있어 어떤 특정한 룰이 있는 것은 아니지만 각 산업체별로 현장 상황에 맞게 체크리스트를 구성하는 것이 바람직하다. 여기 제시된 것은 여러 가지 상황을 고려한 것들로 필요에 따라 또는 환경에 따라 재구성하고 첨가될 수도, 삭제될 수도 있다.

재료(Material), 방법(Method, Manufacture), 사람(Man), 기계(Machine), 기타 중 어디에서 문제가 되었을까?

재료(Material)	• 원료상의 문제가 있는 것이 아닐까? • 품질 규격이 합당하고 이에 맞는 원료인가? • 원료의 보관 상태는 최적 조건에서 저장 보관된 것인가? • 시료의 채취는 올바르게 이루어진 것인가? • 비교하고자 하는 시료 간의 차이는 최소화한 것인가? • 올바른 대조구를 확보하여 비교한 것인가?
방법(Method)	• 제조 방법은 표준 매뉴얼에 따라 정상적으로 진행되었는가? • 공정 중 품질에 영향을 줄 수 있는 요소는 없었는가? • 냉각이나 급랭 처리(가열/급가열)를 혼용하여 진행하지 않았는가? • 혼합 과정에서 혼합 순서상의 문제는 없었는가? • 제조 방법에서 미세한 차이를 미처 고려하지 못한 점은 없는가? • 제조 공장을 바꾼 적이 있는가?
사람(Man)	• 숙련도상의 문제는 없는가, 오랜 경험을 가지고 있는가? • 해당 분야에 대한 전문성은 확보되었는가? • 작업자의 건강 상태 및 위생 상태는 정상이었는가? • 심리적으로 압박을 받고 있는 일이 영향을 미치지는 않았는가? • 위기 대처 능력이 있는 사람이 관여하고 있는가? • 소통이 원활하게 이루어지고 있다고 보는가? • 여러 가지 일을 맡고 있는가? 이로 인한 문제 발생 가능성은 없는가?
기계(Machine)	• 기계상의 차이는 없는가, 마모, 열화, 진동, 팽창, 변경 등의 현상은? • 문제 발생이 반복적으로 일어나는가, 부정기적으로 일어나는가? • 기계 설비 장소의 공간적인 문제 때문인가? • 부품 교체에 따른 문제는 아닌가? • 기계 작동의 원리를 정확히 이해하고 운영하는가?
기타	• 포기할 부분은 없는가? • 다른 것과 융합하여 해결할 수는 없는가? • 순서를 바꾸어 봄으로써 해결의 실마리를 풀 수는 없는가? • 서로 이해할 수 있도록 인간관계를 개선한다면 대립된 문제가 풀릴 수 있는가? • 스스로 잘못한 점을 인정하는 것이 오히려 나을 수도 있는가? • 갑자기 일어난 문제인가, 일어날 수 있다고 예견된 문제인가?

2) 창의적인 툴(Tool)의 활용

예상치도 않은 상황에서 문제를 해결해야 하는 일을 처음 해보거나 많은 경험이 없으면 참으로 힘이 들고 어떻게 풀어 나가야 할지 모르는 경우가 있다. 빠른 시간 내에 해결하려고 이것저것 여러 번 시도를 하다 보면 더욱 불안해지기도 한다. 이럴 때는 많은 경험을 해 본 사람이나 지식이 많은 사람과 협동으로 하게 되면 보다 나은 결과물을 얻을 수 있다. 하지만 그것도 여의치가 못한 경우 이런 문제를 풀어 나갈 수 있는 방법으로 창의적인 기법을 활용해 볼 수 있다.

창의적인 기법은 여러 가지 문제 상황에 대하여 일반적인 상황을 토대로 다양한 방법을 선택하여 보다 효율적으로 문제를 해결할 수 있어 많은 시간과 노력을 절약할 수 있다. 물론 이런 기법이 모든 문제를 다 해결해 줄 수 있는 것은 아니지만 경우에 따라서는 매우 능률적으로 처리할 수도 있다.

많은 사람들이 자신이 하고 있는 일의 영역 범위에서만 문제를 바라보는데 자신이 속해 있는 분야의 사고로만 접근할 것이 아니라 전혀 다른 분야의 정보나 지식을 활용하면 보다 폭넓은 시야에서 문제를 바라볼 수 있어 의외로 쉽게 문제를 해결할 수 있다. 이것은 다른 분야에서 활용된 지식이나 선택 방법이 분야의 경계를 넘어서 전혀 다른 분야에도 적용될 수 있다는 데 착안하여 몇 가지 선택 방법에 따라 새로운 문제를 해결하는 방법이다. 예를 들면 페인트와 같이 식품과 전혀 다른 분야의 특허를 보면 페인트 분야에 적용하는 경우 청구항을 통해서 복제하지 못하게 특허를 요청하고 있으나, 페인트와 전혀 다른 식품 분야에 그 원리를 적용하여 새로운 품질 기능을 가져올 수 있도록 새로운 기술을 도입함으로써 문제를 해결할 수 있다. 페인트 분야의 특허는 페인트 분야의 경쟁 업체를 대상으로 다른 기업체가 그 기술을 활용하는 것을 보호하기 위한 것이지만 전혀 다른 분야에서 전혀 다른 목적으로 활용되는 것까지는 방어하지 못하는 경우가 있다. 따라서 이 점을 이용하여 세계 각국의 모든 분야의 특허로부터 활용할 수 있는 기술과 지식을 찾아내 활용하는 것이다. 컴퓨터로 키워드를 검색할 수 있으므로 정보를 찾는 노력도 절약되는 매우 유용한 방법이라고 할 수 있다. 이런 이유로 요즘은 자신이 속해 있는 전문 분야에 대한 지식뿐만 아니라 평소 다른 분야의 정보와 지식도 폭넓게 쌓아 둘 필요가 있다. IT는 물론 인문학이나 예술 분야까지도 친숙하게 접할 수 있는 노력이 필요하다.

앞서 이야기한 기법은 TRIZ이며, 이와 유사한 기법으로 ASIT 기법도 있다. 이외에 SCAMPER 방법 등 여러 방법들이 있으나 여기서는 이런 방법들의 구체적인 설명은 생략하고 제4장에서 TRIZ를 이용한 방법에 대하여 설명하기로 한다.

3) 객관적인 통찰력

문제 해결을 위한 모든 과정의 기본 원칙은 객관적이어야 한다. 현재 놓여 있는 어려운 상황과 우리가 기대하는 목표 간의 차이를 좁혀 나가는 데 있어 가장 중요한 것은 객관적 사고를 가지고 있어야 한다는 점이다. 경험을 토대로 풀어 나가거나 또는 논리적인 사고를 통해 풀어 나가려 할 때, 창의적 기본 툴을 활용하여 생각할 때 자칫 잘못하면 주관적인 방향으로 흘러가기가 쉽다. 사실에 근거한 내용만으로도 충분히 올바른 판단을 할 수 있다. 만약 리더나 상급자가 주관적인 생각을 하게 되면 전체적인 상황을 놓칠 수 있어 전혀 다른 방향으로 문제가 해결될 수도 있으므로 이런 부분을 사전에 막기 위해서는 서로 간에 객관적인 자세로 임할 것을 약속하는 것이 바람직하다. 객관적인 관점에서 문제를 바라보는 일은 아무래도 경험이 많은 사람이 잘한다. 하지만 일을 시작한 지 얼마 안 되어 이제 막 배우는 처지에 있는 신진 연구자나 젊은 사람들이 모여 있는 경우라면 다른 사람들과 허심탄회하게 이야기를 나눌 수 있어야 하며, 그런 과정에서 객관성을 부각시키려는 노력이 필요하다.

여러 가지 의견이나 해결 방법이 자연스럽고 다양하게 나올 수 있도록 모두가 참여할 수 있는 분위기를 조성하면 자연스럽게 다양성을 느낄 수가 있고, 각자가 상황을 비교적 객관적으로 바라볼 수 있다.

상급자가 지위를 내세워 타당한 설명 없이 논리적 근거도 없는 것을 무턱대고 주장한다면 올바른 문제 해결이 이루어지지 못한다. 특히 창의적인 사고를 바탕으로 한 독특한 의견을 토대로 문제를 해결해 나가는 경우 잘못하면 주관적인 방향으로 흘러갈 수 있다. 지위와 상관없이 서로가 남의 의견을 존중하며, 같은 목표를 향해 최선의 노력을 다하기 위해서는 누구나 납득할 수 있는 합리적인 방안을 수립하는 것이 중요하다. 따라서 많은 사람이 다양한 해결 방안에 대한 의견을 제출하는 경우 서로에 대한 신뢰 속에서 모든 의견들이 존중받을 수 있는 환경이 매우 중요하다.

4) 긍정적인 자세

대학 또는 산업체에서 어떤 과제를 수행하게 되었을 때 해보지도 않고 “이것은 도저히 불가능한 일이야!”, “이것을 어떻게 해결할 수 있단 말이야!”라는 푸념을 늘어놓는 경우가 있다. 그러한 마음가짐으로는 결코 어떤 문제도 해결할 수 없다. 지식이나 기술 또는 그 무엇보다도 가장 중요한 것은 긍정적인 자세를 가지고 문제를 해결할 수 있다는 마음가짐이다. 이때 긍정적인 자세는 문제 해결을 위해 꼭 필요한 요소이다.

잘 알려진 이야기 하나를 소개해 보고자 한다. 우리나라가 유조선을 한 척도 건조해 본 적이 없었을 때 큰 유조선을 만들겠다고 현대건설의 정주영 회장이 영국으로 건너갔다. 영국인들은 “너희 나라는 수만 톤이나 되는 유조선을 만든 경험도 없는데 어떻게 너희 회사에 건조를 맡길 수 있겠느냐?”라고 하였다. 정말이지 포기할 수밖에 없는 상황이었지만 정주영 회장은 우리나라 동전에 있는 거북선을 보여 주면서 “우리는 이미 16세기에 철갑선을 만든 민족이다.”라며, “그 옛날에 철갑선을 만든 민족이 유조선을 왜 못 만들겠느냐?” 하고 되물어 영국인들의 말문을 막히게 만들었다. 지나칠 정도로 긍정적인 자세이다. 또 정주영 회장은 몇십 년 만의 대홍수로 인해 한강 둑이 터져 강이 범람하고 일산 일대가 모두 물에 잠기게 되었을 때 모두가 불가능하다고 생각했음에도 불구하고 과감하게 바지선과 돌을 가득 채운 컨테이너를 사용하여 한강 둑의 물막이 공사를 성공시켜 국가적인 큰 문제를 해결하기도 하였다.

문제가 어렵고 막막한 경우라도 문제를 해결할 수 있다는 긍정적인 자세를 갖고 시작하는 것이 이처럼 중요하다. 긍정적인 자세를 가지고 생각할 때 비로소 다양한 접근 방법이 나올 수 있다. 그렇기에 하루 빨리 문제를 해결하려는 급한 마음보다는 해결할 수 있다는 긍정적인 자세로 임하는 것이 무엇보다 중요하다. 앞에서 서술한 이야기는 우리나라의 경제 발전에 큰 역할을 한 고 정주영 현대건설 회장의 회고록 중 일부이다. 어떻게 이런 생각을 할 수 있었는지 정말로 놀라울 뿐이다.

5) 고정 관념의 탈피

문제를 해결하는 데는 경우에 따라서 과거의 좋은 경험과 지식 정보들이 유용하게 활용될 수 있지만 자꾸 이런 경험에만 의존하다 보면 새로운 요소를 찾아내기가 어려울 수도 있다. 고정 관념이나 선입관에 사로잡히는 자세는 새로운 발전에 방해가 될 수 있기 때문이다. 새로운 시도를 끊임없이 추구하기 위해서는 다양한 접근 방법을 고려해 보아야 한다. 비록 시간이 많이 소요되고 비능률적이며 비경제적인 요소가 내포되어 있다 하더라도 그러한 문제를 해결할 수 있는 창의적인 해결 방법을 제시하려면 고정 관념으로부터 탈피해야 한다.

이러한 노력은 효율성 면에서 본다면 실패라고까지 말할 수 있다. 그러나 다양한 접근 방법을 찾다 보면 지금 당장의 문제뿐만 아니라 향후의 문제를 해결하는 데에도 큰 도움을 줄 수 있는 능력을 향상시켜 궁극적으로는 문제를 해결하는 데 도움이 된다.

많은 선각자의 발명이나 발견을 살펴볼 때 고정 관념을 가지고는 결코 새로운 것을 찾아낼 수가 없었을 것이다. 그들의 창의적인 작품이나 제품은 남들과는 전혀 다른 생각을 하는 데에서부터 출발했거나 접근했기 때문에 가능하였다. 그런 측면에서 보면 고정 관념이나 선입관을 탈피하는 것은 문제 해결 방법을 찾아내는 데 매우 중요한 요소라고 말할 수 있다.

저자가 경험한 특이한 경우를 하나 소개하고자 한다. 물론 이 방법이 좋은 것인지 여부는 판단을 미루겠다.

오래전 초등학교 4학년 학생이 어머니와 함께 찾아와서는 다음과 같이 의논해 왔다.

"이 다음에 훌륭한 과학자가 되고 싶은데, 어떻게 하면 좋을지 이야기 좀 해 주세요."

"어머니가 하라는 대로 하지 말고 그 반대로만 하여라! 그러면 너는 나중에 훌륭한 사람이 될 수 있을 것이다. 나는 그렇게 생각한단다."

우리나라 부모들의 고정 관념으로는 틀에 박힌 생각밖에 할 수 없다고 생각하기에 나는 이런 대답을 들려주었다. 그로부터 서너 달이 지나서 그 학생의 어머니가 찾아왔다.

"교수님을 찾아왔던 것을 매우 후회합니다. 그 후론 공부 좀 하라고 해도 도통 하지 않고 딴 짓만 하려고 합니다."라며 속상해 하였다. 그 아이에게는 공부를 하라는 어머니의 말이 귀찮게 들렸고, 자신의 뜻을 이해해 준 저자의 충고가 여간 고마운 것이 아니었다. 그 후 8년쯤 지났을 때 다른 경로를 통해서 들은 바로는 그 아이가 과학 고등학교에 입학하여 공부를 잘하고 있다는 소식이었다. 그 아이도 그렇고 부모도 그렇고 모두가 고정 관념에서 벗어나려는 노력이 중요하다는 사실을 알게 되었다고 생각한다. 문제 해결은 이런 선입관이나 틀에 박힌 생각에서 벗어나야 비로소 이루어지는 것이다.

제로베이스(zero base)라는 말도 바로 그러한 의미에서 나온 것이다. 아무런 고정 관념 없이 전혀 새로운 방향으로 생각하기 위해 기존의 방법들에 대한 이끌림으로부터 과감히 벗어날 수 있다면 더욱 좋다. 창의적 사고를 통한 문제 해결은 바로 제로베이스에서 출발하며, 이는 문제 해결에 있어서 매우 중요한 요소이기도 하다.

6) 감정의 소통

문제 해결을 위하여 앞서 이야기한 요소들은 이성적 판단에 근거한 것으로 과학적인 이슈는 그렇게 해결할 수도 있다. 하지만 각기 다른 입장에서 바라본 문제는 가치 기준의 차이 때문에 아무리 논리적인 설명이 뒤따라도 극복할 수 없는 경우가 있다. 노조와 경영자 간의 갈등, 부부간의 갈등, 계약 근로자들이 겪고 있는 문제, 소비자와 산업체 간의 문제 등 우리 사회가 안고 있는 여러 문제들은 과학적이고 합리적인 설명만으로는 풀기 어려운 문제들이 있다.

상대방의 관점에서 바라본다는 것은 상대방의 마음을 읽는다는 것이며, 그리되면 좀 더 원활하게 문제가 풀릴 수도 있다. 대학에서 각 과들과 자신이 속해 있는 과의 소속으로 연구 기자재 비용을 끌어오려고 회의를 하다 한 달이 지나도 예산을 기획하지 못하고 옥신각신한 적이 있다. 이때 분쟁에 가담했던 사람들을 모두 바꾸고, 다른 사람이 해당되는 과의 대표로 참석하여 각 과 나름대로 예산의 필요성을 설명한 다음 각자 가져가고 싶은 마음을 상대방 과에 주고 싶은 마음으로 바꾸어 생각해 보자고 하였다. 이윽고 상대방이 왜 그러한 기자재가 필요한지 이해하게 되었고 결국 한 시간 만에 문제가 원만히 해결되었다. 이는 물론 예외적인 경우라고 볼 수도 있다. 하지만 상대방의 입장을 이해하려고 노력하는 것이 서로 간의 가치 기준을 공유하는 것이며, 그것이 바로 감정의 소통이라고 할 수 있다.

이러한 노력은 어떤 한순간에 이루어진 것이 아니라 평소 감정의 앙금이 쌓이기 시작하는 초기에 이런 문제를 해결하려는 분위기가 있었기에 가능했다고 본다. 서로 다른 생각, 서로 다른 가치관 등을 이해하려는 노력은 회사 내 조그만 동아리 활동이나 업무와는 관계없는 서로 다른 부서에 속해 있는 사람들 간의 교류를 통해서도 충분히 이루어질 수 있다. 최근 많은 회사가 사내 동아리 활동을 통해 타 부서 사람들과의 소통을 유도하는 추세는 바로 이런 점을 반영한 것이라고 할 수 있다.

그림 2-2 회사 내 다양한 동아리 활동을 통한 소통 문화 형성

긍정적 자세가 얼마나 중요한지를 보여 주는 우리나라 역사의 한순간

1975년 여름 어느 날 박 대통령이 현대건설의 정주영 회장을 청와대로 급히 불렀다. 달러를 벌어들일 좋은 기회가 왔는데 일을 못하겠다고 주장하는 정부 실무진에 실망한 박 대통령은 정 회장을 불러서 지금 당장 중동에 다녀오라고 말하며, 만약 정 회장도 안 될 것 같다고 하면 대통령인 나도 포기하겠다고 하였다.

1973년도 석유 파동으로 당시 서아시아(중동) 국가들은 달러를 주체하지 못하고 있어 그 돈으로 여러 가지 사회 인프라를 건설하고 싶은데 너무 더운 나라라 선뜻 일하러 가는 나라가 없었던 모양이다. 이에 우리나라에 일할 의사가 있는지를 타진해 왔다. 정부 관리들을 보냈더니 2주 만에 돌아와서 하는 얘기가 너무 더워 낮에는 일을 할 수 없고, 건설 공사에 절대적으로 필요한 물이 없어 공사를 할 수 없는 나라라는 보고였다.

정 회장은 5일 만에 다시 청와대로 돌아와 박 대통령에게 보고하였다.

"지성이면 감천이라더니 하늘이 우리나라를 돕는 것 같습니다. 중동은 이 세상에서 건설 공사하기에 제일 좋은 지역입니다. 1년 12달 비가 오지 않으니 1년 내내 공사를 할 수 있고요. 건설에 필요한 모래, 자갈이 현장에 있으니 자재 조달이 쉽고요. 물은 어디서 실어 오면 되고요. 50℃나 되는 더위는 천막을 치고 낮에는 자고 밤에 일하면 됩니다." 하고 보고하였다.

박 대통령은 곧바로 비서실장을 불러서 현대건설이 중동에 나가는 데 정부가 지원할 수 있는 것은 모두 도와주도록 하였다. 정 회장 말대로 한국 사람들은 낮에는 자고, 밤에는 횃불을 들고 일을 하였다. 이에 전 세계가 놀랐다. 달러가 부족했던 그 시절, 30만 명의 일꾼들이 서아시아로 몰려 나갔고 보잉 747 특별기 편으로 달러를 싣고 들어왔다. 우리나라가 위기를 극복할 수 있었던 이정표를 마련하는 계기가 되었다. "나는 어떤 일을 시작하든 반드시 된다는 확신 90%와 되게 할 수 있다는 자신감 10%를 가지고 일해 왔다. 안 될 수도 있다는 회의나 불안은 단 1%도 끼워 넣지 않는다."

–정주영 회장의 회고록에서

4. 문제 해결의 다양한 사례

1) 개발팀 조직 관리

문제 신제품 개발 업무를 담당하고 있는 연구소에서 매년 신제품을 만들어 냈으나 뚜렷한 실적이 나타나지 않아, 신제품 개발 실적이 탁월한 연구원 30명 중 3명을 선발하여 세계 3대 식품 전시회에 참가하는 것을 포함한 1주일간의 유급 휴가를 주기로 하였다. 인센티브 제도를 도입함으로써 사기를 진작시키고 특별 휴가를 제공하는 프로그램을 도입한 것이다. 그러나 구성원들 간의 능력 차이도 있고, 개발 업무에 탁월한 직원들은 신바람이 났지만 개발팀에서 타 업무를 지원하거나 보조해 주는 연구원들은 도전할 수 없는 그림의 떡이라 생각하게 되면서 조직원 간에 위화감이 조성되었다. 인센티브 제도가 오히려 조직의 근간을 해칠 수도 있는 문제로 발전할 것만 같다. 어떻게 하면 조직의 유대 관계를 잘 유지하면서 제품 개발의 실적을 향상시킬 수 있을까?

문제 해결 목표

원만한 조직 관리와 구성원 간의 유대감을 유지하면서 신제품 개발 업무 향상

문제 해결의 기준

인센티브 제도가 몇몇을 위한 프로그램이 아니라 모든 연구원이 함께 만족할 수 있도록 함.

접근 방법

① 정확히 무엇이 문제인가를 파악하기 위하여 연구원들의 불만 정도를 어떻게 정확하게 파악할 것인가?

- ◦ 인센티브는 선별적인 제도인데 목표는 구성원 전원의 만족도를 높여야 한다는 점.
- ◦ 구성원들의 개발 능력에 차이가 있음 : 시도하기 전부터 인센티브 대상이 확정적일 수 있음.
- ◦ 단독으로 개발에 참여할 수 있는 그룹과 지원 업무를 보조적으로 하는 그룹 간의 이질감.

② 이외의 사항은 면담이나 무기명 건의로 제출받도록 한다.

③ 해결해야 할 점들을 먼저 분리시키고 다시 이들 중에서 융합시킬 수 있는 점들을 찾는다.

④ 두 그룹(개발 그룹과 보조 업무 그룹)으로 나누어 각 그룹이 할 수 있는 영역을 명확히

구분하고, 함께 수행할 수 있는 일과 보조 업무 참여자의 경우 이를 보전할 수 있는 방안을 모색한다.

⑤ 평가 방법의 합리성을 제시하여야 한다.

문제 해결

① 자료 수집(문제 요인 파악) : 구성원을 대상으로 한 앙케이트 조사를 실시한다(참여도가 저조하거나 불만 요소가 드러나지 않을 경우). 구성원의 목소리가 보장받을 수 있는 상황에서 외부 컨설팅을 통해 파악하며, 1 대 1 혹은 1 대 3~4명으로 구성된 컨설팅 팀의 면담을 실시한다.

② 구성원들이 생각하고 있는 불만이나 문제점을 정확히 분석하여 분류한다.

③ 분류된 사항들 간에 공통점이 있거나 또는 함께 생각할 수 있는 점들이 있는지 파악한다.

④ 최적의 해결 방법은 구성원들과 함께 논의하여 방안을 찾아본다. 또는 실무팀에서 논의하여 방향을 설정한다. 이때 주로 논의될 사항들은 다음과 같다.

- 단독으로 개발에 참여하는 경우와 공동으로 팀을 구성하여 참여하는 경우로 나누어 논의함.
- 공동으로 추진하는 경우 타 업무를 보조 지원해 주는 그룹이 포함되는 경우를 나누어서 논의함.
- 평가 방법에서 보조 업무에 참여하는 경우도 우수한 개발자의 일정 부분에 해당하는 평가 점수를 받을 수 있도록 하며, 여러 업무를 보조하는 경우 추가로 평가 점수에 포함시킴.
- 인센티브 대상자 3명 중 2명을 단독 개발(공동 개발 포함)에서, 나머지 1명은 보조 지원해 주는 그룹에서 선발토록 함.

⑤ 선택된 해결 방법의 시행

- 인센티브 도입 전 인센티브 제도의 본 취지를 설명하고 어떤 방식의 평가인지 공개적으로 평가 방법에 대한 구체적인 설명을 전달함.
- 예상치 못한 상황이나 경우에 대하여 판단 기준에 대한 합의를 도출함.
- 시행 시기를 명확히 하여 실시함.

생각해 볼 사항

위 문제에서처럼 개발 과정에서 주도적으로 수행하는 그룹과 보조를 주로 하는 두 그룹 간에 상호 견해 차이가 있는 주장들을 만족할 만한 합의로 이끌어 내기 위한 전략은 무엇인가? 어떻게 접근하는 것이 상호 만족도를 높일 수 있는가?

2) 다이어트

다음의 경우는 문제 해결을 위한 훈련의 하나로 팀이 함께 풀어 나가는 방법으로 적용해 보면 좋을 것이다. 혼자만의 생각보다는 여러 사람의 상이한 생각을 통해서 미처 고려하지 못한 부분을 끄집어 낼 수 있을 것이다. 스스로 문제가 무엇인지를 찾고 이를 함께 나누면서 다른 견해를 생각해 보고 또 다른 문제를 생각하면서 최종적인 해결 방안을 모색하는 훈련이라고 할 수 있다.

본 과제는 팀원들이 함께 4~5주간의 토론, 조사, 논의를 통하여 수립해 나가는 방법으로, 각자의 역할 분담을 통해 조사 범위를 나누고 조사한 것을 다시 논의하고, 논의한 내용을 정리한 다음 이것이 합리적인지 여부를 검토하는 데 필요한 사항을 연구하여 이를 논의하고 최종적인 문제 해결 방안을 수립하는 방법이다.

문제-문제 중심 학습(Problem Based Learning)

많은 사람이 꿈꾸는 다이어트. 그런데 제대로 성공한 사람들은 드물다. 다이어트라는 문제를 어떤 방식으로 접근해야 해결할 수 있을까? 보다 합리적인 방안을 제시할 수 있는 제안을 수립해 보자.

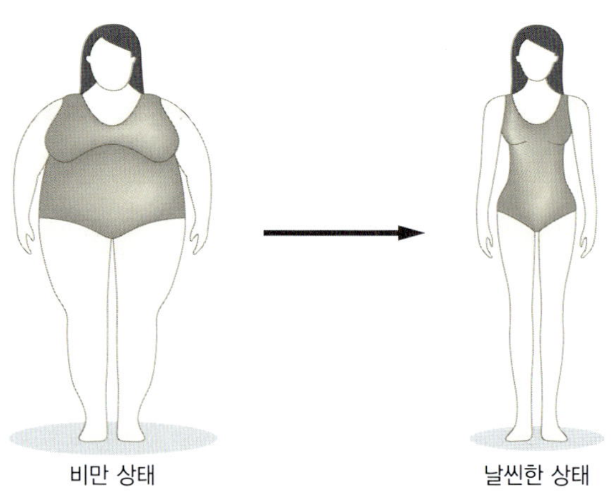

문제 해결 목표

- 자신이 원하는 체중이 5년 이상 지속되어야 함.
- 다른 질병으로 고생하는 일이 발생해서는 안 됨.

문제 해결의 기준

① BMI(체질량지수)의 정상 수준을 유지하고, 체지방과 근육의 비율이 정상 수준을 유지해야 한다.

② 체중 유지 상태가 5~10년 이상 지속되어야 한다. 다이어트를 하는 것이 어느 한순간만을 이야기하는 단기적인 문제가 아니라 최소한 5년 이상 10년 동안 지속되어야 한다면 선택한 방법이 그러한 정도를 유지할 수 있어야 합리적인 다이어트 방법이라고 결정할 수 있을 것이다.

접근 방법

① 왜 다이어트에 실패하는지를 각자 조사하도록 한다. 여러 가지 요인을 생각해 보며 이를 함께 나눈다.

② 각자가 조사해 온 것을 이야기하며 무엇이 원인인지를 정리하여 우선순위를 토대로 요인별 해결 방안을 설정해 본다.

③ 원인이 되는 요소의 해결 방안에 대하여 역할 분담을 하고 각자 조사하여 준비해 오도록 한다. 또 다른 문제점이 있는지 여부도 함께 검토한다(요요 현상 등).

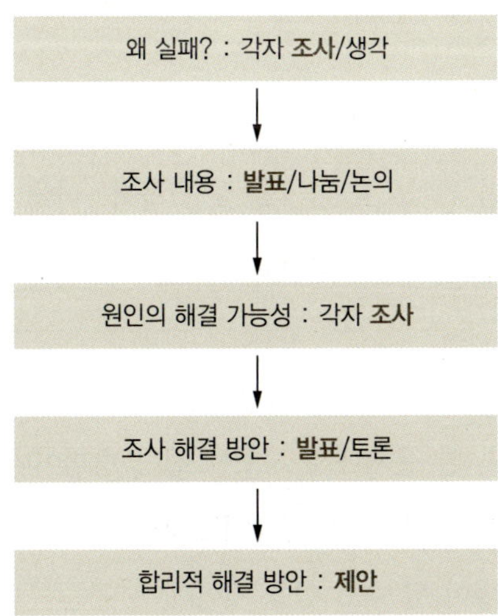

그림 2-3 다이어트를 달성하기 위한 문제 해결 프로세스

④ 각자가 준비해 온 해결 방법의 타당성을 발표해 본다.

⑤ 발표된 해결 방안에 대하여 각자 서로 다른 생각을 제시하며 토론한다.

⑥ 토론 과정에서 논의된 사항 중 가장 합리적인 접근 방법의 해결 방안을 최종적으로 준비하여 궁극적으로 문제 해결 방안을 제출토록 한다.

해결 방법으로 제시될 수 있는 안건

팀별로 수행하는 것이므로 최종적으로 어떤 안이 제시될지는 확신할 수가 없다. 그러나 아마도 다음과 같은 이야기들이 논의될 수 있을 것이라고 생각되며, 이외에 다른 안이 제시될 수도 있을 것이다.

① 음식의 섭취량 조절 문제 : 섭취하는 양을 조절하는 데 어려운 점은 무엇인가?

② 음식의 선택 : 어떤 종류의 음식을 선택하는 것이 타당한 것인가?

③ 운동량의 부족 : 운동량을 늘리지 못하는 원인은 무엇이라고 보는가?

④ 의지의 문제 : 다이어트를 해야 하는 필요성에 대한 절박감의 문제. 스트레스성인지의 여부. 식생활 습관으로 전환하여 받아들이지 못하는 이유는 무엇인가?

⑤ 경제적인 문제 : 비용의 문제를 극복하기가 어려운가? 다양한 다이어트 프로그램에 참여하는 것이 효과적인가?

⑥ 유전적인 문제 : 유전자 치료가 가능한가?

⑦ 장내 세균의 문제 : 장내 세균의 분포도를 바꾸기 위한 새로운 대변의 도입과 균체 복용을 통한 접근 방법이 현실적인가?

이와 같이 요인별로 문제가 있는지 여부를 검토하고 나름의 성공 가능성 중 가장 합리적인 선택 방법이 있다면 무엇으로 결정할 수 있을까? 이에 대한 토론을 바탕으로 최종적인 안을 만들어 해결할 수도 있을 것이다.

산업체 내에서 브레인스토밍을 하거나 창의적인 아이디어를 도출하기 위하여 여러 가지 방법이 활용될 수 있다. 본 문제에서 시도한 접근 방법이나 혹은 이와 비슷한 방법들이 훈련 과정을 통해 나와는 다르게 생각해 보는 훈련이 될 수 있으며, 아울러 좋은 해결 방안을 모색하는 방법이 될 수도 있을 것이다.

3) 수비드

문제 요리사를 꿈꾸는 미래의 셰프 김 군은 강의 시간을 통해서 다음과 같은 내용을 배웠다.

스테이크를 가장 맛있게 만들기 위해서 '마이야르 반응'을 극대화하는 방법을 사용한다. 생고기나 삶은 고기에서는 도저히 맛볼 수 없는 맛을 구운 고기에서 느낄 수 있는 것은 '마이야르 반응' 덕분이기 때문이다. 이 반응은 160℃ 이상의 온도에서 일어나며, 표면적이 넓을수록 많은 반응을 이끌어 낼 수 있고, 기름과 고기의 온도 차이가 많이 날 때 격렬하게 일어난다는 3가지 사실을 배웠다. 그렇다면 어떻게 이러한 조건을 충족시킬 것인가?

접근 방법

① 온도를 160℃ 이상으로 유지하는 것은 그리 큰 어려움이 없어 보인다.

② 표면적을 어떤 방식으로 최대한 넓힐 것인가? (고기를 얇게 썰어서 활용하는 방법이나 고기를 부풀리게 만드는 방법을 통하여 고기의 표면적을 넓힐 수 있을 것이다.)

③ 어떤 처리가 기름과 고기의 온도 차이를 최대한 확대시킬 수 있는가?

해결 방법

① 표면적을 넓히는 방법으로 칼질하여 고기 사이에 공간을 확보한다. 하지만 칼질이 너무 깊이 들어가면 고기의 익는 속도를 조절하기가 어려워 웰던 형태로 많이 익힌 상태의 고기가 되어 버릴 수 있다.

② 고기를 진공 상태에 노출시켜 모든 방향에서 잡아당기는 효과를 통해 고기의 표면적을 넓히고, 여기에 미세한 자극을 주어 표면이 부풀어 오르게 만든다.

③ 냉동 상태나 얼린 상태로 보관하였다가 바로 열 조리하여 굽는다.

이 3가지 조건을 충족시키기 위해 57℃에서 1시간 동안 수비드(sous vide : 진공 저온 조리법)한 쇠고기를 액체 질소에 30초간 집어넣어 표면을 냉각시키고, 이 상태로 뜨거운 기름에 35초 동안 튀겨 조리하였다.

감자튀김을 더 맛있게 만들기 위해서 바삭거리는 식감을 극대화하는 방법을 사용한다. 감자 역시 수비드로 충분히 익힌 다음 초음파 세척기를 활용해 표면에 보풀이 일어나게 만든다. 초음파 세척기는 흔히 안경점에서 볼 수 있는 것과 같은 것인데 한쪽 면에 45분씩, 총 1시간 30분 동안 감자에 초음파 충격을 주면 감자의 표면에 공기 방울이 맺히면서 녹말 보풀이 일어나 기름과 맞닿는 표면적을 극대화하게 만든다. 이 상태의 감자를 160℃에서 한 번, 190℃에서 한 번, 총 두 번에 걸쳐 튀겨서 조리하였다.

스캠퍼(SCAMPER) 이론으로 본다면 수비드라는 새로운 방법을 도입함으로써 기존의 방법을 대체한 것이고, 표면을 변형시킴으로써 표면적을 극대화하도록 한 것이다. 결론은 이렇게 볼 수 있지만 문제를 해결하기 위해 7가지 방법으로 하나하나 접근하여 시도해 본다면 좋은 방법으로 문제를 해결할 수 있다.

substitute	combine	adapt	modify	put to other uses	eliminate	rearrange
다른 것으로 대체	A와 B를 합침	다른 데 적용	변경, 축소, 확대	다른 용도	제거	재배치

그림 2-4 SCAMPER 이론에서 선택하는 7가지 방법

이 경우 또 다른 선택으로는 한 가지의 방법을 선택할 수도 있고 경우에 따라서는 두 개 이상의 방법을 융합하여 사용할 수도 있으며, 사용하고자 하는 방법의 순서에 따라서 서로 다른 기대 효과가 발생할 수도 있다.

수비드(sous vide)

비닐봉지에 식재료를 진공 포장한 다음 일반적인 조리 방법에서 적용되는 온도 조건보다 낮은 특정 온도 조건에서 비교적 오랜 시간 조리하는 진공 저온 방식의 조리 방법이다. 이 조리법이 1970년대부터 해외 유명 셰프와 미식가들 사이에서 인기를 얻은 이유는 다른 요리법과는 다르게 식재료를 균등하게 익힐 수 있다는 장점 때문이다. 또한 식재료가 지나치게 익지 않을 정도로 완벽하고 고르게 조리할 수 있다.

상대적으로 낮은 온도에서 장시간 조리하여 맛과 향, 수분의 보수력(water holding capacity)과 영양소를 보존할 수 있으므로 재료 본연의 맛과 풍미, 부드러운 식감과 육즙을 느낄 수 있다.

4) 숙취 음료 개발

문제 숙취 음료 시장이 날로 확장되고 있다. 뒤늦게 출발하기는 하였지만 새로운 형태의 숙취 음료를 개발하여 신제품을 출시하고자 한다. 숙취 음료를 어떤 방법으로 접근하여 개발해야 기존의 제품에 비하여 품질 면에서 탁월한 효과가 있는 제품을 만들 수 있겠는가?

문제 해결 목표

가능한 빠르게 숙취가 해소되어 정상 상태로 돌아감.

문제 해결의 기준

① 숙취가 해소된다는 것을 보다 명확하게 설정할 필요가 있다.

② 마신 양과 숙취 해소 시점의 상태가 어떤 상태인지 구체적으로 설정한다.

③ 소주 1병을 마신 후 2시간 내에 혈중 알코올 농도를 0.03% 이하로 떨어뜨린다. 내용물이 간에 무리를 주지 않는 물질로 구성되어야 한다.

접근 방법

재료(Material), 방법(Method), 사람(Man), 기계(Machine) 중에서 문제 해결 포인트를 찾는다.

재료(Material)	어떤 소재가 분해 효소 두 가지에 영향을 미칠 수 있는지 찾는다.
방법(Method)	효소를 활성화 및 저해시키는 것 외에 어떤 방법으로 알코올과 중간 생성 물질의 저감화를 효율적으로 이룰 수 있는가?
사람(Man)	다양한 계층의 사람들에게 나타나는 영향(효과)을 확인할 수 있는가? 윤리생명위원회의 사전 승인 절차가 필요하므로 이에 대한 승인 작업을 실시하여야 한다.
기계(Machine)	혈중 알코올 농도의 저감화 효과를 측정할 수 있는 시스템을 확보하여야 한다.

4가지 요소 중 구성 성분에 포함되는 재료를 먼저 찾아야 하며, 이를 토대로 탁월한 효과가 있는 방법을 찾아나갈 수 있도록 접근한다.

① 숙취 음료는 에탄올이 체내에서 빠르게 분해되는 방법이 바람직하다. 에탄올이 분해되는 과정을 보면 그림 2-5와 같다. 이 과정에서 아세트알데하이드가 숙취를 유발하는 중요 성분이다.

에탄올 —alcohol dehydrogeanse→ 아세트알데하이드 —aldehyde dehydrogeanse→ 탄산가스, 물

그림 2-5 에탄올의 분해 과정

따라서 두 가지 방법을 생각해 볼 수 있다. 하나는 에탄올이 아세트알데하이드로 전환되는 것을 막아 주는 방법이고, 다른 하나는 생성된 아세트알데하이드를 빠르게 분해하여 탄산가스와 물로 전환시키는 것이다.

② 아세트알데하이드로 전환되지 않은 알코올 성분과 함께 분해되지 않고 남아 있는 아세트알데하이드는 가능한 한 빠르게 체내에서 배출되도록 유도해야 한다.

문제 해결

에탄올이 아세트알데하이드로 전환되는 것을 막아 주는 효소인 알코올탈수소효소(alcohol dehydrogenase)를 불활성시키거나, 저해 작용을 하는 물질(inhibitor)을 첨가하는 방법과 아울러 생성된 아세트알데하이드를 빠르게 분해하는 효소인 알데하이드탈수소효소(aldehyde dehydrogenase)의 활성 물질(activator)을 첨가하는 방법이다. 이러한 기능을 하는 물질 중에서 알코올탈수소효소의 저해제가 다른 인체 내 효소들의 반응에 영향을 미치지 않아야 하는 물질을 선택하는 것이 중요하다. 아세트알데하이드의 생성을 억제하면서 이미 생성된 아세트알데하이드는 빠르게 분해시킬 수 있는 방법을 선택하는 것이다. 숙취에 좋다고 하는 물질 중에서 어떤 물질이 과연 1, 2단계에 적합한지 찾는다.

1단계에서 해당 효소의 저해 물질 중에서 인체에 해롭지 않은 것을 선택하여 얼마 정도의 양을 첨가하는 것이 바람직한가를 찾는다. 2단계에서도 마찬가지 방법으로 접근하여 알데하이드탈수소효소의 활성화를 극대화시킬 수 있는 물질을 찾는다.

위와 같이 하면서 아세트알데하이드로 전환되지 않은 알코올 성분과 잔존하는 아세

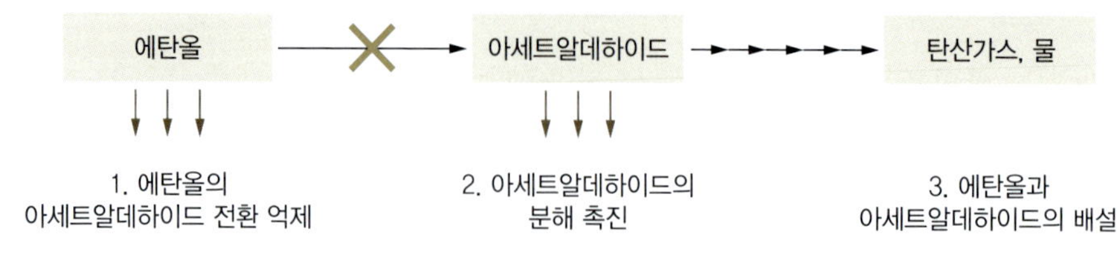

그림 2-6 숙취 해소를 위한 전략 3가지

트알데하이드 물질은 가능한 빠르게 체내에서 배출되도록 유도하기 위해서 이뇨 작용 효과가 좋은 물질 등을 혼합하여 제조한다면 좋은 숙취 음료가 개발될 수 있을 것이다. 이뇨 작용을 하는 물질 중에서 가격 대비 가장 효과가 좋은 물질을 선택하도록 한다.

소주 한 병을 먹어도 2시간 후에는 대리기사 없이 온전히 집으로 돌아갈 수 있다면 본 제품의 개발 목표는 더할 나위 없이 달성될 것이라고 본다.

생각해 볼 사항

① 숙취가 아세트알데하이드에 의해서도 야기되지만 발효 과정에서 생성되는 아이소아밀알코올, 뷰틸알코올 등 퓨젤오일(fusel oil)에 의해서도 야기된다. 막걸리나 약주 또는 포도주 등에서 생길 가능성이 높은 퓨젤오일로 인한 숙취의 문제는 어떤 방법으로 접근하여 해결해야 한다고 생각하는가?

② 아세트알데하이드나 알코올 성분이 체내에서 가급적 빠르게 배출될 수 있는 방법을 가미한다면 그 효과는 더욱 좋을 것이라고 생각된다. 과연 어떤 방법으로 그런 목적을 달성할 수 있을 것이라고 보는가?

5) AI 이용 제품 개발

문제 회사를 설립하여 신제품을 개발하고 출시하기 위하여 노력하고 있다. 그러나 신제품이 연구실에서 개발된다 하더라도 시장 조사를 해보면 매력을 끌지 못하여 시장에 출하되지 못하는 제품이 많다. 그렇게 되면 투자된 시간과 노력, 그리고 시장 조사에 따른 막대한 비용 손실이 발생하게 된다. 이런 일이 자주 반복되면서 개발자의 자신감도 떨어질 수 있다. 아직은 많은 인원을 확보하지 못한 소규모의 회사이지만 넉넉한 투자 자금을 가지고 충분히 해 볼 만한 환경이 마련되어 있다. 시장 조사 경쟁에서 이길 수 있을 만한 제품 개발을 위하여 SNS를 활용한 새로운 전략을 제시해 본다면 어떤 것이 있을까?

문제 해결 목표

신제품 개발 비용이 저렴하면서도 효율적인 신제품 개발의 프로토콜을 확립함.

접근 방법

기존의 신제품 개발 방법을 벗어나 이제까지 시도하지 않은 방법으로 개발을 시도한다.

① 소비자의 니즈를 반영한 콘셉트를 SNS로 필요한 맛, 향, 조직감, 제품 디자인, 가격,

유통상의 문제점 등을 수시로 파악하여 소비자들의 요구 사항을 반영한 제품을 만들고 이에 대한 테스트를 SNS에서 실시한다. 이러한 방식으로 또 다른 요구 사항을 수시로 반영한 제품을 만들어 나가는 전략의 플랫폼을 구축한다.

② 기존의 신제품 개발에 적용된 기술적 요소가 축적된 빅 데이터를 이용한다. 기존의 데이터 정보 관리에 축적된 정보, IBM 또는 구글이나 페이스북에 축적된 정보를 기반으로 인공지능 기술을 이용하여 트렌드 변화에 따른 신제품 개발 방법을 고려하여 본다.

③ 대학생 또는 주부들을 대상으로 한 소규모의 선호도 조사를 바탕으로 소비자의 취향을 파악하여 제품을 개발하는 방법으로, 이는 소규모 회사에서 적은 비용으로 실시해 볼 수 있을 것이다.

문제 해결

인공지능(AI) 기술은 소비 영역은 물론 제품의 생산, 마케팅, 유통 과정에서의 의사 결정에까지 도입되고 있다. 이제까지는 경영자의 오랜 경험과 연륜에서 나올 수 있는 직관에 의존하는 전통적 경영 방식이 통하였다면 최근에는 인공지능의 데이터 분석력을 토대로 하여 의사 결정이 이루어지는 시스템으로 대체되어 가고 있다.

소비자들의 트렌드 및 선호도에 관한 수많은 데이터는 인공지능의 우월성을 여실히 보여 주고 있으며, 그 성과는 매우 정확한 편이라고 할 수 있다. 뿐만 아니라 그냥 넘어갈 수도 있는 희소성 있는 데이터의 가치를 인정하고 이들을 확보해 가장 효율적인 활용 방법을 찾아내는 데에도 이용되고 있는 실정이다.

① 소비자의 선호도를 추적한다.

현재의 소비자들이 좋아하는 소재의 특성을 다양한 정보망을 활용하여 수집한다. 글로벌 IT기업 IBM의 인공지능 컴퓨터 왓슨(Watson)을 이용해 수십만 개의 인터넷 사이트와 식품 관련 사이트에 게시되어 있는 글들을 분석하여 소비자 식품 선호도 정보를 수집한다. 또 국내 3개 대형 통신사 및 백화점이나 대형마트, 소형 편의점에 이르기까지 대부분의 유통시장 창구로부터 소비자들이 가장 잘 사는 식품에 관련된 정보를 신속하게 수집한다.

수집된 데이터를 토대로 과자류, 캔디류, 초콜릿류, 제빵류 등 제품별로 현재 소비자들이 가장 좋아하는 취향 포인트와 인기를 끌 수 있을 것으로 예상되는 소재와 맛

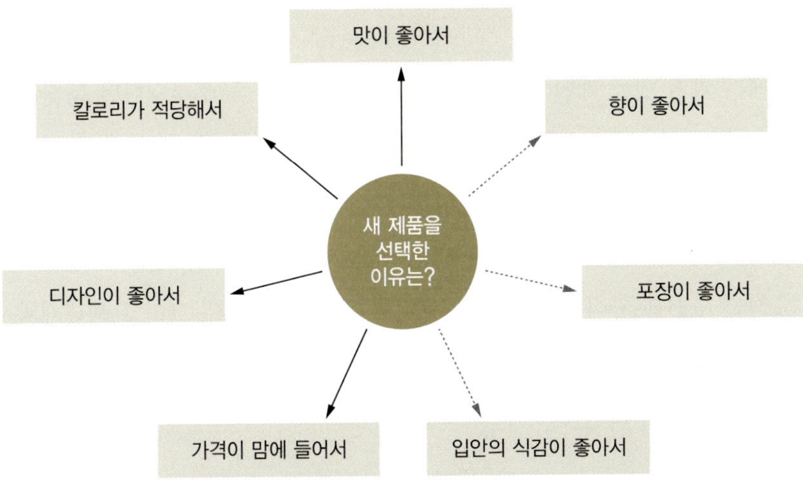

그림 2-7 SNS를 이용한 신제품 개발을 위한 질문 항목들

을 도출해 낸다.

② 가상 콘셉트의 가상 신제품을 판매하면서 소비자들의 반응을 확인한다. 가상 제품의 선호 이유가 어디에 있는지 SNS상에서 투표를 하도록 유도한다.

소재의 특성을 조사 적용하는 문제와 최근의 트렌드 관련 정보는 인공지능을 활용하면서 정보 사이트의 콘텐츠를 활용하는 방법으로 접근하고, 소비자층의 선호도 조사는 SNS를 활용하는 방법 등으로 나누어 접근한다.

③ 가상 콘셉트에 대한 제2차 소비자 조사를 실시한다. SNS 소비자 조사 결과를 토대로 마음에 들지 않거나 개선해야 할 항목은 어떤 방향으로 개선하는 것이 나을 것인지 조사한다. 예를 들어 향을 개선해야 한다면 새롭게 만들 제품의 향은 바닐라향, 초코향, 버터향, 레몬향, 카라멜향 등을 제시하고 선호도를 조사하여 소비자의 트렌드에 맞는 제품 특성을 맞추어 나간다. 포장, 가격, 편리성 등 다양한 문제의 보완점을 개선해 나간다.

④ 제2차 조사에서 얻어진 결과를 토대로 제품을 만들어 SNS 응답자들에게 보내어 재평가를 받는다. 이런 과정을 반복하면서 성의 있는 응답자들에게는 인센티브를 제공함으로써 제품 개발에 참여하는 자부심과 기쁨을 고양시키면서 새로운 신제품 개발을 시도해 나간다.

6) 신선한 김치

이번 문제는 과거 냉동 체인이 발달하지 못했던 1970년 초에 부딪혔던 문제이다. 여기에서는 어떤 상황과 그 상황이 처한 문제를 어떻게 해결해 나아가야 되는지에 대하여 생각해 보기 위한 것으로, 오늘날처럼 비행기로 수송하거나 냉동 체인을 이용했다면 구태여 이런 문제가 대두되지 않았을 것이다.

실제로 이런 조건을 찾아낸 서울대 연구팀과 두산의 종가집, 그리고 해태제과가 공동연구를 통하여 김치의 저장을 향상시킨 통조림 제품을 만들 수 있는 기술을 확보하고 이를 특허로 등록시킨 바 있다.

문제 베트남 전쟁에 우리나라의 맹호부대, 청룡부대, 비둘기부대 등 많은 군인들이 목숨을 걸고 참여한 적이 있었다. 무더위 속에서 목숨을 걸고 싸우는 이들은 때론 고향의 음식이 먹고 싶었다. 바로 김치였다. 그리하여 한국에서 김치를 포장하여 열대 지방인 베트남으로 보냈지만 국군장병들은 원했던 김치를 먹을 수 없었다. 항상 김치찌개처럼 흐물흐물 변해 버린 김치를 먹을 수밖에 없었다. 국군장병들은 가능하면 신선하면서도 아삭아삭한 김치를 먹고 싶었다. 어떻게 하면 열대 지방에서도 신선한 김치를 맛볼 수 있을까? 당시는 오늘날처럼 냉동 체인이 발달하지 않았고 배편으로 운송하다 보니 시간이 오래 걸렸다. 따라서 높은 온도에 노출될 수밖에 없는 상황이었다. 어떤 방법으로 접근하여 이와 같은 문제점을 해결하였을까?

문제 해결 목표

① 신선한 상태의 아삭아삭한 김치를 열대 지방인 베트남에서도 먹을 수 있었으면 함.

② 김치찌개처럼 흐물흐물한 김치는 피했으면 함.

문제 해결의 기준

김치의 아삭아삭한 정도를 식품 물성 측정기(texture analyzer)로 분석하여 아삭아삭한 김치의 견고도(경도 : hardness) 값을 유지해야 한다. 신선한 배추김치의 견고도 값이 타깃 목표치라고 본다.

접근 방법

① 김치가 흐물흐물해지는 조직감에 영향을 주는 인자는 무엇일까?

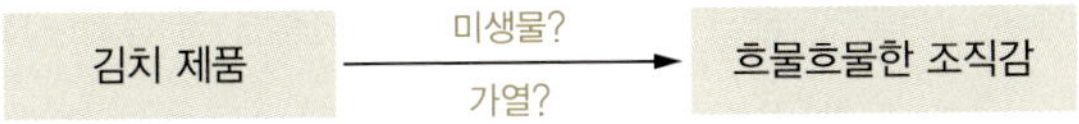

김치 제품	미생물? → 가열?	흐물흐물한 조직감

② 이처럼 조직감에 영향을 주는 인자를 조절할 수 있는 방법은 무엇일까?

미생물, 효소	온도, pH, 양이온, …… →	미생물/효소의 활성 변화

③ 이 제품에 적절한 살균 처리 방법을 적용한다면 조직감에 어떤 영향을 미칠까?

문제 해결

배추김치의 조직감을 가져오는 구성 성분은 수용성 식이섬유인 펙틴과 셀룰로스로 이와 같은 식이섬유가 문제의 핵심이 될 것이다. 따라서 이러한 물질들을 분해시키는 일이 일어난다면 김치의 조직감은 그야말로 흐물흐물한 상태가 되고 만다. 보통 김치찌개를 끓여서 먹을 때 아삭아삭했던 조직감은 사라지고 씹기 편하게 부드러운 맛으로 변해 버린 색다른 조직감을 느낄 수 있다. 이러한 조직감은 변질되거나 못 먹을 정도의 품질은 아니다. 그것 나름대로의 품질의 성격을 띠고 있다. 그리고 이러한 가열 처리가 일어나지 않아도 효소들에 의한 분해가 일어날 수 있다.

미생물이 만들어 내놓는 효소 중에는 이들 구조를 분해시키는 효소들이 있는데 셀룰로스보다는 펙틴 분자를 분해시키는 효소들이 주도적인 작용을 하게 된다. 이러한 효소들의 생성은 미생물에 의하여 좌우되며, 대부분 해당 물질이 많이 존재하면 이 물질을 분해하는 효소들의 생성이 비교적 활발한 편이다.

펙틴을 가수분해하는 효소 중에는 펙틴갈락투로네이스, 펙틴메틸갈락투로네이스, 펙틴에스테레이스, 펙틴라이에이스, 프로토펙티네이스 등이 있다. 이 중에서도 펙틴갈락투로네이스와 펙틴메틸갈락투로네이스는 펙틴 구성당인 갈락투로닌산으로 가수분해하여 저분자 물질로 빠르게 가수분해하는 데 반하여, 펙틴에스테레이스는 메틸기가 붙어 있는 에스터 결합만 작용하여 펙틴 구성당은 자르지 않는다. 특히 메틸기를 자르고 난 뒤에 카복실 이온 상태로 만들어 칼슘 이온과 같이 2가의 양이온 물질에 의해 교차 결합(cross-linkage)을 형성하여 오히려 저분자 물질들을 고분자 물질 상태로 결합시켜 주는 역할을 할 수 있다.

따라서 이들 효소의 작용을 활용하여 펙틴갈락투로네이스와 펙틴메틸갈락투로네이스 효소는 가수분해 작용을 하지 못하도록 유도하고, 펙틴에스테레이스 효소는 활발히 작용할 수 있는 환경을 만들어 준 다음 염화칼슘과 같은 물질을 첨가하여 2가의 양이온을 공급해 줌으로써 펙틴 분자가 분해되지 않고 오히려 더 결합할 수 있도록 유도하여 김치를 구성하는 펙틴 분자를 보호하는 것이 곧 신선한 상태의 조직감을 유지할 수 있게 만드는 것이다.

이들 효소의 적정 온도 조건과 적정 pH 조건을 적용하여 어느 환경에서 이들 효소의 작용을 방해하고 또 이롭게 유도할 수 있을 것인가가 문제 해결의 실마리를 풀 수 있는 열쇠이다.

생각해 볼 사항

최근 일본에서는 한국의 김치 제품 이외에 김치찌개용 김치 국물을 별도로 판매하기도 한다. 김치 국물의 경우에도 지나치게 발효되면 너무 신맛이 강해질 수 있어 외국인들이 구입하여 먹기에는 어려움이 있을 것으로 예상된다. 김치 국물의 신선도를 유지할 수 있는 방안으로는 어떤 것이 있을까?

7) 일본 빵 품질

문제 일본 회사에서 제빵 연수를 받고 돌아온 김 연구원은 일본에서 배운 대로 쌀을 이용하여 빵을 만들어 보았는데 일본 연수 중 만들어 본 빵과는 맛이 전혀 다른 것을 느꼈다. 배운 그대로 원료를 혼합하고 제조 방법도 똑같이 실행하였으나 일본에서 만들어 먹었던 빵과는 맛에 있어서 상당한 차이를 느낄 수 있었다. 어디에 문제가 있는 것일까? 이 문제 상황을 해결할 수 있는 방안은 무엇인가?

문제 해결 목표

일본 회사 수준의 품질을 갖는 쌀로 만든 빵을 제조하는 일.

문제 해결의 기준

최종 제품의 조직감이 수치상으로 일본 제품의 수준에 근접하여야 한다. 이를테면 기계적 분석에 의한 객관적인 수치가 유사한 값을 가져야 한다. 예를 들면 견고성(hardness), 저작성(chewiness), 점성(viscosity), 탄성(elasticity), 파쇄성(brittleness) 등의 수치값이 일본산 쌀빵 제품의 조직감과 유사한 값을 가져야 한다.

접근 방법

재료(Material), 방법(Method), 사람(Man), 기계(Machine) 중 어디에 문제가 있었을까?

재료(Material)	원료상의 문제가 있는 것이 아닐까? 국내산과 일본산의 쌀 문제일 수도 있다.
방법(Method)	제조 방법은 일본에서와 똑같이 수행하였다면 원료를 혼합하는 과정에서 혼합 순서상의 문제나 온도 처리에서 급랭이나 급가열 등의 조건도 고려해야 한다. 제조 방법에서 미세한 차이를 미처 고려하지 못하였을 것이라고 생각해 볼 수 있다. 주어진 작업 조건 속에 해결 방안이 숨어 있을 것 같다.
사람(Man)	아무래도 일본 작업자에 비하여 숙련도가 다소 떨어진다는 면은 받아들일 수 있다.
기계(Machine)	기계상의 차이는 물론 미세하게 있을 수 있겠지만 거의 무시할 수 있다고 본다.

4가지 요소 중 재료, 방법에서 어떤 차이가 있을 것이라고 보고 추적하는 것이 바람직하다.

문제 해결

두 가지 상황으로 나누어 일어날 수 있는 일들을 열거해 본다면 다음과 같다.

① 반죽을 숙성시키는 온도 및 숙성 시간의 중요도, 빵을 굽는 온도 조건의 치밀성 : 초기 오븐 온도, 최고 온도, 최고 온도 조건에서의 유지 시간 등에 따라 빵의 맛이 달라질 수도 있고, 오븐 안에 넣는 빵의 개수 등도 영향을 미칠 수 있겠지만 그러한 조건은 똑같다고 가정한다면 원료를 혼합하는 과정에서 해결해야 할 부분이 있다고 본다.

② 원료상의 문제라면 쌀 원료의 단백질 함량(밀가루의 경우 글루텐 함량에 따라 박력분, 중력분, 강력분 등으로 나누는 것을 고려할 때 매우 중요하다고 볼 수 있지만 쌀의 경우 단백질의 차이가 적은 편임), 수분 함량(첨가하는 물의 양이 달라질 수 있다는 점), 첨가하는 물의 특성상 차이(물에 포함된 미네랄 성분이나 기타 물질에 차이가 있을 수 있다고 봄), 쌀 품질의 기준 차이(입자의 크기, 입자의 분포도 등에 따라 맛이나 조직감에 영향을 줄 수도 있음)를 해결해야 할 것이다(그림 2-8 참조).

스캠퍼(SCAMPER) 이론에 따르면 주어진 상황 중에서 어떤 요소를 제거하거나, 변형하거나, 혼합하거나 다른 것으로 대체하거나, 혹은 합쳐서 융합시켜 버리거나, 순서를 바꾸거나 등등의 방법을 생각해 볼 수 있다. 본 문제에서는 이런 요소를 해당 기법에 따라 하나씩 적용해 본다.

변형 혹은 대체의 기술을 선택한다면 기존 쌀가루의 물리적인 특성을 변형시키거나 다른 원료로 대체하는 방법을 알아본다. 일본 쌀가루를 한국 쌀가루로 대체하였더니 해결이 되었다고 한다면 두 쌀 재료 간에 어떤 차이가 있는지 추적해 본다(그림 2-4 참조).

이는 쌀가루의 입자 크기와 입자들의 분포도가 얼마만큼 일정한 상태로 균일성을 유지하느냐 하는 문제라고 할 수 있다. 이런 문제가 해결된다면 본 문제는 풀릴 수 있다.

쌀가루의 입자를 균일하게 유지하지 못하는 경우 입자가 큰 것은 단맛이 떨어지는데 반하여, 입자가 미세한 것은 상대적으로 단맛을 느낄 수 있으며 부드러운 조직감을 느낄 수 있다. 입자가 균일하지 못하면 입 안에서 느껴지는 조직감도 매끄럽지 못하다. 마치 아이스크림을 급속냉동으로 입자의 크기를 미세하게 하여 얼리면 사르르 녹으면서 부드러움을 느낄 수 있으나 얼음의 입자가 불규칙하면 입 안에서 거칠게 느껴지고 맛도 균일하게 느끼기 어려운 것과 같다. 빵의 품질도 쌀가루의 입자 크기와 분포도를 일정하게 유지한다면 좋은 품질의 빵을 균일하게 제공할 수 있다.

참고로 국내에서는 쌀의 입자 크기나 분포도까지는 품질 규격으로 설정하여 관리하고 있지 않다. 하지만 일본의 경우 이러한 규격까지도 세심하게 관리하고 있기 때문에 이로 인하여 문제가 발생한 것이다.

밀가루는 단백질 함량에 따라 반죽의 질긴 정도와 탄성이 달라지므로 단백질 함량 정도에 따라 박력분, 중력분, 강력분 등으로 나누어 목적에 따라 선택하여 사용한다. 뿐

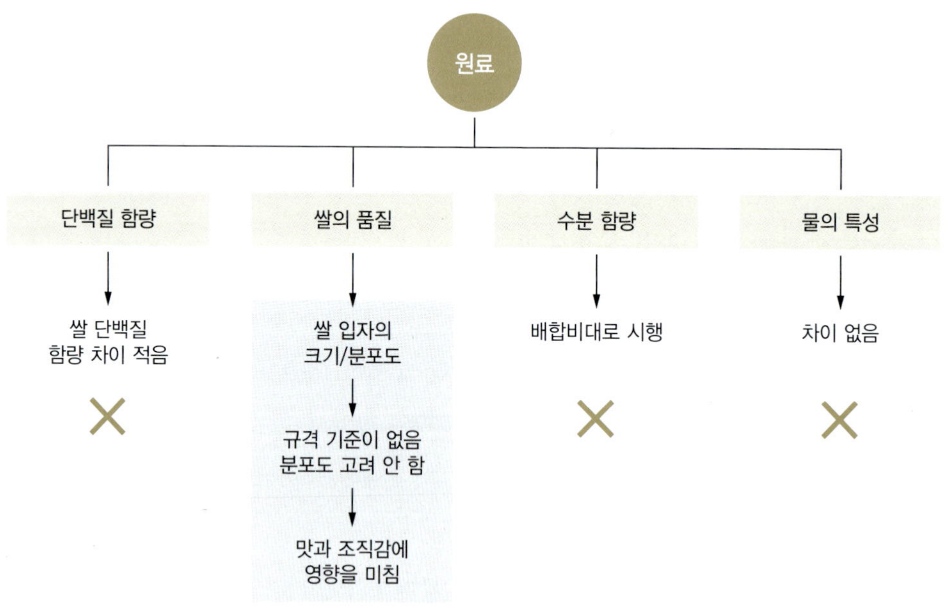

그림 2-8 쌀로 만든 빵의 문제 해결을 위한 접근 방법의 결과

만 아니라 각종 미네랄 성분이라고 할 수 있는 회분 함량에 따라 1, 2, 3등급 등으로 나눌 수 있다. 따라서 단백질 함량과 회분 함량에 따라서 9등급까지 나눌 수 있으며, 이에 따라 수분을 얼마만큼 첨가해 주어야 하는지 등이 달라질 수 있다. 이처럼 밀가루 반죽의 탄성과 점탄성 등과 같은 특성은 단백질에 의해서 좌우되는 데 반하여 쌀은 밀가루와 달리 크게 차이가 없다는 점이다(그림 2-9).

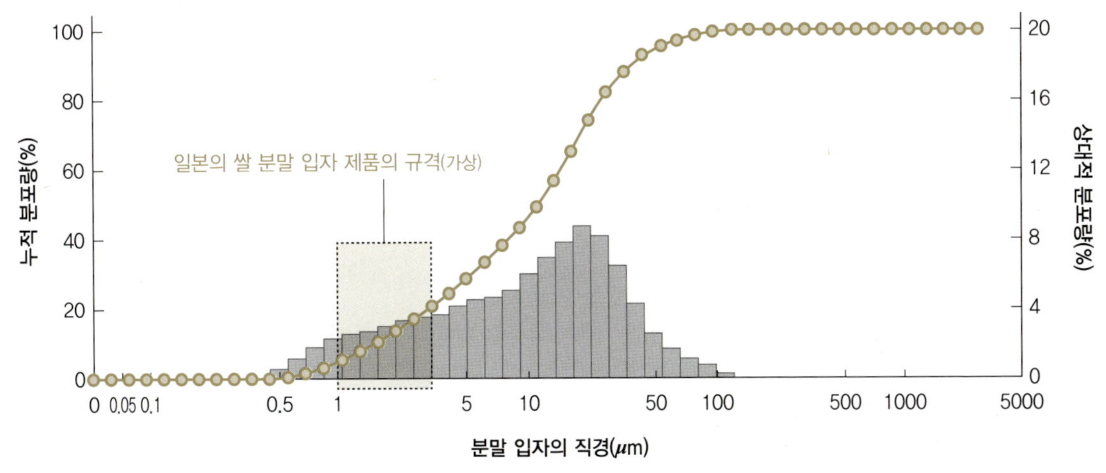

그림 2-9 일본 쌀 분말 입자의 분포도 및 규격 기준

생각해 볼 사항

① 김 연구원은 일본에서 사용하였던 쌀가루와 국내산 쌀가루의 단백질 함량에 차이가 있다는 것을 알고 있었다면 어떤 시도를 하였을까?

② 입자 규격, 분포도 이외에 이런 차이점이 발생할 만한 다른 요소들은 없는가?

③ 일본 쌀은 품종이 많으며 우리나라 쌀 품종 역시 참으로 다양하고 많다. 이런 다양한 재료를 가지고 유사한 기능을 갖는 제품을 만들려고 한다면 어떻게 접근하여야 할까?

8) PBL 연습문제

문제 아버지께서 다니시던 회사를 그만두게 되었다. 아직 젊다고 생각하고 계속해서 일을 할 수 있다고 판단하셨다. 두 동생의 학비를 마련하기 위해서는 사업을 해야 할 것으로 보인다. 그래서 생각하신 것이 패스트푸드 계통의 음식점이다. 딸이 식품공학과를 다니므로 아버지는 딸을 믿고 시작하려고 한다. 무엇보다도 식품에 대한 안전이 소비자들에게는 중요하다고 판단하였고, 더군다나 요즈음 신문지상에 대장균 문제, 트랜스 지방 문제, 아크릴아마이드 문제, 바이오제닉 아민 문제, 이물질 등과 같은 식품의 안전에 관한 문제들이 자주 대두되고 있어 보다 안심할 수 있는 제조 환경에서 음식을 만들어서 공급해야겠다는 생각이 들었다. 식품과학도인 우리들이 친구 아버님께서 하신다는 사업을 위해서 좋은 제안을 마련하여 사업을 하실 수 있도록 해 드리고 싶다. 어떤 제안을 드려야 하겠는가? 그리고 그 이유는 무엇인가?

조별 진행 방법

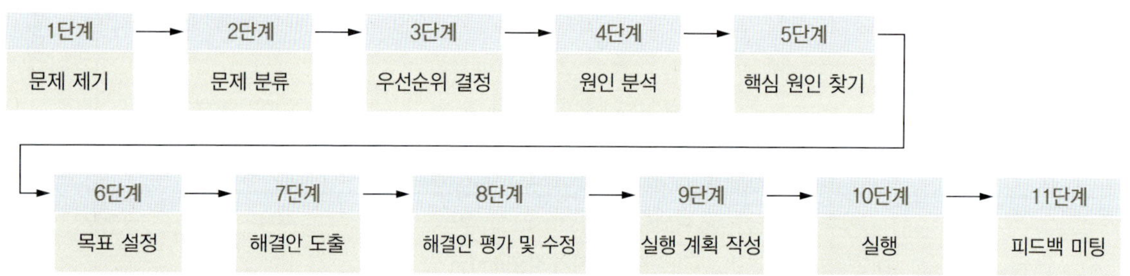

(7, 8단계는 창의적 스킬, 9, 10, 11단계는 실행 및 최종마무리)

우선 4가지로 나누어 생각할 수 있다.

① 문제점이 무엇인가 분류하여 우선순위를 결정해 보면서 문제 중 하나의 주제를 선택한다. 여러 가지 가능성 중 조별로 나누어 각각 한 가지의 방향을 설정하여 분석하도록 한다. 선택한 주제를 중심으로 교수님과 상의하여 대략적인 방향을 논의한다. 먼저 아웃라인을 구성하여 교수님과 상의 시 보안하며, 큰 방향을 설정한다.

② 그런 주제로 인하여 발생할 수 있는 원인들을 분석하고 핵심 원인을 찾는다. 팀원들 간 역할을 나누어 각 역할에 대한 상호 의견을 교환한다. 이 과정에서 해결할 목표가 무엇인지 명확히 설정하는 작업을 하며, 각자 조사해야 할 부분의 양이 상호 균형을 이룰 수 있도록 조정한다.

③ 발생할 수 있는 문제점을 최소화(저감화)하기 위한 방법 또는 해결 방안에는 어떤 것들이 있는지 생각해 보고 타당한 접근 방법인지 여부를 통해 해결안에 대한 평가를 토론한다.

④ 상기 사항을 토대로 하여 안심할 수 있는 제조 환경에서 음식을 만들어 공급하기 위한 합리적인 사업 계획안을 제안한다. 이를 직접 실행에 옮긴 후 평가 미팅을 통하여 최종적인 피드백을 논의한다.

참고

4M1E 기법을 이용한 분석

4M1E : 사람(Man), 재료(Material), 방법(Method), 기계(Machine), 환경(Environment)

5단계

5Why's 기법 사용. 5가지의 요인에 대하여 파악된 원인에 '왜?'라는 질문을 5번 하여 문제의 핵심 원인을 찾는 방법이다.

(주의 사항) • 왜를 꼭 5번만 질문해야 하는 것은 아니다.
• 왜 이외에 원인의 본질을 찾을 수 있는 다른 질문도 할 수 있다.
• 왜라는 질문은 모든 문장에 적용해야 한다.

6단계 : 목표 설정

• 문제나 원인을 긍정문으로 바꾼다.
• 복문보다는 단문의 형식을 취한다
• 목표를 기술한 문장에 원인을 암시하거나 해결책을 암시하는 문장이 들어가지 않는다.

PBL 문제는 3~5회 정도의 조별 미팅과 교수님과의 공동 면담을 통하여 전체적인 문제 해결의 흐름을 잡아보고, 그 과정에서 각자 해야 할 사항들이 어떻게 마련되어야 하는지를 서로 논의하여 이끌어 낸다. 경우에 따라서는 다른 사람의 접근 방향에 대한 개인의 소견을 추가하여 보다 합리적인 해결 방안을 도출해 낼 수도 있다. 각자의 맡은 바 구체적인 역할과 일정을 함께 공유하는 것이 무엇보다도 중요하다.

뿐만 아니라 역할 분담 시 산업체 조직 내의 각기 다른 위치의 담당자 역할을 통해 해당 위치에서 주장해야 하는 관점을 가지고 논의할 수도 있다. 상호 소통이 중요하나 다 같은 입장이 아니라 서로 다른 입장에서 생각해 볼 수도 있다.

9) 커피 이취 문제

문제 업무 협의차 현장을 방문한 카운터 파트너가 갑자기 찾아와 커피를 대접하려 하는데 커피믹스밖에 보이질 않았다. 하는 수없이 이것이라도 대접하자고 생각하여 컵에 커피믹스를 담고 정수기에서 뜨거운 물을 담아 스푼으로 저은 후 함께 마셨다. 그런데 첫 모금을 마시는 순간 맛이 이상하다는 것을 느낄 수 있었다. 이상한 냄새의 원인은 무엇 때문일까?

문제 해결을 위한 환경 요소

주어진 상황 조건에 해답이 있다.

컵, 커피믹스, 정수기, 물, 스푼 5가지가 제공되었다. 이 5가지 중에 무엇인가가 잘못되어 정상적인 커피 맛이 창출되지 못하였다. 컵이나 스푼의 경우 문제가 되는지 여부는 쉽게 확인할 수 있으므로 커피믹스 자체의 문제인지 아니면 정수기에서 배출된 물이 문제인지 생각해 볼 수 있다.

접근 방법

접근 방법은 두 가지 트랙으로 생각해 볼 수 있다.

① 커피믹스에 변질 요인이 작용하였거나 잘못 제조된 경우

② 정수기에서 나온 물이 정상적이지 않은 경우

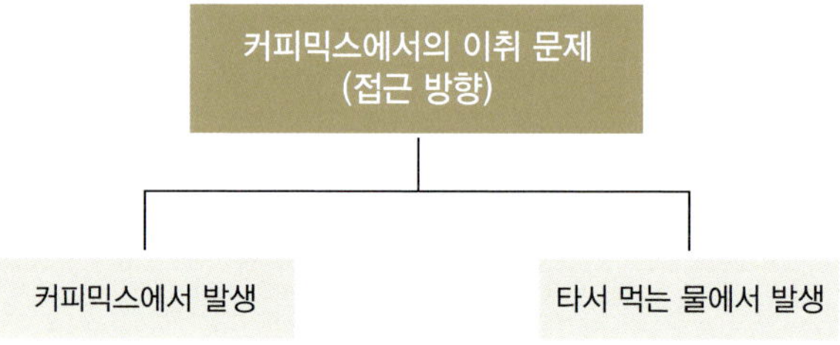

그림 2-10 커피믹스 이취 문제 해결을 위한 접근 방법

문제 해결 단계

접근 방법 중 각각 문제의 소지가 될 수 있는 원인을 모두 생각하여 나열하여 본다.

① 커피믹스에 변질 요인이 작용하였다고 가정한다면

- 유통기한이 너무 오래되어 맛의 변질을 가져왔을 가능성
- 보관 시 햇빛에 노출되어 변질되었을 가능성
- 온도가 높은 공간에 보관하였거나 사용하였을 가능성
- 포장 용기의 봉합(sealing)이 완전히 이루어지지 않아 미세한 공간으로 산소가 유입되어 지방의 산패가 일어났을 가능성
- 포장 시 커피 외에 설탕이나 프림의 수분 함량이 높았을 가능성

② 커피믹스의 제조 문제

- 변질된 커피 원두가 사용되었을 가능성
- 원두의 로스팅(roasting) 시간과 온도가 오작동했을 가능성
- 변질된 커피프림을 첨가했을 가능성
- 기타

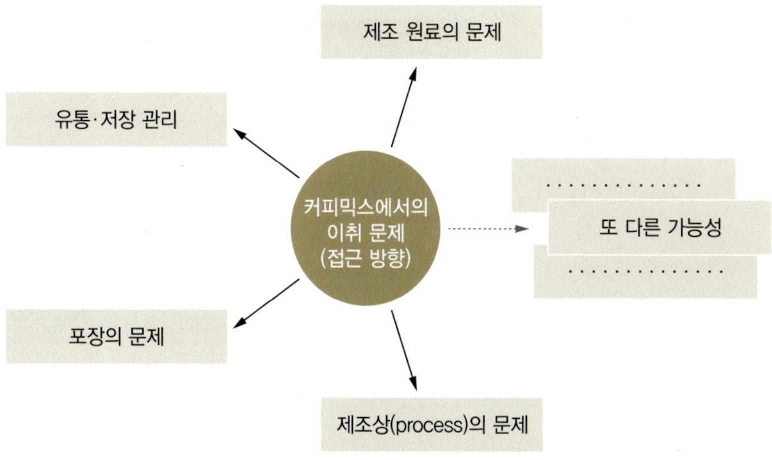

그림 2-11 커피믹스 이취 문제의 원인

③ 정수기에서 나온 물

- 원수 자체가 이물질(소독약품 포함)이나 미생물에 오염되었을 가능성
- 정수기 내 필터의 교체 시기가 지났을 가능성

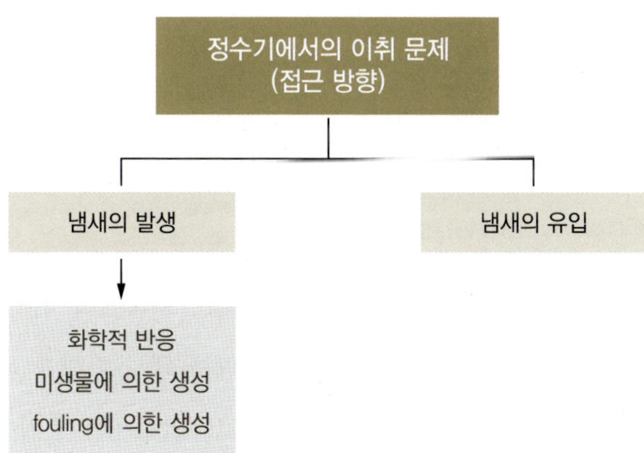

그림 2-12 정수기의 이취 문제 접근 방법

- 정수기 내 실리콘 튜브의 가열 처리(쑥탕)를 제대로 못하였을 가능성
- 기타

만일 생수 자체에 문제가 있다면 생수에 대한 여러 각도에서의 접근이 필요하다고 여겨지며, 그러한 경우 그림 2-13과 같은 방법을 생각해 볼 수 있다.

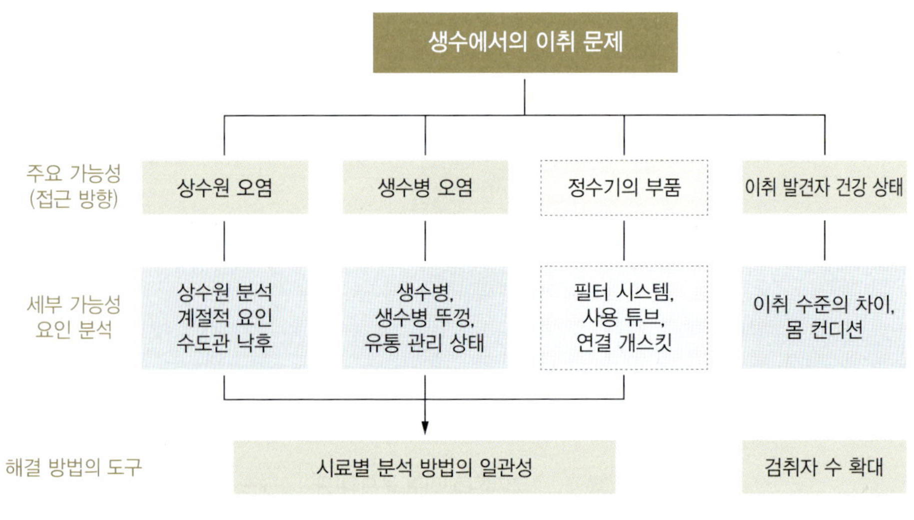

그림 2-13 생수의 이취 문제 접근 방법

문제 해결 최종 단계

접근 방법 중 큰 이슈별로 확인할 수 있는 방법을 적용하여 문제의 핵심 요인으로 압축시켜 나간다. 해결 방법의 도구로 전자코를 사용하여 전처리를 하지 않은 상태에서 다양한 매트릭스(matrix) 별로 차별성이 있는지 유무를 판단하고 원인이 되는 이취의 원인을 확인한다.

10) KFC 사건

문제 세계적인 치킨 체인인 KFC가 영국과 아일랜드 일대에서 매장 문을 닫게 되는 충격적인 사건이 벌어졌다. 약 900여 개의 매장 중 600개가 문을 닫게 되었다. 이유는 닭고기 재료가 떨어졌기 때문이다. 말 그대로 치킨 대란이 일어났다. 주말 아침을 맞아 치킨을 사러온 고객들은 홍분을 감추지 못하고 항의를 하기 시작하였고 SNS

상에는 온통 비난의 글로 가득하였다. 급기야 경찰에 신고한 사람까지 있었는데 런던 경찰청이 "이 문제는 경찰이 나설 문제가 아니다."라며 신고를 자제해 달라고 할 정도로 큰 혼란이 벌어졌다. 이와 같은 위기 상황에서 당신이 만일 KFC의 직원이라면 이 문제를 어떻게 극복하여 해결할 수 있는가?

문제 발생의 원인

KFC는 닭고기의 배송을 자체적으로 하지 않고 배송 업무를 최고로 잘한다는 세계적인 유통 회사 중 하나인 DHL에 맡겼다. DHL 회사는 런던의 창고 한곳에 모든 재료를 보관하였는데, 이 창고를 관리하던 창고 시스템에 문제가 발생하였다. 따라서 영국과 아일랜드 각 지역의 매장에 얼마만큼의 치킨이 남아 있는지, 어느 시점에 얼마만큼의 치킨을 보내 주어야 하는지 제대로 파악할 수 없었고, 배송을 제때 하지 못하여 각 지점에서 문제가 발생하게 되었다.

접근 방법

재료(Material), 방법(Method), 사람(Man), 기계(Machine) 중 어디에서 문제 해결 포인트를 찾을 수 있을까?

재료(Material)	치킨 때문에 발생한 문제는 아닌 듯하다. 치킨을 신속하게 배달하는 시스템으로 전환하는 것이라서 시간 테이블에 따라 높은 온도로 인해 닭고기 소재에 영향을 미친 것은 아니므로 고려하지 않아도 될 것이다.
방법(Method)	새로운 배송 시스템의 도입이 미칠 또 다른 영향은 없는지 확인해야 한다. 신속하게 처리될 수 있는지, 방법이 달라짐에 따라 고려해야 할 부분이 있는지의 여부를 파악해야 한다.
사람(Man)	시스템의 관리를 누가 어떻게 어떤 절차에 따라 수행하고 있는지를 확인하고, 각자의 역할과 운영상에 문제가 없는지 파악해야 한다. 사람과 관련된 문제가 있는지를 살펴보는 것이 핵심이다.
기계(Machine)	새로운 시스템을 도입하기에 앞서 충분히 시험 운영을 해보았는지 등 운영 계획 및 절차상의 문제는 없는지를 확인한다.

4가지 요소 중 어느 파트에 문제가 있는지 하나하나 확인하고 관련성이 낮은 것보다는 관련성이 높은 것부터 해결점을 찾아 나간다.

해결 방향은 크게 두 가지로 나누어 생각해 볼 수 있다. 하나는 DHL이 무엇을 잘못하였는지를 소상히 밝혀 결코 KFC의 잘못이 아니라 DHL 측의 잘못 때문에 발생한 실수임을 밝히는 방안이고, 다른 하나는 우리 회사, 즉 KFC의 잘못으로, 이런 물류 관리의 문제점을 사전에 제대로 파악하지 못하였기 때문에 일어난 일이라고 잘못을 인정하는 방안이다. 결국 소비자와 KFC 회사 간의 소통을 어떻게 원만하게 처리할 것인가 하는 것이 보다 더 큰 이슈라고 볼 수 있을 것이다.

전자의 경우 두 회사 모두 소비자로부터 브랜드 가치에 대한 치명적인 손해를 입을 수 있다는 것이며, 경우에 따라 소송으로 번져 그 피해액이 더 커질 소지가 있다. 후자의 경우 잘못을 인정하는 것이 당장은 피해가 크겠지만 그래도 다시 일어설 수 있어 어느 정도 신뢰를 회복할 수 있다는 점이다. 두 가지 논쟁을 충분한 토론을 통하여 논의하여 볼 수도 있을 것이다.

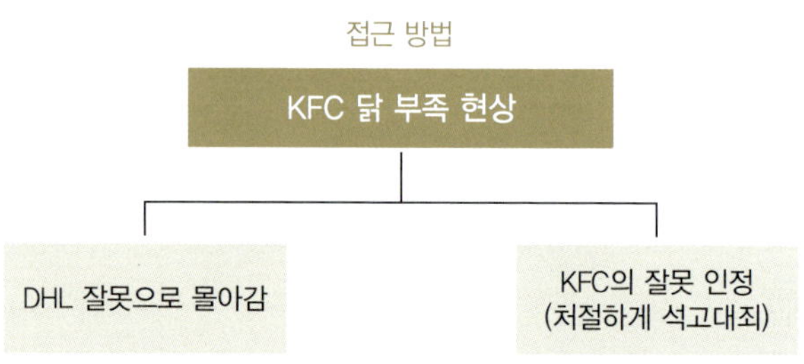

그림 2-14 KFC 사건 문제 해결의 두 가지 접근 방법

문제 해결

두 가지의 접근 방법 중 후자의 방법을 선택한 경우를 바탕으로 설명해 보고자 한다. 매장의 2/3가 문을 닫을 정도인데 어떻게 스스로의 잘못을 인정하고 이 상황을 전환하여 소비자를 이해시키고 소통할 수 있을 것인가?

KFC 측은 사과 광고를 내기로 하고, 자사의 트레이드마크인 켄터키 할아버지 밑에 KFC 대신에 FCK로 K의 위치를 맨 뒤로 배치하였다. 이것은 상스러운 욕 중에 하나인 Fuck을 상징하는 것으로 자기들 스스로를 욕하는 광고를 의미한다.

KFC → FUCK → FCK

그리고는 "죄송합니다. 치킨이 떨어졌어요. 치킨집에서 결코 일어나서는 안 되는 일인데요."라고 재치 있는 유머로 일단 위기를 넘긴 뒤 잇달아서 사과 공지를 올렸다.

"치킨이 출발하기는 했어요. 우리 레스토랑 방향이 아니라서 걱정이네요." "몇 마리 치킨이 지금 길을 건너오고 있는데 대부분 펠리컨이 먼저 지나가기를 기다리고 있어요. 우리와 함께 조금만 더 기다려 주세요." 등의 사과 광고는 성난 고객의 마음을 돌려놓을 수 있었다.

KFC는 이런 재치 있는 유머러스한 행동으로, 책임을 DHL에 미루지 않고 스스로의 잘못으로 인정하여 오히려 더 깊은 신뢰로 확실한 고객층을 확보하는 계기가 되었다. 또한 욕을 해대고 다시는 KFC를 찾지 않겠다고 한 많은 고객들이 SNS를 통해 KFC의 잘못을 용서하겠다는 글을 보냄으로써 많은 사람에게 더 신뢰하고 사랑할 수 있는 회사로 KFC의 브랜드 가치를 올리는 계기가 되었다.

물론 두 가지의 접근 방법을 통해서 회사 내에서 충분히 많은 이야기와 대책들이 나왔고, 각각의 접근 방법에 대한 소비자의 가상 반응을 토대로 궁극적으로 위와 같은 조치를 하기로 결정한 것이다. 한 가지 방법만이 옳다고 믿는 것보다는 여러 가지의 가능성이 충분히 검토되는 가운데 결정을 내리는 것이 오히려 바람직할 수 있으며, 얼마나 솔직하게 잘못을 인정하는 접근 방향을 제시할 수 있느냐가 문제 해결의 핵심이라고 할 수 있다.

Problem Solving
in the Food Industry

문제 해결 방법

1. 논리적 사고 기법
2. 문제 해결 과정(프로세스)
3. 문제 해결을 위한 5단계 과정
4. 문제 해결의 다양한 사례

1. 논리적 사고 기법

문제 해결 방법은 어떻게 생각하느냐에 따라 논리적 사고와 창의적 사고로 나누어 볼 수 있다. 논리적 사고는 그리스 시대부터 유행하였던 해결 방법으로 제시된 주장이 타당하고 정당성이 있는지의 여부를 하나하나 이해할 수 있도록 설명하여 합리적으로 해결하는 방식이다. 제시된 조건이나 주장 외에도 주어진 상황이나 수집된 모든 자료를 참고로 하여 상호 연관성이 있음을 펼쳐나가며 증명한다. 이를테면 드라마 「CSI 시리즈」에서 조사관들이 검사 결과나 확보한 증거물 또는 물증을 가지고 범죄에 활용되었음을 정당하게 입증하려고 노력하는 방식이다. 이 경우 주어진 증거물이나 정보 자료가 마치 수직적인 관계를 갖고 있는 것처럼 연결될 수도 있어 이를 '수직적 사고'라고도 한다.

창의적 사고는 어떤 현상이나 사물을 다양한 각도에서 새롭게 보는 방법을 통해 엉뚱하고 독특한 아이디어를 도출하여 문제를 해결하는 방향으로 접근하는 방식이다. 부산을 가는데 KTX나 비행기로도 갈 수 있지만 자전거를 타고 가며 여행을 즐길 수도 있다. 또 천천히 걸어가면서 여러 곳을 둘러보며 우리 조국의 숨결을 느낄 수도 있다. 대부분의 경우 빨리 가는 것만이 최고의 해결 방법이라고 생각할 수 있으나 전혀 다른 선택 방법을 통하면 예상치 못한 부수적인 효과를 얻을 수도 있다.

무엇이 좋고 효과적이냐 하는 것은 가치 기준에 의해 결정되는데 이것은 상황에 따라, 시대에 따라 달라질 수도 있다. 무엇이든 빠르게 해결하려는 것만이 능사가 아니라는 인식도 중요하다. 그런 측면에서 볼 때 비효율적인 방법까지도 포함하여 다양한 방법 속에서 찾아내는 창의적인 사고 방법은 '수평적 사고'라고 할 수 있다. 따라서 수직적으로 바라보며 구체적인 요소를 분석하는 논리적 사고와 폭넓게 전체를 종합적으로 판단하는 창의적 사고가 조화를 이룬다면 보다 더 정확한 판단에 도달할 수 있다. 문제 해결을 하는 과정에서도 이 두 가지 방법을 잘 조화시켜 나가면 매우 좋은 해결 방안을 확보할 수 있다.

1) 논리적 분석 기법(도구)

일상생활에서나 현장 업무를 수행하면서 문제가 발생하였을 때 소비자나 경영 관리자를 논리적으로 설득하거나 체계적인 방법으로 문제를 해결해야 하지만, 많은 경우 논리적인 사고나 접근 방법으로 해결하지 못할 때도 있다. 평소 논리적으로 사고하는 훈련이 되어 있지 않으면 이런 일은 몇몇 전문가들이 하는 일이라고 떠넘겨 버리고 만다.

논리적으로 생각하는 것은 누구나 약간의 훈련을 통해서 확보할 수 있는 역량이다. 일단 이런 역량을 한두 번 체험하고 나면 업무뿐 아니라 다양한 영역에까지 넓게 활용할 수 있다.

논리적 사고를 뒷받침해 주는 도구 중 하나가 "로직 트리(logic tree)" 방식이다. 나뭇가지가 뻗어 나가는 것처럼 논리적으로 상세하게 분류시켜 나가는 기법이다. 예를 들면 아래와 같은 경우를 생각해 볼 수 있다.

모 회사의 '숙취 음료' 사업의 이익이 증가했는데 그 원인을 로직 트리를 통해 분석해 보면 다음과 같다.

그림 3-1 **로직 트리를 통한 숙취 음료의 이익 증가 요인 분석**

그림 3-1에서 보는 바와 같이 비용 절감화나 매출 부문 증가와 같은 중간 단계를 동등한 수준의 요인으로 선별하는 것이 중요하다. 그렇게 해야만 하부 요인을 수평적 관점에서 관찰할 수 있다. 또 판매량이나 소비자 가격, 판매 장소의 확대 등으로 인하여 매출 부문이 증가한 관계에서는 수직적 요인이 성립된다고 볼 수 있다. 이처럼 로직 트

리를 이용하여 해당 요인별로 분석해 보면 문제가 되는 요인을 보다 구체적으로 직시할 수 있다. 이렇게 세부적으로 요인을 나누게 되면 보다 더 정확하게 판단하는 것이 가능하고, 어떤 요인이나 요소들이 중복되거나 누락될 가능성을 최소화할 수 있다.

다른 사람들이 이미 만들어 놓은 로직 트리라는 틀을 이용한 분석을 보면, 누구나 작성하기 쉬울 것 같지만 실제로 자신이 해 보면 생각만큼 쉽지 않음을 느낄 수 있다. 그러나 로직 트리 형태를 몇 번 만들어 실행해 보면 그 요령을 쉽게 터득할 수 있다.

2) 로직 트리의 유형

로직 트리는 용도에 따라 작성 유형도 달라질 수 있다. 무엇을(what, material), 왜(why, machine), 어떻게(how, method), 누가(who, man) 등 4가지 유형으로 나누는 경우가 많은데 문제의 요인을 분석하는 데도 활용되고, 해결책을 찾아내는 데도 이용될 수 있다. 이런 유형들을 명확히 이해하는 것이 문제 해결에 큰 도움이 될 수 있다.

(1) 문제를 정의하는 데 이용

그림 3-2에서 보는 바와 같이 '생수에서의 이취 문제를 어떻게 해결할까?'라는 과제가 있다면, 세부적으로 어떤 항목(리스트)이 있는지, 그리고 좀 더 세부적으로 들어가 '정수기의 부품' 중에는 어떤 세부 항목(리스트)이 있는지를 구체화하는 과정으로 확대할 수 있다. 즉 어떤 문제나 과제에 대한 체크리스트를 살펴볼 때 사용한다고 보면 될 것 같다.

일차적으로 '무엇(what)이 생수에서 이취가 발생하게 된 원인인가?'로부터 출발한다. 이에 해당되는 문제들을 상수원의 오염, 생수병 자체의 오염, 정수기 내부 부품이 오염되었을 가능성, 이취를 발견한 사람의 건강 상태 혹은 판단 기준의 차이 등으로 나열해

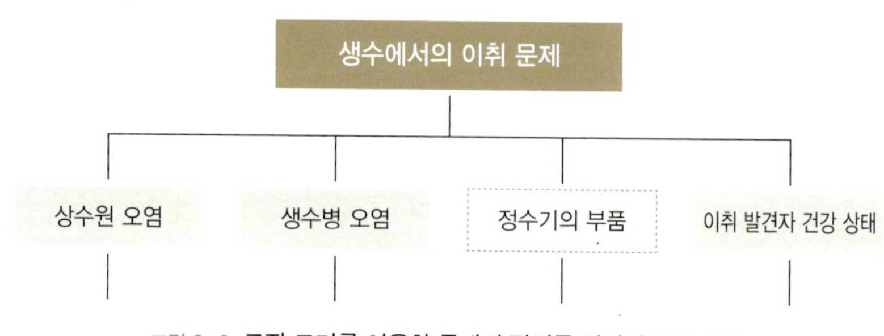

그림 3-2 로직 트리를 이용한 문제의 정의를 설정해 보는 경우

본다. 물론 이외에도 다른 문제가 있을 수 있다. 만일 로직 트리를 통해서 문제를 정의한다면 보다 효율적으로 문제를 생각해 낼 수 있을 것이다.

(2) 문제 해결을 위한 구조화(Issue Tree)에 활용

산업체 현장에서 문제의 구조화를 구성하는 과정에 관리자와 실무자들 간에 주어진 상황에 대한 생각의 차이가 발생할 수 있고, 그렇게 되면 문제 해결의 방향을 제대로 제시하기가 어렵다. 이것은 문제를 바라보는 눈높이가 서로 다르기 때문이다. 즉 같은 현상을 바라보는 가치 기준에 서로 차이가 있다는 것이다. 가치 기준의 차이를 극복하는 방법은 상대방을 이해하려는 노력에서부터 가능한데 이것이 바로 소통이다. 이런 소통이 원만히 이루어지기 위해서는 무엇보다도 합리적인 의견 제시가 매우 중요하므로 우선 문제 상황을 확인하고 문제를 구조화한다. 문제의 정의와 더불어 문제의 구조화를 구상하는 과정을 통해 문제 해결의 첫 번째 단계를 밟게 된다. 그러나 회사 내에서 의견을 주고받는 분위기가 엄격하다면 소통의 한계를 극복하기 어려우므로 무엇보다도 관리자의 열린 마음 자세가 중요하다.

커피믹스 제품에서 발생한 이취 문제를 개선하기 위해서 전반적인 상황에 대하여 문제가 될 수 있는 것들을 아래와 같이 구조화시키는 작업을 시도해 보고자 한다. 문제에 따라서는 이런 부분을 생략할 수도 있다. 그러나 이런 구조화 과정을 거치면 문제를 해결해 나가는 데 매우 효율적이고 설득력이 있을 수 있다.

그림 3-3 로직 트리 유형 : 문제의 정의 및 문제의 구조화

(3) 로직 트리 유형으로 문제의 원인을 분석 및 파악

문제를 풀어 나갈 때 먼저 원인을 생각해 보고 이어서 '왜?'라는 질문을 반복하여 던져 본다. '왜?'라는 질문에 대하여 근본 원인을 구체화하다 보면 정확한 근본 원인을 찾을 수 있다. 로직 트리를 이용하여 원인이 되는 곁가지가 뻗어 나가고 아울러 그에 해당하는 근본 원인을 찾다 보면 근본 원인과 더불어 해결책의 방향을 생각해 낼 수 있다.

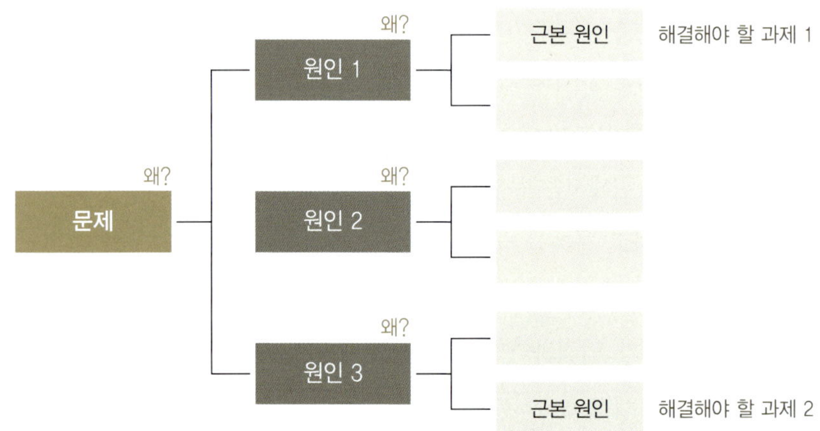

그림 3-4 왜?라는 질문을 통해 근본 원인을 분석하기 위한 로직 트리

(4) 구체적인 해결 방안 수립을 위한 로직 트리 유형

'문제를 해결하기 위해 어떻게 해야 하는가?'라는 질문에 대한 답을 생각해 본다. 하나하나 구체적인 상황에 대한 문제와 요인에 대하여 어떤 방법을 취해야 할지 나열하도록 한다. 나열된 방안 가운데 가장 바람직한 해결책은 어떤 것이며, 그 다음 차선책은 어떤 방법인지 선택한다. 이러한 모형을 로직 트리 형태로 나타내면 그림 3-5와 같다.

만일 생수에서의 이취 문제가 다른 요인보다는 정수기상의 문제였다고 가정한다면 보다 구체적인 방안은 정수기 내의 부품을 교체하거나 조작 변동을 통하여 가능할 수 있을 것이다(그림 3-6).

정수기의 부품 오염 가능성으로는 필터를 교체하는 문제, 튜브를 교체하는 문제, 연결 부위를 깨끗이 청소하는 문제가 있을 수 있으며, 이런 해결 방안을 좀 더 구체화시켜 본다면 '필터는 어떤 것을 교체해야 하는가?' 하는 문제를 생각하게 될 것이고, 필터의 공극 크기(pore size)가 작은 것을 선택한다면 '어느 정도의 공극 크기를 말하는가?'

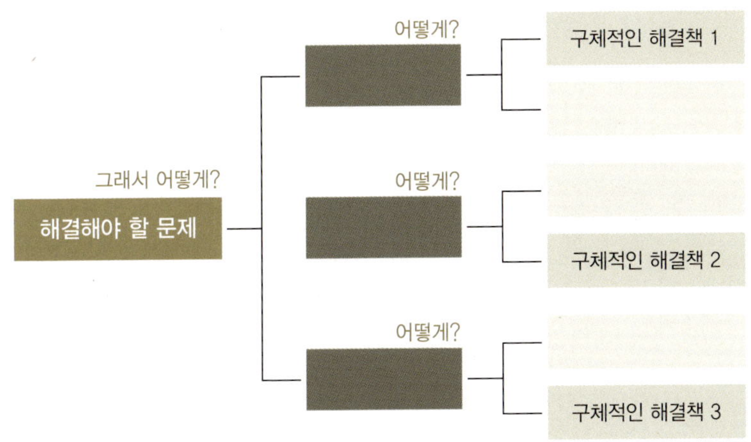

그림 3-5 구체적인 해결 방안을 도출해 내기 위한 로직 트리

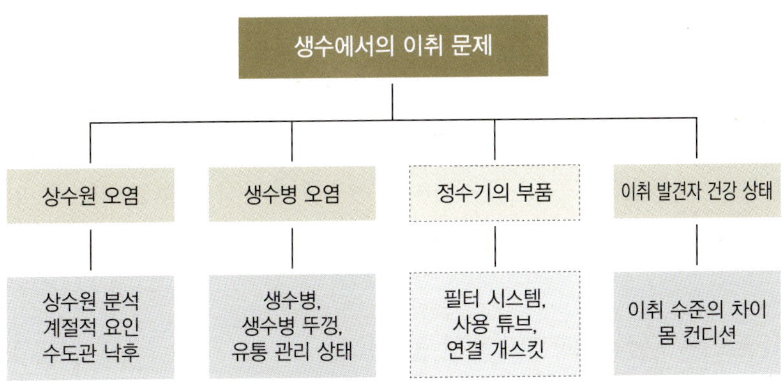

그림 3-6 전반적인 생수의 문제점 요인을 분석한 로직 트리

라는 질문에는 '멤브레인 필터(membrane filter)의 공극 크기가 0.24 μm인 것을 선택하여야 한다.'는 등으로 구체적인 해결 방안을 수립해 나가야 한다.

또 다른 해결 방안으로는 기존의 튜브 대신에 실리콘 튜브로 교체하여야 하며, '실리콘에서 나는 냄새는 어떻게 해결할 것인가?'라는 구체적인 질문으로 들어간다면 일명 쑥탕(가열 침지 방법)으로 실리콘 튜브 속의 이취 냄새를 제거하는 방법을 선택할 수 있다. 그러나 만일 이런 방법으로 실리콘에서 발생하는 이취를 제거할 수 있더라도 또 다른 이취가 가열 과정에서 생성될 수 있다면 그에 관련된 연구를 수행하여 해결점을 찾아 나가야 할 것이다. 그리고 연결 부위에 축적된 이물질을 수시로 청소해 주어야 한다면 이 부분을 확인하여 깨끗이 청소해 줄 수 있다.

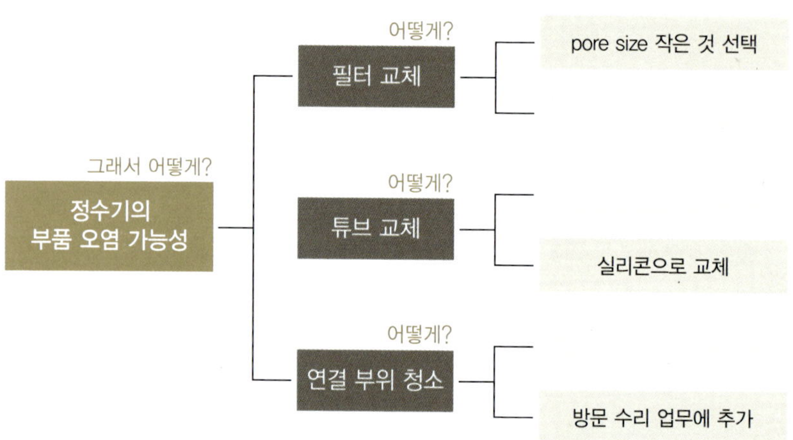

그림 3-7 구체적인 해결 방안을 찾아내기 위한 로직 트리의 예

이처럼 여러 가능성에 대한 구체적인 해결 방안을 검토하여 가장 우선적으로 해결해야 하는 문제부터 하나씩 수행함으로써 문제를 해결해 나갈 수 있다. 이러한 구체적인 문제 해결을 통해 다양한 가능성을 분석하고 해결책을 수립하다 보면 현재 발생하지는 않았지만 향후에 발생할 수 있는 문제까지도 사전에 충분히 예방 조치할 수 있다. 그런 점에서 다양한 해결 방안에 대하여 구체적인 방법까지 접근하는 것이 매우 중요하다.

3) 로직 트리를 구성할 때 고려해야 할 점

로직 트리를 구성할 때 고려해야 할 점으로 첫 번째 하부 그룹에 대한 사항이 폭과 깊이에 있어 균형성을 유지해야 한다. 어떤 파트는 매우 깊게 다루고, 어떤 파트는 가볍게 다루게 되면 형평성이 깨져서 올바른 문제 해결이 될 수 없다.

하부 그룹의 항목이 2개인 경우와 5개인 경우를 생각해 보면 쉽게 파악된다. 예를 들어 '원료 배합 문제'와 '원료 이외의 문제'로 단순하게 2개의 항목으로 설정하는 경우보다 '원료 배합비', '원료의 원산지', '원료의 저장 관리 상태', '원료 구입처의 다변화', '원료 간의 상호 작용' 등 여러 항목으로 나누어 설정하는 경우에는 2개의 하부 그룹(항목)을 선택하여 검토하였을 때 누락된 사항까지도 충분히 파악할 수가 있기 때문에 폭넓게 고려하는 것이 바람직하다.

원료비 이외의 문제로 나머지 사항을 구성한다면 여기에는 너무 많은 문제가 포함될 수 있고 고려해야 할 점도 많아지기 때문에 항목 선택의 폭을 확대할 필요가 있다.

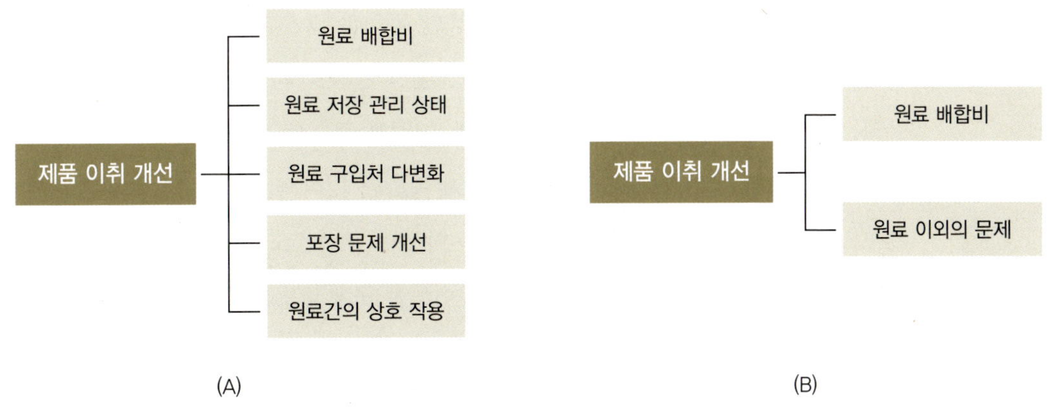

그림 3-8 바람직한 로직 트리 구성 항목(A)과 그렇지 못한 경우(B)

하부 그룹 간에도 다루는 항목들이 서로 유사한 비중을 유지하는 것이 바람직하다. 어느 부분은 매우 자세히 다루고, 어느 부분은 가볍게 다루게 되면 균형감이 떨어지면서 올바른 해결 방법을 모색하기가 어려울 수도 있다. 별도로 다루는 해당 항목에 대한 깊이도 마찬가지로 비슷하게 다루지 않으면 의미 있는 분석이 되지 못하므로 각 항목에 대한 '폭과 깊이'는 서로 유사한 수준에서 이루어지는 것이 바람직하다. 하지만 항목 간 비중의 차이가 크다면 비중을 고려하여 어떤 항목들이 중요한 항목인가를 표시하고, 우선순위를 설정해 놓는 방법도 좋다. 상위 그룹과 하부 그룹 간에는 논리적 타당성이 밑받침되어야 한다는 점을 고려해야 한다. 모든 경우가 다 논리적일 수는 없지만 문제를 풀어 나간다고 하였을 때 풀어 나가고자 하는 방향과 해법의 선택이 타당성이 있는 근거를 바탕으로 해야 함을 유념한다.

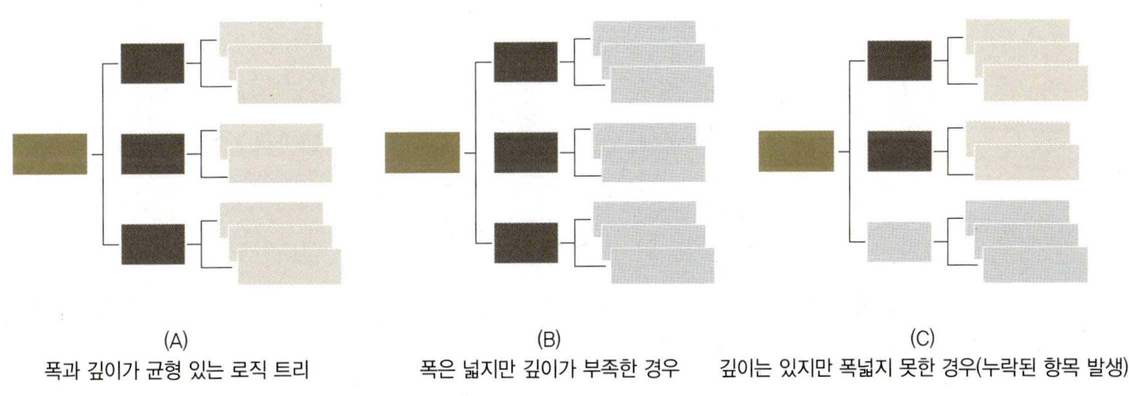

그림 3-9 각 항목의 폭과 깊이를 달리한 경우의 로직 트리

이 부분까지 설명한 것을 바탕으로 다양한 훈련과 많은 연습 과정이 필요하다. 다양한 문제에 대하여 나름대로 로직 트리를 만들어 가지를 치면서 (항목을 만들어 보고) 해당되는 요인들의 항목으로부터 무엇을, 왜, 어떻게 등으로 나누어 문제를 분석하고, 요인을 찾고, 해결 방안을 모색하는 훈련을 반복하는 것이 필요하다. 경우에 따라서는 다른 사람들과 함께 각기 서로 다른 생각을 나누며 로직 트리를 완성하다 보면 좀 더 완성도가 높은 해결 방안을 찾을 수 있다. 이처럼 구체적인 항목을 만들어 나가는 훈련을 반복하다 보면 문제 해결을 하고자 할 때 자신도 모르게 논리적인 사고로 해결 방안에 접근하고 있음을 발견하게 된다. 이제부터는 각자의 반복된 훈련이 얼마나 이루어지느냐에 따라 문제 해결 능력의 성패가 좌우될 것이다. 따라서 이 책에서 소개되는 여러 가지 문제를 저자가 설명한 것과 다르게 생각해 보고 또 다른 방법으로 구체화하는 연습을 많이 해 보기 바란다.

4) 논리적 추론

"서울 시내에는 신호등이 몇 개나 있을까?"라는 곤란한 질문에 대하여 어떻게 답을 유추해 나갈 수 있을까?

시내의 면적 1 km^2당 신호등 개수를 추정해서 서울 시내 전체 면적을 1 km^2 단위로 구획하고 그 숫자대로 곱하면 어림수를 산출할 수 있다는 식으로 답할 수 있을 것이다.

외국 기업의 면접시험에서 매우 엉뚱한 질문을 하는 경우가 더러 있다. 정확한 답을 모르고 있다 하더라도 나름대로 논리적인 추론 능력을 발휘하여 생각할 수 있는 능력을 확인해 보기 위한 것이다. 이런 경우 갑작스럽게 난감한 문제를 물어보기 때문에 질문을 받고 당황하는 사람은 평소 논리적인 사고로 무장되어 있지 못하다는 것을 말해 준다. 반면, 정확한 답을 맞추지 못할지라도 논리적으로 생각해 볼 수 있는 근거를 나름대로 정리하여 답변을 하면 후한 점수를 받고 면접시험을 통과하는 경우를 볼 수 있다.

유학 시절 정답이 없는 문제를 접하고 아무리 생각해 봐도 정답이 떠오르지 않을 때 하얀 백지를 제출하면 0점을 받을 수밖에 없지만 정답이 없더라도 나름대로 열심히 적고 나오는 학생은 50점의 점수를 받을 수 있음을 경험한 적이 있다. 정답도 없는데 무엇을 그리 썼느냐고 물어 보면 허무맹랑한 이야기를 듣게 되는데 일견 그렇게 접근하여 본다면 그런 결과가 나올 수도 있겠다는 생각이 든다. 그런 결과를 얻기까지 그 친구들이 생각하였던 것을 살펴보면 매우 논리적 사고를 하고 있다는 점이다. 출제자가 원하는 것은 정확한 답이 아니라 논리적인 추론을 제대로 할 줄 아는지를 보고 싶었던 것이다. 우리나라 교육은 대부분의 경우 하나의 정답을 요구하는 데 반하여 서양 교육에서는 하나의 정답이 중요하다고 생각하지 않는다. 그 답을 위해 어떤 자세로 어떤 생각을 하고 있는가를 본다는 점이 차이가 있다.

이런 논리적 추론은 앞서 설명한 로직 트리 과정을 이용하여 다양한 문제를 풀어 보고 해결 방안을 구체화해 본 경험이 있는 사람만이 축적할 수 있는 것이다. 여기서는 논리적인 추론의 과정은 따로 설명하지 않겠다.

2. 문제 해결 과정(프로세스)

2019년 스위스 다보스 포럼에서 가장 많이 강조되었던 부분 중에 하나가 복합적 문제 해결 능력이다. 어느 산업체이건 간에 '문제 해결 역량'을 갖추고 있는 사람이라면 어느 분야나 어느 부서에서든 인정을 받을 수밖에 없다. 왜냐하면 문제 해결 능력은 산업체에서 업무를 수행하는 데 있어서 가장 기본이 되는 역량이기 때문이다. 대학에서 실험을 하는 연구자는 물론 사회 각 분야에서도 항상 유사한 상황에 부딪힐 경우가 많기 때문에 이러한 능력을 가지고 있는 사람이라면 여러 분야에서 도움이 되는 역할을 할 수가 있고, 또 인정을 받을 수가 있다.

그렇다면 어떻게 이런 역량을 길러야 하는가? 처음 운동을 시작하는 사람에게 가장 먼저 가르치는 것이 기본 동작인 것처럼 이 분야에서도 기본 동작에 해당하는 과정부터 차근차근 숙지해 나가는 것이 중요하다. 여기서 말하는 기본 동작이란 하나의 과정을 말한다. 한 스텝 한 스텝 밟아 나가는 과정이다. 식품 산업 분야나 자연 과학 분야에서는 '프로세스 혹은 절차'라는 말로 표현한다. 문제 해결은 매우 어려운 일이라고 선입관을 가지기 쉽다. 아마도 이와 관련된 기본 교육이나 훈련 과정을 거친 경험이 없거나 이와 관련된 여러 상황에 대하여 반복된 훈련 과정을 경험해 보지 않았기 때문일 것이다. 기본기를 완전히 숙지하고 난 뒤 반복된 훈련을 통해서 익숙해지면 어떤 상황의 문제들도 해결해 나갈 수 있다.

이런 경우 가장 많이 드는 예로 '서울에서 부산 가기'라는 문제이다. 부산에 도착하는 방법은 다양하지만 여러 가지 상황을 고려해야 하며, 각각의 기대 효과도 비교 분석하고 선택해 보아야 하는 문제이다. 우리가 선택하고자 하는 문제 해결 방법을 위하여 '서울에서 어떻게 가장 효과적으로 부산까지 갈 수 있을까?'라고 문제를 새롭게 정의할 필요가 있다. 다시 말해 우리의 목표가 되는 기준을 명확히 하는 것이다. 만일 이런 명확한 기준을 설정해 놓고 시작하지 않으면 중간 과정에서 해결하고자 하는 목표가 변경될 수도 있다.

목표가 변경되어 더 좋은 결과를 얻을 수도 있지만 일단 초기에 설정한 목표를 우선적으로 해결하고 변경된 목표에 관한 사항은 차후의 또 다른 문제로 다루는 것이 바람직하다. 연구를 하다 보면 당초 생각하였던 목표를 향해 가다가 중간 중간 다른 분야에 더 관심을 갖게 되는 경우가 있다. 그러다 보면 생각지도 못한 새로운 발견을 하게 될 수도 있지만 이럴 때는 방향키를 잘 잡아야 당초의 일을 효과적으로 마무리할 수 있다. 그러고 난 후에 또 다른 과제로 새로운 발견에 대하여 보다 집중적으로 해결해 나가면 된다.

부산까지 몇 시에 도착해야 하느냐의 문제가 아니라 효율적인 비용과 시간을 고려해야 한다는 점을 생각해 보면 여러 가지 제약 사항들이 발견되므로 이에 대한 명확한 분석이 필요하다. 가장 빠르게 가는 방법은 비행기라고 생각할 수 있다. 하지만 집에서 공항까지 가는 시간과 수속을 밟는 시간, 탑승 전까지 기다려야 하는 시간, 비행시간, 도착지 공항에서 목적지까지 가는 시간 등 부수적으로 따라오는 시간도 만만치가 않다. 몸만 가는 것이 아니라 물건도 함께 가지고 가야 한다면 수속은 더욱 복잡해질 수도 있다. 경우에 따라 안개가 끼거나 기후 조건이 안 좋은 계절이라면 더욱 신중한 선택을 해야 한다. 비행기가 빠르고 편안할 수 있지만 상황에 따라서는 오히려 더 불편할 수도 있고 비용도 아마 가장 비싼 경우에 해당할 것이다. 신속히 처리해야 하는 회사 업무라면 비행기를 선택할 수밖에 없겠지만 힐링을 목적으로 떠나는 여행이라면 다를 수도 있다. 앞서 논의한 여러 사항들을 고려한다면 '이제 어디서부터 어떻게 시작해야 하나?' 하면서 걱정이 찾아올 수도 있다. 여기서 예로 든 부산을 가는 문제에 비하면 산업체 현장에서 부딪히게 되는 문제들은 훨씬 더 복잡하고 중요하기 때문에 더욱 정교하게 풀어 나아가야 한다. 그러므로 기본 과정을 통해 한 단계 한 단계 과정을 잘 수립하는 것이 매우 중요하다.

여기서 논의할 프로세스 과정을 거치지 않고 빠르게 판단하고 결정을 내려서 성공한 사람들도 있다. 우리가 보기에는 신속한 판단력이라고 할 수 있으나 이들은 이러한 단계별 과정을 전체적으로 한 번에 하나의 패턴처럼 볼 수 있는 천재적인 감각을 가진 사람들이다. 이들은 타고난 재능과 직관력, 그리고 그들이 겪은 경험과 지식을 토대로 한 번에 전체를 바라볼 수 있어 신속하게 문제 해결 방안을 도출해 낼 수 있다. 보통 사람이 도달하기에는 어렵지만 반복된 훈련 과정을 거치고 현장에서 많은 경험을 쌓아 나가다 보면 여러분도 언젠가 자신도 모르게 그러한 사람으로 바뀌어 있을 것이다.

최종 해결 방안이 어떻게 도출되었는지 설명하는 과정에서 평소 논리적 사고가 부족한 사람이라도 여기서 언급한 프로세스(과정)에 따라 해결한다면 그것이 바로 논리적인 설명이 될 수 있다. 프로세스(과정)에 따라 한 스텝 한 스텝씩 밟아 나가면 그것이 바로 논리적 과정이다. 문제 해결을 처음 배우는 사람에게는 꿈 같은 일처럼 생각되지만 어느 순간 그러한 위치에 도달할 수 있기에 초보자를 위하여 일반적으로 접근하는 방법에서부터 하나씩 이해하고 훈련하는 방안을 제시하는 것이 필요하다.

3. 문제 해결을 위한 5단계 과정

전체적인 문제 해결 과정은 크게 5단계로 나누어 정의해 볼 수 있다. 물론 4단계 혹은 3단계로 나누어 간략하게 생각할 수도 있으며, 그것은 문제 해결의 난이도에 따라 달라진다.

제일 먼저 무엇이 문제인지를 정확히 정의하고, 해당 문제의 근본적인 쟁점을 파악해야 한다. 그러기 위해서는 해결하고자 하는 목표가 보다 명확해야 한다. 그런 다음 여러 가지 가설을 이용하여 문제 해결을 위해 다양한 방법으로 접근하는 데 필요한 정보들을 수집하고, 수집된 정보를 분석하여 어떤 방법으로 접근하여 해결하는 것이 가장 바람직한지를 도출해 낸다. 마지막으로 선택된 해결 방안이 어떠한 이유에서 합당하다고 판단하였는지를 논리적으로 잘 정리해서 보고서를 작성하면 된다.

그림 3-10 문제 해결의 5단계 과정(process)

예를 들어, 서울에서 출발하여 부산에 3시까지 가기 위한 해결 방안을 만들어 내는 데 필요한 과정을 적용하여 보기로 한다. 먼저 문제의 목표는 부산에 3시까지 가는 것이 되겠고, 어떤 교통수단을 선택하느냐에 따른 문제는 세분화하여 나눈 뒤, 교통수단에 따른 소요 시간, 교통비, 이동 경로 등에 관한 구체적인 데이터를 모두 수집한다. 수집된 데이터로 어느 방법이 문제의 목표를 달성하는 데 가장 효율적인가를 분석하고, 분석 결과를 기반으로 교통 방법을 선택할 수가 있다. 마지막으로 이런 방법을 선택하는 것이 어떤 면에서 가장 효율적인지를 논리적으로 서술하여 제출한다.

문제 해결 과정에 익숙한 사람은 당연히 이와 같은 과정이나 유사한 방법으로 접근한다. 꼼꼼히 분석해 보고 계획을 세워 최종적인 안을 도출하지만 그렇지 않은 사람은 본인이 선호하는 교통수단을 선택하고 바로 해당 사이트에 가서 예약하는 방식을 선택한다. 자신이 선택한 방법이 효율적인지 아닌지 상관이 없다. 직관적으로 선택한 방법이 가장 효율적일 때도 있지만 이처럼 단순한 문제가 아니고 여러 가지 변수가 많고 복잡하게 얽혀 있는 복합적인 문제를 해결하는 경우라면 직관만으로는 한계가 있다.

우리가 접하고 있는 북한의 비핵화 문제를 들여다보면 너무 많은 사항을 고려해야만 한다. 우리만의 문제가 아니라 주변국들 간의 이해관계도 복잡하게 얽혀 있어 그러한 요소들을 하나하나 고려해야 한다. 이는 주변국들의 국내 정치 상황이라는 변수에 따라 달라질 수 있기 때문이다. 이렇게 복잡한 문제를 풀어 나가기 위해서는 간단한 문제부터 하나하나 풀어 나가는 과정을 거치지 않으면 안 된다. 이제까지 논리적 접근보다는 직관적으로 판단하고 순간적인 결정을 내리는 경우가 많았다고 한다면 앞으로는 보다 합리적으로 풀어 나가도록 해야 한다. 그러기 위해서는 문제 해결 능력을 하나씩 하나씩 축적시켜 나아가야 한다. 지금부터 한 과정씩 살펴보기로 한다.

1) 문제 발견

문제 해결 과정의 첫 번째 단계인 '문제 발견'은 문제의 정의, 문제의 구조화, 그리고 가설 수립 등 3단계로 나눌 수가 있다.

(1) 문제의 정의 : 기대하는 목표 상태를 명확히 정의

앞에서 이야기한 것과 같이 문제란 현재의 상태와 기대하는 목표 사이의 차이점, 즉

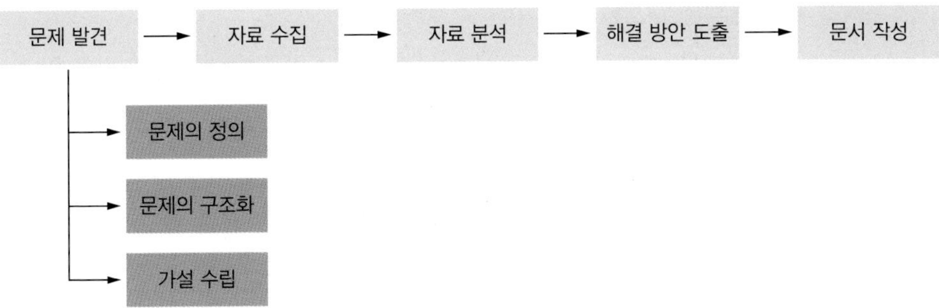

그림 3-11 문제 해결 과정에서 문제 발견의 단계

갭(gap)이다. 따라서 문제를 해결하기 전에 지금 내가 있는 위치는 어떠한 상태이며, 내가 이루고자 하는 기대치는 무엇인지를 명확히 하는 것이 중요하다. 부산까지 가는 경우 현재의 위치는 서울 ○○에 내가 있다는 사실이며, 기대하는 목표는 오후 3시에 부산의 목적지에 도착하는 일이다. 주어진 시간 안에 공간 이동이 이루어져야 한다.

다른 경우를 예를 들면, 어느 식품회사의 향후 연차별 매출 목표가 5000억, 6500억, 8000억, 1조 원이라고 한다면 쉽게 문제의 정의를 내릴 수 있을 것이다. 여기서 금년도 매출액이 3800억이라고 한다면 1차 연도의 기대 목표치와의 차이(갭)는 1200억, 2차 연도는 2700억, … 4차 연도는 6200억이라는 차이가 문제 해결의 목표라고 정확히 정의 내릴 수 있다. 문제의 정의 관점에서는 이것이 보다 명확한 표현이다.

부산까지 가는 것에서 차이(갭)는 무엇일까? 그것은 시간적으로 오후 3시까지라는 제약과 공간적으로 450 km의 차이를 내포하고 있다. 물론 효율적인 방법이라는 무형의 목표도 존재한다. 가급적 실제적인 문제를 정의할 때는 문제 해결의 목표 수준을 최대한 구체적이고 자세하며, 정량적으로 표현하는 것이 바람직하다. 물론 정량적 표현이 어려운 경우도 있을 수 있다.

추상적인 표현으로 '경쟁사보다 품질 면에서 우위의 제품', '시장 변화에 대한 빠른 대응', '신속한 배달 서비스', '편리하고 안전한 조리 방법' 등과 같이 막연한 형태의 표현보다는 '마켓 셰어를 30%까지 상승시킴', '2분 이내에 조리 완성', '24시간 내에 배달 완료' 등과 같이 표현하는 것이 좋다. 문제를 보다 구체적으로 표현하여 기대 목표치를 분명히 해야 부서 간 또는 조직 간에, 나아가 회사 간의 소통에서도 오해의 소지가 발생하지 않는다.

(2) 문제의 세분화를 위한 구조화

문제의 정의를 정확히 내린 다음에는 문제가 되는 부분을 세부적으로 나누어 구조화하는 단계이다. 구조화 작업은 계속하여 발생하는 쟁점에 대하여 생각해 볼 수 있는 방안을 제시해 보면서 점진적으로 문제를 해결할 수 있도록 유도하는 것이다. 넓은 의미의 근본적인 문제를 해결하기 위해 '작은 문제'로 나누어 세분화할 분석 대상이 어떤 것이 될 수 있는지의 여부를 결정하는 것을 말한다. '문제의 세분화'를 구체적으로 잘 정리할 수 있다면 문제 해결의 절반은 이미 해결되었다고 보아도 될 정도로 매우 중요한 작업이다.

문제의 세분화를 위한 구조화는 가급적 명확하게, 그리고 간단하게 대답할 수 있도록 정의하면 좋다. 몇 가지 예를 들면 다음과 같다.

예시 1
- 오후 3시까지 부산에 갈 수 있는가?
- 출발 지점이 역이나 공항에서 가까운가?
- 6만 원 이내의 금액으로 갈 수 있는가?
- 해당 요금의 할인 혜택을 받을 수 있는가?

예시 2
- 기존 제품의 매출 판매량을 확대시킬 수 있는가?
- 원료 수급상의 문제는 없는가?
- 판매 가격을 인상할 수 있는가?

예시 3
- 해당 요금의 할인 혜택을 받을 수 있는가?
- KTX 멤버십을 가지고 있는가?
- 대한항공, 아시아나항공의 마일리지 카드가 있는가?
- 회사 내 법인 카드의 마일리지를 사용할 수 있는가?
- 경로 우대 혜택을 받을 수 있는가?

문제의 세부적인 접근 방안을 보다 구체화하기 위해서 로직 트리를 활용할 수 있다. 또한 근본적인 원인을 밝히기 위해 가능한 구체적인 단계까지 계속해서 로직 트리를 분화해 나간다. 그런 가운데 구체적인 사안에 대하여 바로 행동으로 옮길 수 있는 해결 방안을 이끌어 낼 수 있다. 다시 말하면 세분화한 각 상황별로 구체화시켜 나가는 작업이 심도 있게 다루어질수록 해결 방안이 보다 더 구체적일 수 있다.

한 식품 산업체에서 컵라면을 개발할 때 연구원이 로직 트리 방식으로 접근하였다면 다음과 같은 상황을 상정해 볼 수 있다.

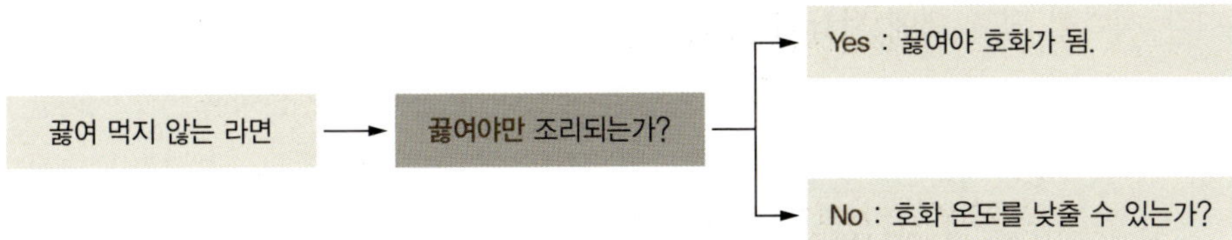

그림 3-12 예, 아니오 형태로 답을 유도하여 문제 해결 방안을 모색한 로직 트리

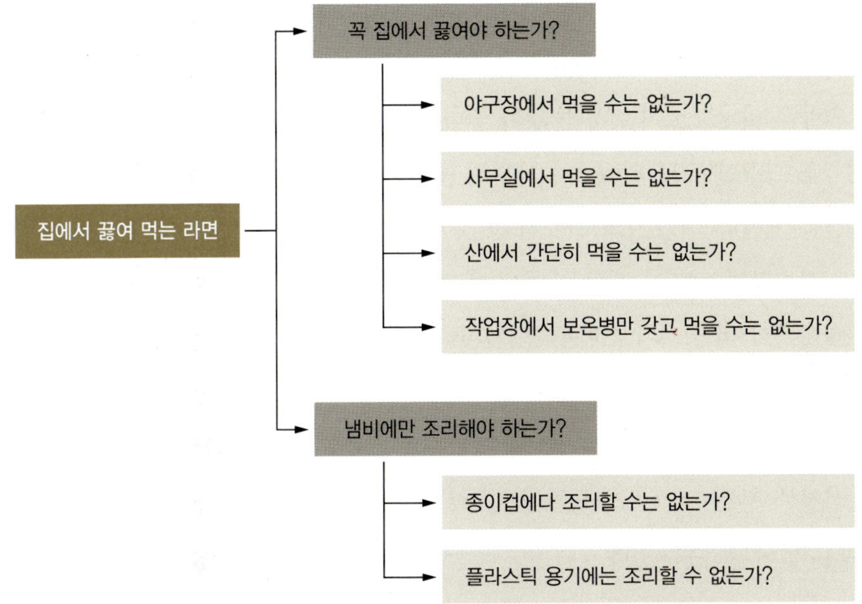

그림 3-13 문제의 구조화를 보다 구체화한 질문으로 구성한 로직 트리

경우에 따라서는 문제의 원인이 기계(Machine), 사람(Man), 재료(Material), 방법(Method), 환경(Environment)에 있는지를 파악하기 위한 노력으로 각 요인에 대하여 '왜?'라는 질문을 던져 봐야 한다. '왜?' 이외에 원인이 되는 요소를 통하여 해결 방안을 찾을 수 있는 다른 질문도 가능하다. 해결이 가능한 방향으로 접근하기 위한 질문이라면 무엇이어도 좋다. 예외적인 경우로 부서 내에서 발생한 문제를 해결하고자 할 때도 문제 제기에 대한 비밀을 보장하는 것이 중요하며, 이때 메모지를 이용하여 의견을 제출하도록 한 후 그 자리에서 메모지를 폐기하여 누구의 의견인지 모르도록 하는 방안도 있다.

(3) 가설로 잠정적 해결안을 수립

문제 해결이 시간과의 싸움인 경우가 있다. 무한정 시간을 두고 해결해야 하는 것이 아니라 제한된 시간 내에 서둘러 해결해야 하는 경우에는 시간에 쫓기어 많은 자료를 수집하고 이를 분석하여 최종적인 해결 방안을 도출하는 방식을 선택하기가 어려울 수 있다. 이러한 경우에는 위 방법을 변형하여 해당 사항에 대하여 가설을 먼저 세워 놓고, 가설을 입증할 수 있다면 해결책으로 선택한다. 그러나 만일 입증할 수 없다면 포기하는 방법을 선택하는데 나름 효율적으로 운영될 수도 있다.

가설을 만들어 나가는 일은 문제의 상황을 이제까지와는 달리 전혀 새로운 시각으로 바라보고, 다양한 사실들과 경험, 그리고 직관 등 여러 가지 상황을 통합적으로 볼 수 있는 역량을 바탕으로 수립하는 것이 좋다. 이런 경우에는 연륜이 있는 사람들의 풍부한 경험을 활용할 수도 있겠으나 그렇지 못하다면 가능한 여러 사람이 참여하여 다양한 의견을 제안할 수 있도록 유도하는 것이 바람직하다. 그러나 혼자서 일을 수행해야 하는 상황이라면 반드시 해당 분야에 대해 새로운 시각을 가진 통찰력이 뛰어난 경험자를 찾아가서 여러 가지 조언을 듣는 것이 좋다. 그러기 위해서는 평소 이런 사람들과의 네트워크를 잘 형성하고 유지하여야 한다.

그림 3-14는 라면을 컵라면으로 개발하는 과정에서 문제의 구조화를 거쳐 간단한 가설을 설정한 경우이다. 이러한 가설로부터 호화 온도를 낮추는 방법을 찾아야 한다는 해결책을 얻어 낼 수가 있다.

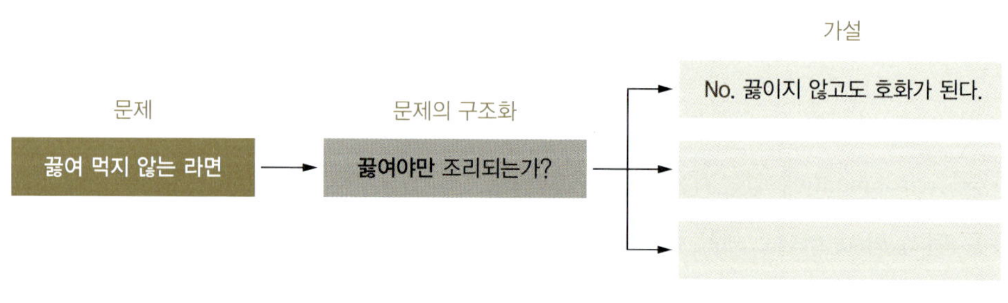

그림 3-14 문제, 문제의 구조화를 통한 가설 수립의 예

이러한 가설은 추후에 검증 과정을 거쳐야 하며, 해결 방안을 모색하는 과정에서 증명되어야 한다. 그런 점을 고려한다면 신중하게 합당한 가설을 수립하는 것이 중요하다.

여기까지 설명한 것이 문제 해결 과정의 첫 번째 단계라 할 수 있는 문제의 발견이다.

이 책에서 다루려는 문제들은 독자들이 직접 접할 수 있는 분야가 아닐 수도 있으나 현재 자신이 있는 위치와 기대하는 목표 사이에 차이점(갭)이 존재한다는 면에서 적용 가능한 명제이며, 이를 해결하여 갭의 차이를 최소화하는 방법이 결국 문제 해결이라고 할 수 있다. 즉, 우리가 접하는 많은 문제들의 목표인 기대치에 과연 어떻게 도달할 것이냐 하는 것이 바로 문제 해결이다.

문제 해결에는 단 하나의 정답만이 존재하는 것은 아니다. 여러 가지 방법의 다양한 해결책이 나올 수 있다. 다양한 가능성을 결코 무시해서는 안 되며, 일단 모든 것들을 다 받아들일 수 있는 포용력을 가지고 임해야 한다. 우리 앞에 놓여 있는 상황이나 환경(많은 인자들을 포함한)을 충분히 검토하여 가장 바람직한 해결 방안을 찾아가는 것이다. 만일 이러한 문제 해결점에 대하여 평가를 한다면 각기 다 다른 답을 제시하였더라도 나름대로 논리성에 따라 50점부터 100점까지 점수를 줄 수가 있다. 설령 전혀 다른 답을 썼더라도 둘 다 100점을 맞을 수도 있는 일이다. 하나의 정답을 기준으로 채점하는 방식이 아니라 다양성을 충분히 인정해 주는 방식의 형태라고 보아야 한다.

따라서 다양한 답들이 수없이 나올 수 있다. 정답을 추구하는 것이 아니므로 모든 사람이 도전할 수 있는 일이다. 회사 내에서 경험과 지식이 풍부한 사람이 어떤 의견을 냈을 때 아무런 저항 없이 모두가 그 의견을 따라 가는 것이 아니라, 나는 이렇게 생각하기 때문에 이런 방식을 선택해야 한다고 과감히 말할 수 있어야 한다. 그러한 일들이 원만히 이루어지는 회사는 다양한 해결책 중에 가장 좋은 것을 선택할 수 있기 때문에 더욱 발전할 수 있지만, 그렇지 않고 선행자의 의지에 따라가야만 한다면 창의적인 분위기로 회사가 거듭날 기회를 놓치고 만다. 따라서 문제 해결은 모든 참여 인원이 적극적으로 임해야 하는 부분이다.

2) 자료 수집

자료의 수집은 크게 '계획적으로 수립'하는 단계와 '자료 수집' 단계로 나누어 구성된다.

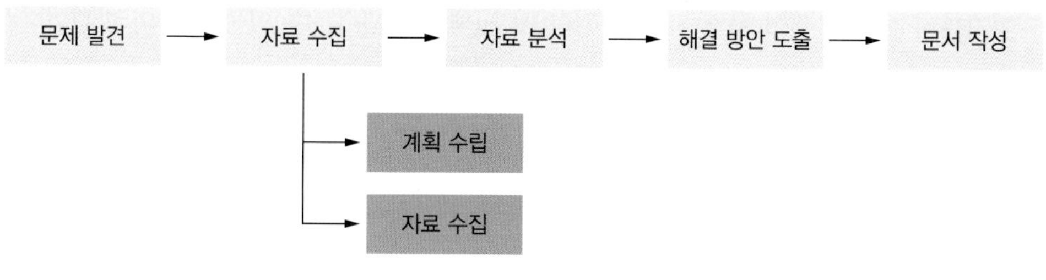

그림 3-15 **자료 수집의 단계**

(1) 계획적 수립

앞으로 시행하여야 할 일을 계획적으로 수립하고자 할 때는 먼저 어떤 정보 자료를 어떠한 방식으로 수집할 것인지에 대한 범위와 정의가 명확해야 한다. 수집된 자료들은 기록으로 남겨 두는 것이 중요한데, 예를 들면 '수집 자료 관리 대장'이라는 장부를 만들어 기록한다. 아울러 자료를 수집하기 위한 세부적인 계획 일정을 수립하는 것으로 '작업 일정 계획서' 등을 활용한다.

앞선 단계에서 가설을 수립하였고, 이 가설을 증명하는 단계가 필요하므로 이를 달성하기 위해서는 어떤 종류의 자료들이 필요하고 어떤 분석(혹은 실험)을 해야 할 것인지, 그리고 세부적인 사항을 각각 누가 담당할 것이며, 언제까지 완료할 것인지 등에 대하여 '수집 자료 관리 대장'에 기록해 두면 보다 손쉽게 팀원 각자가 언제까지 무엇을 꼭 해야 하는지 알 수 있고, 그 일을 잘 수행할 수 있을 것이다. 이런 전반적인 사항은 회사에서뿐만 아니라 대학에서 팀 프로젝트를 수행할 때도 유용하다. 뿐만 아니라 부분적인 일들을 혼자서 수행해야 하는 경우에도 유용하다. 모든 구성원들의 역할 분담이 구체적인 일정 아래 진행되어야 일정에 차질 없이 앞선 단계의 가설을 증명하기가 수월하다. 따라서 수집 자료 관리 대장은 관련된 부분 중에서 확인해야 할 사항과 필요한 자료 및 자료의 소스, 담당 업무를 수행할 사람, 그리고 마무리 지어야 할 데드라인까지 모두 포함하여 작성해야 한다(표 3-1 참조). 교수들의 경우 처음 연구 계획서를 작성할 때는 이런 과정이 필요하지만 점차 연륜이 쌓이면 대부분 포괄적으로 언급하게 된다. 대체로 전반적인 내용은 이와 유사하다. 학생들이 조별 프로젝트를 수행할 때도 이렇게 작업하면 훨씬 수월하고 서로 간에 신뢰를 구축할 수 있어 효율적으로 마무리 지을 수 있다.

업무에 관여하는 모든 사람들이 무엇을 언제까지 완료하였는지 확인하고 최종적으로 도출해 낸 결과 및 자료 등을 한눈에 볼 수 있도록 보드(칠판)에 그려서 작성해 두는 것이 좋다. 설정한 가설을 증명하는 데 필요한 것은 무엇보다도 그것을 입증할 수 있는 자료이다. 어떤 방식으로 그런 자료를 얻게 되었는지가 분명하여야 설득력이 있다. 보통 많이 활용되는 방법은 '설문 조사(인원수)', '인터뷰', '자료 요청', '자료 검색(인터넷)', '정보 자료 구매', '현장 조사' 등이 있는데 문제에 따라 또는 상황에 따라 가장 신뢰할 수 있는 방법을 선택하는 것이 바람직하다.

표 3-1 문제 해결을 위한 작업 관리 대장

쟁점 확인	가설 수립	분석할 내용	자료 출처	담당자	기한	완료
집 밖에서도 편하게 라면을 먹을 수가 있는가? (끓여서만 조리하는가?)	끓이지 않고도 호화가 된다.	호화 온도를 낮출 수 있는가?	학회지 조사	김영미	~4/10	
		면의 모형을 다르게 변형할 수 있는가?	실무 작업자 인터뷰	이승훈	~4/1	
	종이컵에서도 요리가 된다.	서서히 요리되는 과정 중 종이컵의 형태를 유지할 수 있는가?	제지업자 인터뷰	김연아	~4/1	

(2) 자료 수집

자료 수집은 그야말로 문제 해결 결과의 질을 결정할 수 있는 과정으로 문제 해결의 여러 과정 중 가장 중요한 과정이라고 할 수 있다. 이 부분이 정성껏 성실하게 이루어지지 못한다면 많은 양의 작업을 다시 반복하여 수행하게 될 가능성이 높다. 가장 많은 시간을 할애하고 가장 많이 신경을 써야 하는 단계이다.

자료 수집은 사실에 근거한 문제 해결과 가설을 증명하기 위해 꼭 필요한 단계로서 그 질적 수준이 요구된다. 자료의 수집을 담당하는 사람은 그 누구보다도 최고 품질의 자료와 정보를 수집해야 한다. 수집된 자료에 따라 가장 효율적인 대처 방안이 나오느냐 못 나오느냐가 결정될 수 있기 때문이다. 누가 보아도 명확하고 탁월한 선택을 하였다고 할 정도의 해결 방안이 바로 수집된 자료를 통해서 이루어진다. 대학원생들이 여러 종류의 실험을 수행할 때 좋은 결과를 도출한 실험을 통해서 얻는 결과물이 바로 여기에 해당된다.

앞서 컵라면을 개발하는 과정에서 호화 온도를 낮추는 방안이 하나의 가설로 제안되었다면 어떤 방식으로 호화 온도를 낮출 것인지 이를 뒷받침할 수 있는 유사 연구 자료를 추적하면 된다. 그림 3-16에서는 화학적 수식(chemical modification)을 이용하여 탄수화물의 구조를 변형시키고 재배열하여 낮은 온도에서 호화가 되는 연구를 한 내용을 찾거나 면의 굵기를 얇게 유도하여 열전달이 빠르게 진행될 수 있는 방안을 찾고, 마지막으로 면의 형태를 다르게 변형시켜서(마카로니 스타일을 도입한다든가 하는 등) 낮은 온도에서 호화 온도에 도달한 연구 결과나 실험 결과를 얻어내는 방식으로 추적하여 분석하였다. 이런 가설을 뒷받침할 수 있는 자료를 수집하는 과정들은 조사 연구나 때로는 실험 과정을 통해서 이루어질 수 있다.

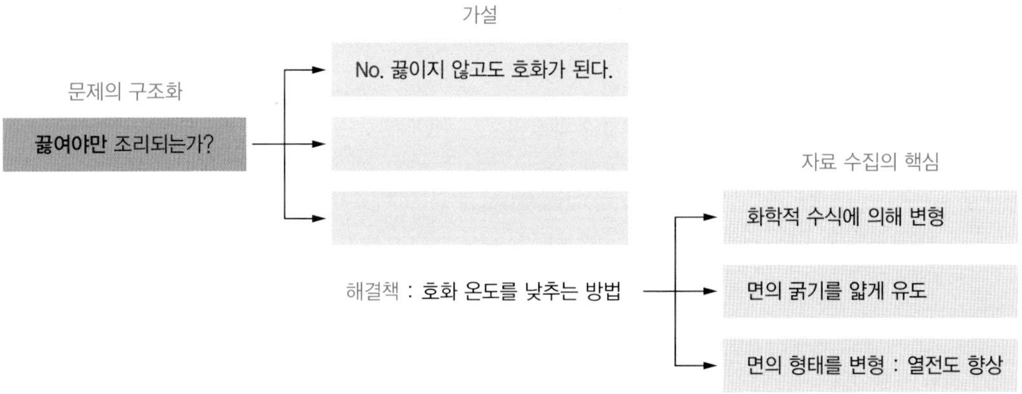

그림 3-16 컵라면 개발에서 가설을 통한 문제 해결의 핵심 포인트 : 자료 수집의 핵심

3) 자료 분석

문제 해결 과정의 3번째 단계는 자료 분석 작업이다. 분석 작업은 작업을 계획한 것과 수집한 자료를 토대로 수립한 가설을 검증하여 문제 해결 방안을 도출하는 데 중요한 역할을 한다. 따라서 자료를 분석하기 전에 수집된 자료가 정확한 것인지, 유효한 것인지, 그리고 완전한 것인지를 판단하기 위한 점검이 필요하다.

(1) 정확성 점검

수집한 자료가 신뢰할 만한 내용인지를 점검하며, 특히 이 자료를 어느 곳에서 확보한 것인지 그 출처를 명기하여야 한다.

(2) 유효성 점검

자료의 범위가 유효한지, 자료가 만들어진 시점이 최신의 것인지 점검하며, 자료의 내용이 문제를 해결하는 데 의미가 있는지 등을 점검한다.

(3) 완전성 점검

여러 가지 자료가 요구될 경우 혹시 필요한 자료가 누락되지는 않았는지 점검하고, 체크리스트를 통해 필요한 항목별로 자료가 제대로 수집되고 빠짐없이 기록되었는지 등을 점검한다.

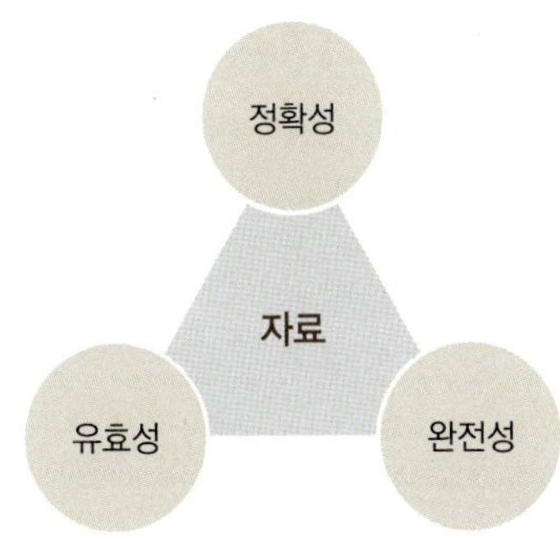

그림 3-17 자료 점검 시 요구되는 사항

여러 사람이 작업을 하는 경우에는 각자가 생각하는 범위가 다를 수 있어 혹여 자료를 빠뜨릴 수도 있으므로 자료를 수집한 다음 다시 점검하는 것이 좋다. 사실, 자료 점검은 수집하는 단계에서 필요한 것이지만 분석 단계에서 한 번 더 확인하고, 점검할 필요가 있다.

자료 분석 단계에서 분석하는 방법은 그 목적에 따라 다양한 방법들이 활용될 수 있다. 어떤 상황이냐에 따라 적절한 분석 방법을 선택하여 적용한다. 원인을 검증하기 위해 경제성 분석, 타당성 분석, 3C 분석, SWOT 분석, 추세 분석, 비교 분석, 인과 분석, 통계 분석 등을 사용하기도 한다.

자료 분석을 하면 반드시 그 분석을 통해 해결점이나 시사점을 도출해야 한다. 예를 들어 '컵라면 신제품의 개발 건수는 줄어들었지만 일부 컵라면 신제품의 매출액이 증가되었는데 신제품 개발 건수보다도 시장의 요구를 충족시킨 제품들이 더 많이 판매된 것으로 나타났다. 따라서 소비자 트렌드의 변화에 적절히 대응한 제품을 출시한 것이 성공으로 보일 수도 있으나 향후 타 회사들보다 먼저 신속하고 정확하게 시장 트렌드를 파악하는 방법을 도입시켜 나갈 필요가 있다고 보인다.'라고 시사하는 바를 도출할 수도 있다.

자료를 분석하는 과정에서 살펴보다 보면 어떤 경우에는 가설을 약간 수정할 필요가 있거나 변경할 필요가 있다고 판단되기도 하며, 새로운 또 다른 문제를 해결할 필요성이 대두될 수도 있다. 그런 경우 기존의 문제를 일단 해결하고 나서 새로운 쟁점은 나중에 또 다른 문제를 해결하는 것으로 접근할 수도 있다.

자료 분석 작업 시 유의 사항

- 자료 분석 작업 시 무엇이 문제인가와 함께 해결 방향이 추구하는 것을 잘 기억하면서 항상 'So What?' 또는 'Wait Why?'라는 질문을 던지는 습관을 지녀야 한다.
- 한정된 시간에 해결해야 하는 경우가 많으므로 어떤 일이든지 우선순위를 정하는 것은 매우 중요하다. 특히 정확성보다는 방향성에 우위를 두는 것이 바람직하다.
- 수집하고 검증한 자료가 기대치와 다른 경우 유연하게 가설을 수정할 수도 있으며, 가급적 여러 사람들과 협업하고 결과를 공유하는 것이 좋다.
- 여러 자료를 개별적으로 하기보다는 통합적으로 재구성해 보는 습관이 좋다. 자료가 부족할 때는 나름대로 논리성을 가지고 분석 자료를 만드는 것도 좋다.

4) 해결 방안 도출

항상 앞에서 설명한 단계별 과정에 따라 문제를 해결해야 하는 것은 결코 아니다. 여기서 소개하는 내용은 문제를 해결하는 방법 중 한 가지 방법에 불과하다. 여러 가지 방법으로 문제를 풀어 나갈 수 있으므로 여러 방법 중에서 각자가 자유로이 선택하면 된다.

문제를 접하게 되는 상황이 온실처럼 온화한 상황으로 여러 가지가 제한되어 있는 상황만 있는 것이 아니라 춥고 바람이 불고 먼지 때문에 앞이 안 보이는 그야말로 악조건일 수도 있다. 그럴 때 나 자신에게 알맞은 방법을 선택하면 되는 것이다. 그렇다면 굳이 왜 이런 과정을 설명하는 것일까?

물 위에 뜨는 방법을 가르쳐 주면 누구나 자신에게 맞는 영법으로 수영을 스스로 배워 나갈 수 있다. 여기에서 설명한 것들은 여러분에게 물 위에 뜰 수 있는 가장 기본적인 방법을 설명한 것에 불과하다. 문제 해결 과정은 매우 다양하다. 어떤 의미에서는 자신에게 잘 맞는 방법을 스스로 찾아 나아가야 할 것이다. 그러한 위치에 도달할 때까지는 여기에서 소개되는 다양한 문제를 토대로 훈련하면서 그 능력을 키워 나가면 된다.

실제로 산업 현장에서 부딪히는 문제를 해결해야 할 때 꼭 순서대로 해야만 하는 것은 아니다. 어떤 경우는 자료 수집을 생략하고 자신이 갖고 있는 통찰력을 바탕으로 문제를 분석하고 해결 방안을 도출할 수도 있다.

그렇다면 앞서 설명한 방법을 사용하지 않고 문제를 해결하는 방법에는 어떤 것들이 있는가? 조금 다른 각도에서 문제 해결 방법에 접근해 본다면 문제 해결은 직관적 해결, 계획적 해결, 분석적 해결과 같이 3가지로 나누어 볼 수 있다. 그리고 무엇보다도 중요한 것은 문제의 원인을 긍정적으로 생각해 본다는 점이다.

(1) 직관적 해결

여러 가지 방법을 적용하여 해결하기에는 시간이 너무 부족하다고 판단될 때 모든 상황을 전체적으로 바라보며 모든 가능성을 열어 두고 직관적으로 해결하는 방법을 선택할 수 있다. 서너 시간 내에 해결 방안을 가져오라는 경우가 이에 해당된다. 이런 경우 자신의 통찰력으로 판단하여 해결 방안을 내놓게 된다.

영화 「마션」을 보면 화성에서 예상치도 않은 여러 가지 상황이 수없이 나타난다. 주인공은 그때마다 자신이 선택할 수 있는 가장 최선의 방안을 선택하여 문제를 해결해 나간다. 경우에 따라서는 실패하기도 하지만 실패에 굴하지 않고 차선의 해결책으로 또 다시 대응해 나간다. 끊임없이 문제를 해결해 나가는 자세가 참으로 대단하다는 생각이 든다. 이런 통찰력은 평소 이런 문제를 해결해 나가는 훈련이 잘되어 있어 문제 확인과 동시에 가정을 설정하고, 아울러 그에 합당한 대책을 수립할 수 있을 정도로 훈련이 잘되어 있거나 또는 다양한 분야에 대한 많은 경험과 지식을 가지고 있을 때 용이할 수 있다.

(2) 계획적 해결

회계 연도 시작 전이라든가 어느 특정 기간을 중심으로 일을 해야 하는 경우처럼 정기적으로 문제 상황을 접하는 경우, 내가 조만간 어떤 문제에 곧 부딪힐 것이라는 상황을 미리 예측할 수 있다면 해마다 반복적으로 행해지는 문제에 대하여 비교적 계획적으로 준비하여 해결할 수가 있다. 산업체에서 자신이 소속된 부서의 매월, 분기별, 연도

별 사업 성과에 대해 예측하고 그에 대한 대책을 강구해야 하는 문제라고 한다면 시간적인 여유를 가지고 계획적으로 풀어 나갈 수 있다. 또 교수님이나 연구소 직원들이 단기 프로젝트나 중장기 프로젝트를 수행해야 하는 경우 계획을 세워 목표를 기한 내에 해결할 수 있는 방안을 찾아내는 경우가 이에 해당된다.

(3) 분석적 해결

문제가 복잡하고 상황이 익숙하지 않은 경우 매우 중요한 문제를 해결해 나아가야 한다면 이제까지 설명한 문제 해결 과정을 하나하나 적용하면서 분석하는 방법을 선택하는 편이 바람직하다. 그것은 매우 논리적이며 체계적인 접근을 통해 문제를 해결해 나갈 수 있기 때문이다. 평소 많은 훈련을 통하여 문제를 해결하는 방법론을 체득하고 있다면 어떤 어려운 문제 상황도 풀어 나갈 수 있다. 따라서 그런 때를 대비하여 평소에 많은 훈련을 반복해야 한다.

마지막으로 강조하고 싶은 점은 문제에 접근할 때 먼저 전체적인 숲의 모양을 살핀 후 숲속으로 들어가서 하나씩 하나씩 살피는 방식으로 접근하라는 것이다. 지금 당장의 현상에만 주안점을 두지 말고 과거에는 어떠하였고, 현재는 이런 상태인데 미래에는 어떨까 하는 면까지 시간적 측면으로도 확대하여 생각할 필요가 있다. 아울러 이 문제와 연결성을 가지는 다른 분야의 관점에서도 바라볼 수 있는 시야를 갖추어 최대한 넓게 보고 나서 세부적으로 생각하는 방향으로 접근하기를 바란다.

5) 문서 작성

마지막으로 해결 방안을 문서로 작성하여 보고하거나 기록으로 남겨 둔다. 제3자가 이해하기 쉽도록 작성해야 하며, 향후 다른 문제로 문제를 해결해 나갈 경우 이를 참고

다음과 같은 시험문제가 초등학교에서 출제되었다. 어떻게 채점해야 하는가?

문제 이순신 장군은 어디서 전사하였는가?

해결 방안 넓은 의미에서 조선의 지도를 놓고 보면 '노량대첩'의 장소인 경상남도의 광양과 사천 사이에 있는 노량의 앞바다에서 전사하였다. 그러나 좁은 의미로 해석해 보면 육지에서, 바다에서, 산에서, 배 위에서라고 생각할 수도 있으므로 배 위에서 전사하였다고 할 수도 있다. 따라서 출제 문제를 보다 명확하게 제시했어야 한다고 생각한다.

로 하면 경험이 적은 신입사원도 효율적으로 일을 수행할 수 있다. 또한 산업체 내에서 혹은 각자가 일하는 영역에서 이런 문제 해결에 대한 기록을 상호 공유할 수 있어야 문제 해결에 대한 노하우가 축적될 수 있다.

4. 문제 해결의 다양한 사례

1) HACCP 인증인가, 개보수인가

문제 HACCP 인증을 준비하려다 보면 걱정이 많을 수밖에 없다. 여러 걱정 중에서 HACCP 인증을 준비하는 대부분의 회사가 갖는 공통 사항은 돈, 즉 예산과 직결되는 공장 개보수 비용이다. HACCP 인증 요건에 시설(건축물)에 대한 부분이 있기 때문이다. 하지만 HACCP 인증을 받은 공장에 물어봐도, HACCP 인증을 준비하는 공장에 물어봐도 어떻게 고쳐야 하고, 얼마나 많은 돈이 드는지 정확한 답변을 듣기 어렵다. 그러다보니 여기저기에 물어보면 물어볼수록 개보수 비용에 대한 걱정은 점점 더 많아진다.

문제 해결 목표

HACCP 인증을 위한 개보수 비용의 올바른 산정

인증 조건 이해

당면한 문제의 발생 원인은 HACCP 인증 요건 중 시설 관련 사항이고, 최종적 문제 해결의 목표는 경제적이고 정확한 개보수를 통한 HACCP 인증이다. 따라서 HACCP 인증을 받기 위한 요건을 먼저 알아본다.

① HACCP 인증 요건(그림 3-18)

- HACCP 인증은 식품의약품안전처 고시 "HACCP 고시(약칭)"에 규정된 요건에 충족할 때 가능하다.
- "HACCP 고시"에 HACCP 개보수와 관련된 규정은 '선행 요건 관리'이며, 선행 요건 관리는 영업장 관리, 위생 관리 등으로 다시 세분된다.

② 대표적인 예로 영업장 관리에는 주변 환경, 바닥, 천장, 청결 구역 및 일반 구역 설정 등이 정해져 있고, 위생 관리에는 종사자 등의 동선 설정 등이 있다.

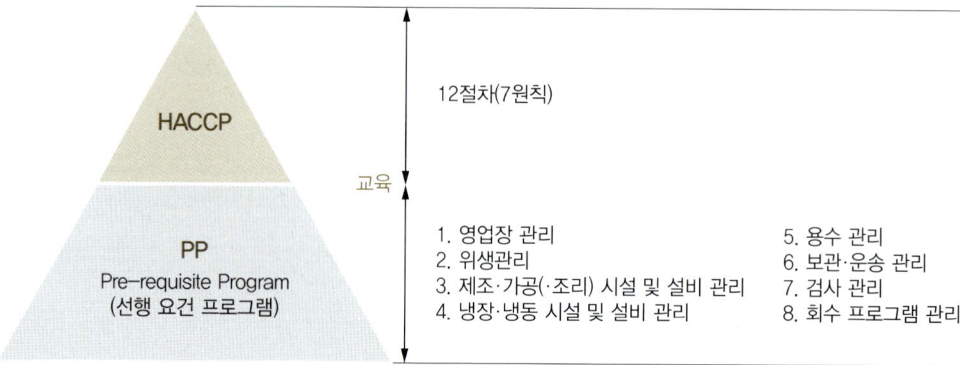

그림 3-18 HACCP 인증 요건

접근 방법

① HACCP 인증은 "HACCP 고시"에서 정하는 시설 요건을 충족해야 한다는 대명제를 만족키 위해 바닥, 천장 등 세부 시설 요건 각각을 합격하려는 미시적 접근보다는 HACCP 인증 획득 자체를 생각하는 거시적 접근 방법을 사용한다.

- 이때 누구나 쉽게 이해할 수 있는 하드웨어(HW), 소프트웨어(SW), 사람(Man) 3가지 측면에서 접근한다. HW는 건물, 기계 등이고, SW는 문서, 매뉴얼 등과 같은 것이며, Man은 직원, 조직 등을 말한다.
- HW, SW, Man 3가지 중에서 HACCP 인증을 위한 개보수에 가장 큰 영향을 미치는 것을 도출한다.

해결 방법

① HW는 직접적인 관심 사항인 공장 개보수와 직결된다.

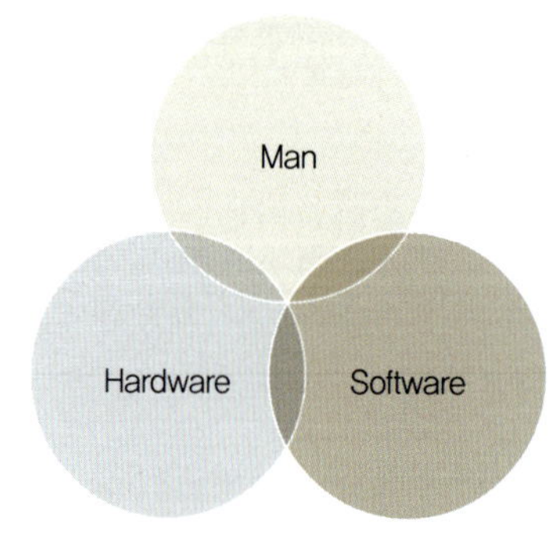

그림 3-19 HACCP 인증을 위한 접근 방법

◦ 현재 공장이 HACCP 인증 기준인 '선행 요건' 중 HW와 관련된 세부 규정에 얼마나 부합되는지 파악한다.
◦ 공장의 바닥은 HACCP 고시의 바닥 규정에 적합한지, 공장의 출입구는 HACCP 고시의 출입구 규정에 적합한지 아니면 얼마나 부적합한지를 파악하여 목록화한다.
◦ 부적합 목록을 보고 어떻게 개선할지를 결정한다.
◦ 개선에 필요한 예산을 도출한다.

② SW 중 공장 개보수와 관련된 것을 확인한다.

◦ HACCP 운영에 필요한 온도 점검 기준, 세척 소독 기준, 출입 기준, 검·교정 기준 등이 SW에 해당한다.
◦ SW라고 하지만 HW와 관련된 것을 뽑는다. 대표적인 예로 정기적 온도 점검을 손쉽게 하기 위해서 온도계는 냉장고 외부에 설치해야 점검자가 확인, 기록하기 좋다. 따라서 온도 점검 기준을 효율적으로 준수하기 위해서 온도계 형태 및 설치 위치라는 HW가 뒷받침되어야 한다.
◦ SW 관련 HW 사항을 목록화하고, 이를 위한 예산을 도출한다.

③ Man 측면을 확인한다.

◦ Man은 회사의 직원 숫자, 직원 전문성 등을 말한다. HACCP 인증을 목표로 한다면 이에 대한 이해, 경험이 있어야 한다. 최소한 HACCP 전문 교육을 받은 직원이 있어야 한다.
◦ HW에서 언급한 개보수 관련 세부 규정을 이해하고, 그리고 올바른 적부 판정을 할 직원이 있는지 확인한다. SW 관련 HW 사항 도출도 역시 마찬가지이다.
◦ HW 및 SW에서 목록화하고, 개선 계획을 마련할 수 있어야 하며, 시설 개보수 범위 및 예산을 최종적으로 판단할 수 있어야 한다.

④ HW, SW, Man 3가지 중 가장 큰 취약점을 확인한다.

◦ HW, SW, Man 3가지 중 Man 부분은 매우 중요하다. HACCP 인증을 목적으로 하면서 HACCP 인증 요건을 이해하고 있는 직원이 없다면, 현재 공장이 무엇이 문제이고, 그 문제를 어떻게 어디까지 개선할지를 누가 결정할 것인가?
◦ 외부 건축 업체, 외부 컨설턴트 도움을 받을 수 있지만 시설 개보수는 자신의 공

장을 개보수하는 것이고, 개보수 비용을 마련하고 개보수된 시설을 사용할 주체는 회사와 직원이다.

- 신뢰하는 HACCP 시설 전문가에게 자문을 받는다고 할지라도 그들은 공장 환경, 가공 특성, 조직 문화 등을 정확히 파악할 수 없으며, 최종 의사 결정 또한 내릴 수 없다.
- 따라서 HACCP 개보수 범위, 방법, 비용 등을 자신의 공장, 환경 등에 맞추어 경제적으로 결정하고 싶다면 HW, SW, Man 중 HW, SW를 정확히 이해하는 Man, 즉 임직원이 공부하는 것이 최상의 해결책이다.

2) 공정보다 환경 개선 : 떡국용 떡

문제 떡국용 떡을 사면 곰팡이가 피어 있는 경우가 있다. 곰팡이가 생기지 않도록 하기 위하여 가래떡 건조 수준을 조정하기도 하고, 포장할 때 탈습제/탈산소제를 넣기도 하나 쉽지가 않다. 어떻게 이 문제를 해결할 수 있을까?

문제 해결 목표

떡국용 떡의 곰팡이 최소화

공정 이해

공정을 하나하나 분석해서 문제를 해결한다.

① 공정 설명

- 떡국용 떡을 만드는 공정을 살펴보면 가래떡을 만들어서 어느 정도 굳어지면 떡국용 떡 모양으로 썰어서 포장한다.
- 떡국용 떡의 제조 공정을 좀 더 자세히 살펴보면 쌀을 불리고, 쌀을 찐 뒤에 사출기를 통과시킨다. 뜨거운 가래떡을 차가운 물로 냉각한 다음 건조한다. 떡국용 떡 모양으로 절단 가능한 수준까지 건조되면 절단기로 잘라서 포장한다.

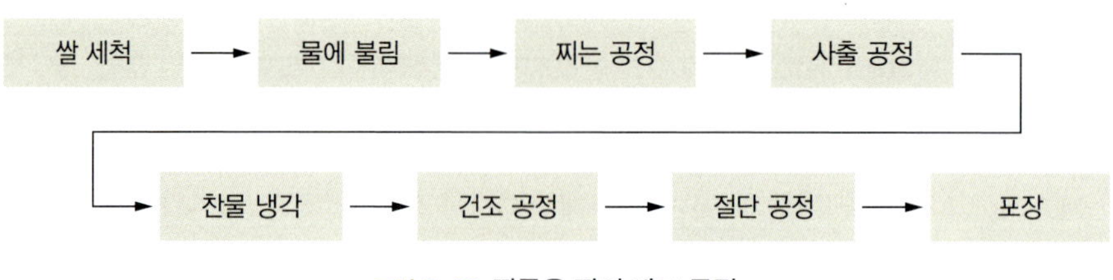

그림 3-20 떡국용 떡의 제조 공정

접근 방법

① 곰팡이의 오염 가능성을 크게 4가지(원료, 공정, 환경, 작업자)로 나누어 접근한다.

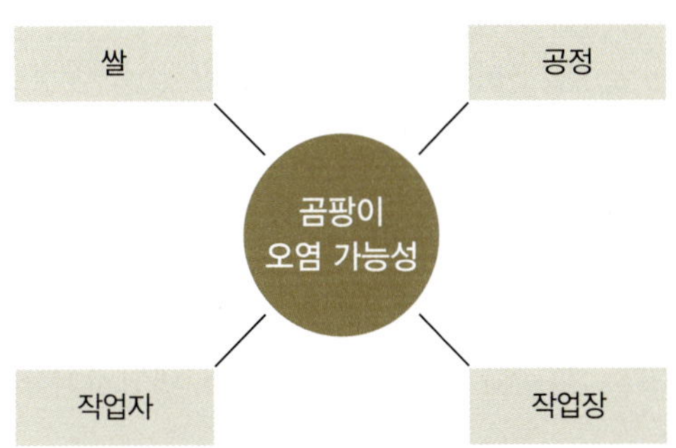

그림 3-21 떡국용 떡의 곰팡이 오염 가능성

② 공정 중 공기 노출 시간에 따른 오염 가능성이 높은 공정을 파악한다.

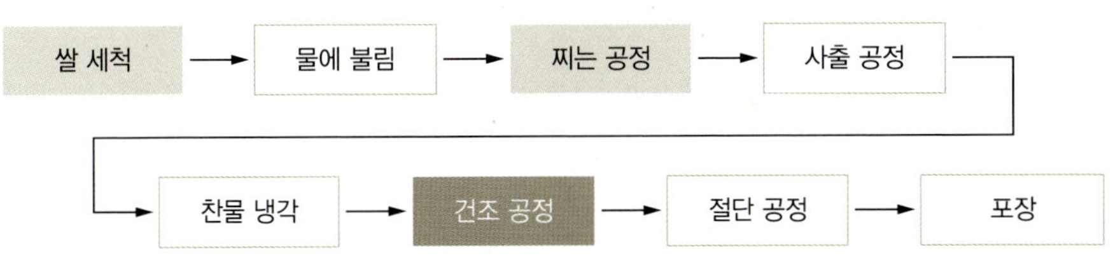

그림 3-22 떡국용 떡의 제조 공정 중 오염 가능한 공정 파악

해결 방법

① 공정 분석에 따른 해결 방안을 도출한다.

- '원료'인 쌀에서의 곰팡이를 제어하기 위하여 곰팡이에 오염되지 않은 쌀을 구매하는 것이 중요하다. 즉 쌀의 수확 시 관리(논에서의 건조 등), 도정 전 쌀의 보관 시 온습도 관리, 도정 후 쌀의 보관 조건 등을 확인해야 한다.
- 공장에서 쌀 재배 산지, 수확한 쌀 보관 상태 등을 확인 관리하기란 쉽지 않다. 그러므로 쌀의 세척 공정에서 세척 방법, 세척 시간, 세척 횟수를 조절하여 곰팡이 오염을 제거한다.
- 세척 후에 잔존하는 곰팡이를 제거하기 위하여 쌀을 찌는 온도, 찌는 시간을 관리한다. 하지만 쌀을 찌는 공정은 제품의 품질이나 생산과 직결되는 사항이므로

기존의 공정 온도나 시간을 크게 벗어나기 어렵다. 또한 지금 사용하고 있는 온도, 시간을 좀 더 올린다고 하여도 포자 형태의 곰팡이를 다 제거하기는 현실적으로 어렵다.

- 그러므로 가열 후 공정인 사출 공정, 냉각 공정, 건조 공정, 절단 공정 등에 더 관심을 갖고 살펴봐야 한다.
- 사출 공정은 가열된 쌀을 가래떡 형태로 만드는 공정으로 공정 시간이 짧고, 온도가 높으므로 곰팡이가 추가로 오염 또는 증식되는 조건이라고 보기 어렵다. 또한 사출 후 냉각 공정은 가능한 한 가래떡을 빨리 냉각시켜야 하므로 찬물의 양, 찬물의 온도 등을 조절할 수 있으나 이 역시 곰팡이의 증식, 추가 오염 가능성이 높은 조건은 아니다.
- 그 다음 공정인 건조 공정은 가열 후 가장 많은 시간이 소요되는 공정이고, 공정 온도 역시 실온이므로 곰팡이가 성장할 수 있는 조건을 갖고 있다.
- 건조된 뒤에 절단, 포장하는 공정은 공정 시간이 짧은 편이다. 그리고 포장 공정에서 유통 중 제품 자체의 습기, 제품 내 공기로 인한 곰팡이 증식을 제어하기 위하여 탈습제 또는 탈산소제를 첨가한다.
- 지금까지 모든 공정의 시간, 온도 등을 검토한 결과 건조 공정이 곰팡이 제거 또는 제어에 가장 큰 영향을 줄 수 있는 공정이다. 따라서 건조 공정의 온도, 시간, 습도를 관리하는 것이 중요하다.

② 공정에서 작업 환경 쪽으로 시선을 바꾼다.

- 문제는 곰팡이다.
- 곰팡이는 원료인 쌀뿐만 아니라 공기 중에도 있다. 즉 작업장 환경에도 있다. 따라서 곰팡이 관리에 중요한 각 공정의 환경을 검토해야 한다.
- 공정 분석에서 알 수 있듯이 가열이 끝난 뒤 가장 많은 시간이 소요되는 것은 '건조 공정'이다.
- 그렇다면 건조 공정에 사용하는 설비나 공간의 위생 상태를 확인해야 한다. 대부분의 떡국용 떡 공장은 건조 공정에 특별한 장치를 사용하기보다는 건조실과 같은 공간을 마련하여 사용한다.
- 건조실의 위생 상태, 쉽게 말해서 곰팡이가 살기 좋은 환경인지 아닌지를 확인해

야 한다. 만약 건조실의 바닥, 벽, 천장에서 곰팡이 냄새가 나거나 곰팡이가 보이거나 색이 변해 있으면 곰팡이가 존재하고 있다는 증거이며, 건조실의 습기가 높고 물기가 있는 상태이면 곰팡이 증식에 좋은 환경을 갖추고 있는 것이다.

○ 이런 경우 건조실 개선이 떡국용 떡의 곰팡이 해결에 도움이 된다. 일차적으로 건조실의 벽, 천장, 벽은 물론 선반, 도구 등을 교체하거나 완벽히 세척, 소독한 후 완벽히 '건조'한다. 그 다음부터는 건조실에 습기나 물기가 없도록 자주 환기를 시키고, 정기적으로 세척 및 소독과 함께 건조를 실시하면 곰팡이가 증식할 환경을 없앨 수 있으므로 곰팡이가 제품에 잔존하여도 증식이 억제된다. 또한 이렇게 하면 제품을 오염시킬 곰팡이 자체를 감소시키는 결과를 얻을 수 있다.

③ 떡국용 떡의 경우, 곰팡이 오염원 중 직접적 영향이 큰 요인은 종사자, 원료 쌀을 제외하고 공정 분석을 통하여 가장 연관성이 큰 건조 공정이 관리 대상 공정으로 선정되었다. 또한 건조 공정과 함께 건조 시설의 환경, 작업 환경을 개선하는 것이 유통 중의 곰팡이 클레임 감소에 영향을 줄 수 있다는 결론을 얻었다.

생각해 볼 사항

곰팡이가 생성되는 조건은 수분활성도에 의해 좌우된다. 떡을 포장하여 포장 용기 내의 수분활성도를 일정하게 유지하는 방안을 모색한다면 곰팡이 문제도 줄여 나갈 수 있지 않을까? 어떤 방식으로 수분활성도를 낮춘 제품을 만들 것인가?

3) 목적 달성을 위한 여러 가지 방법

문제 HACCP 인증을 받기 위하여 식품의약품안전처 "HACCP 고시"와 관련된 자료를 보니 '손을 접촉하지 않고 사용할 수 있는 수도꼭지를 화장실이나 작업장 출입 공간에 설치해야 한다.'라고 되어 있다. 이를 반영하기 위하여 자동 수도꼭지 또는 발로 작동하는 수도꼭지를 알아보니 가격도 가격이지만 건물 구조상 설치 작업이 만만치 않았다. 거기다 자동 수도꼭지를 사용해 본 주변 업체의 말을 들어 보니 자주 고장이 난다고 한다. 다른 방법은 없는가?

문제 해결 목표

기존 수도꼭지를 교체하지 않고 위생적인 손 세척하기

접근 방법

① 손 세척 후 수도꼭지를 다시 접촉하지 않아야 하는 원인을 파악한다.

② 비용이 들지 않는 방법으로 해결책을 찾는다.

문제 해결

① 원인 분석, 손이 안 닿는 수도꼭지는 왜 필요한가?

- 손 세척은 식중독 예방에 매우 중요하다. 손 세척은 감기도 예방할 정도로 위생적으로 중요한 행위이다. 식품 안전을 위하여 화장실을 사용한 후, 지저분한 것을 만진 후, 외출하고 들어온 후 반드시 손 세척을 해야 한다.
- 통상적인 손 세척은 수도꼭지를 틀어서 나오는 물로 손을 1차 세척하고, 비누를 묻혀서 잘 비빈 다음에 비눗기를 물로 제거한다. 이렇게 손을 세척한 뒤에 수돗물을 잠그기 위하여 수도꼭지를 만져야 한다.
- 이때 깨끗하게 세척한 손이 수도꼭지를 만지면서 수도꼭지에 있는 미생물에 오염될 수 있다. 그래서 손을 대지 않고 잠글 수 있는 수도꼭지를 사용하라고 한다.

② 비용이 들지 않는 방법으로 해결책 찾기

- 무슨 방법을 사용하던 세척한 손이 오염되지 않게 하면 된다. 돈이 있으면 기존 수도 시설에 발을 이용하여 개폐하는 장치를 설치하든 수도꼭지를 자동센서 방식으로 교체하든 다 사용할 수 있다. 하지만 오염이 방지되면서 시설 비용이 발생하지 않는 방법을 찾아야 한다.
- 세척한 손이 오염되지 않게 하는 방법은 무엇일까? 화장실에 흔히 비치되어 있는 종이타월을 활용하는 방법이 좋은 대안이 될 수 있다.

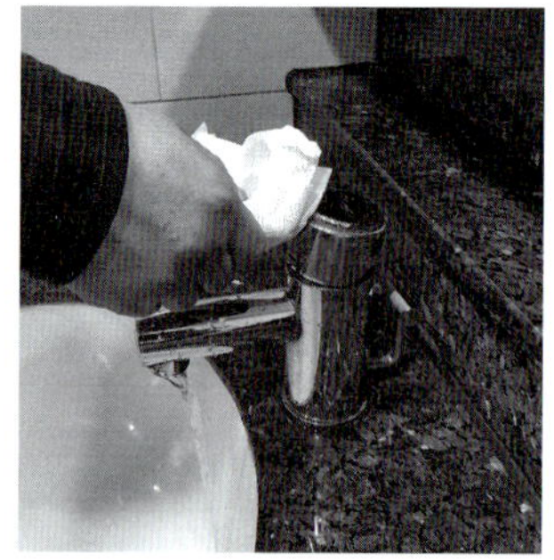

그림 3-23 세척한 손이 손잡이와 직접 닿지 않도록 휴지를 사용하여 손잡이를 잡음

• 손을 세척한다.

• 종이타월로 물기를 제거한다.

• 종이타월 한 장을 더 뽑아서 수도꼭지를 감싸서 잠근다.

○ 종이타월 이용법을 사용하면 세척한 손이 수도꼭지에 직접 닿지 않는다. 따라서 손을 대지 않는 수도꼭지를 갖추라는 목적을 달성할 수 있다.

③ 해결 방법은 하나만 있는 것이 아니다. 목적과 이유를 정확하게 알면 다른 해결 방법도 찾을 수 있다.

4) 미생물 원료부터 관리

문제 "미생물이 문제예요. 일반 세균 수가 제멋대로입니다. 어떤 때는 대장균이 검출되기도 해요."라는 비가열 채소주스(일명 '녹즙')를 만드는 회사의 품질 담당자. 공정 중에 열처리 공정(예 : 가열 살균 공정)이 없어서 소독 방법을 사용하고 있지만 제품의 미생물 검사를 하면 원료에 따라서, 계절에 따라서 미생물 분석값이 들쑥날쑥하다고 한다.

문제 해결 목표

미생물을 안전한 수준으로 지속적으로 유지하기

접근 방법

① 미생물 관리에 영향을 주는 공정과 환경 분석

② 초기 미생물 수에 영향을 주는 원료 산지(예 : 농장)로 확대 관리

해결 방법

① 비가열 채소주스의 미생물 관리에 영향을 주는 공정과 작업 환경 분석

○ 미생물 관리에 영향을 주는 공정 파악 : 원료 입고부터 출고까지 전 과정의 공정을 파악한다. 비가열 제품이므로 멸균과 같이 열로 미생물을 제거하는 공정이 없다. 그러므로 가열 처리 방법이 아닌 방법으로 미생물을 감소시킬 수 있는 공정이 있는지 우선 파악한다.

• 세척 공정 : 세척을 하면 미생물 수를 감소시킬 수 있다.

• 소독 공정 : 소독을 하면 미생물 수를 더 감소시킬 수 있다.

○ 미생물 관리에 중요한 공정 절차 및 방법 분석 : 세척 공정, 소독 공정으로 원료인

채소의 미생물을 감소시킬 수 있으므로 공장에서 사용하는 세척 또는 소독 공정이 올바른 절차와 방법인지를 확인한다.

- 세척은 세척수의 양, 세척 방법의 종류(정치식, 유수식, 폭기식 등), 세척 횟수(1단 세척, 2단 세척, 3단 세척 등), 세척 채소의 양 등에 따라서 미생물의 수를 감소시키는 정도가 다를 수 있다.
- 소독은 세척 후 채소에 묻은 물의 양, 소독액의 종류, 소독액의 농도, 소독 방법의 종류, 소독 시간 등에 따라서 미생물의 수를 감소시키는 정도가 다를 수 있다.

○ 미생물 관리에 영향을 주는 작업 환경 분석 : 미생물 감소와 관련된 공정을 분석하였으면 다음에는 작업 환경을 분석한다.

- 작업 환경, 즉 가공용 기계, 작업장 벽체 등이 세척 불량 등으로 위해 미생물에 오염되어 있으면 원료 채소는 물론 착즙액을 오염시킬 수 있다.
- 원료 채소 등에 있는 미생물은 작업 환경 중 작업실 온도에 따라 증식하는 정도가 크게 변한다. 즉 작업실 온도가 높으면 높을수록 오염된 미생물이 더 빨리 증식할 수 있다.

○ 따라서 공정이나 작업 환경에서 비살균 채소주스의 미생물을 일정한 숫자 이하로 유지하려면 세척 및 소독 공정의 조건, 기계 등의 청결도, 작업실의 온도를 올바르게 관리해야 한다.

② 초기 미생물 수에 영향을 주는 원료 산지로 확대 관리

○ 미생물 관리에 있어서 중요한 것은 미생물의 초기 균 수이다. 미생물을 통제하기 위하여 공정, 작업 환경을 관리하여도 비살균 채소주스와 같은 제품은 예상치 못한 미생물 수가 검출될 수 있다.

○ 그 이유는 열처리 공정이 없는 제품이므로 아무리 원료 세척부터 제품 포장까지 전 공정을 일정한 수준으로 잘 관리하여도 원료 채소의 미생물 수가 높으면 제품에서 미생물이 검출될 확률이 높아진다. 따라서 비가열 제품의 미생물 관리를 위해서는 산지에서 원료의 미생물 관리를 점검해야 한다.

- 농장에서 채소를 재배하는 환경(토양, 물, 퇴비 등)으로부터 오염되는 미생물
- 수확할 때 절단 부위 등을 통해서 오염되는 미생물

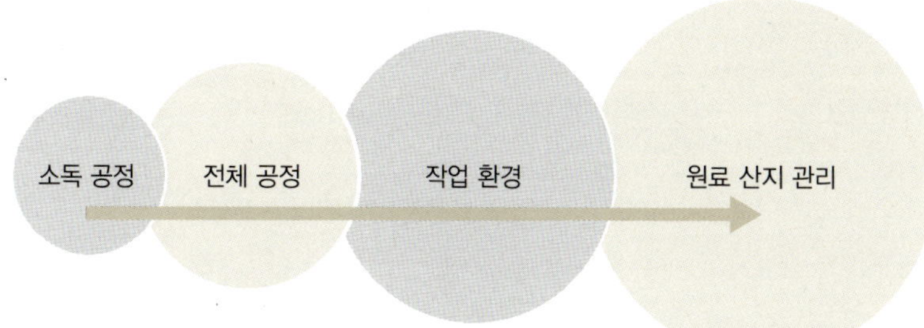

그림 3-24 비가열 채소주스의 공정별 미생물의 상대적인 관리 범위

- 수확 후 채소의 품온이 높아 증식하는 미생물
- 수확 후 보관, 유통 중에 추가로 오염되는 미생물

○ 따라서 농장 재배 환경, 수확 방법, 보관 및 유통 방법 등을 위생적으로 관리하여 원료의 초기 미생물 수를 줄일 수 있을 때 최종 제품의 미생물을 안정적으로 통제할 수 있다.

- 농업용수, 채소 절단용 도구, 보관용 장비 등이 깨끗해야 한다.
- 수확 후 채소의 품온을 빨리 낮추고, 냉장 상태로 보관 및 유통해야 한다.

③ 비가열 채소주스의 미생물을 일정 숫자 이하로 관리하려면 공장에서의 관리를 시작으로 농장의 미생물 관리까지 관리 범위를 확장해야 한다.

5) 바닥 파손 PDCA

문제 식품 회사의 고질적 문제 중 가장 대표적인 것을 꼽으라면 '바닥 훼손'이다. 좋다는 바닥재를 비싼 돈 주고 시공해도 바닥이 찢어지거나 들뜨고, 기존 바닥을 전면 교체해도 얼마 지나지 않아 훼손된다. 이 문제를 어떻게 해야 해결할 수 있는가?

문제 해결 목표

작업장 바닥의 파손, 훼손 방지에 대한 근본적 대책 마련

접근 방법

○ PDCA 사이클을 활용한 바닥 관리 프로세스 : PDCA는 Plan(계획), Do(실행), Check(점검), Action(시정 조치)의 머리글자

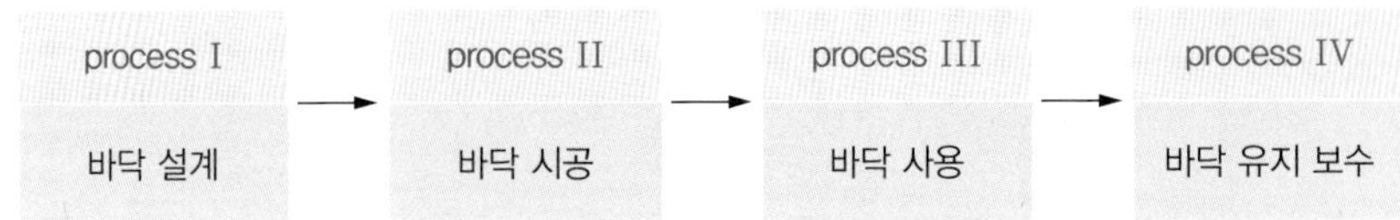

그림 3-25 PDCA 사이클을 활용한 바닥 관리 프로세스

문제 해결

① 바닥 설계

- 바닥재 재질은 매우 다양하고, 바닥 시공 방법도 여러 가지가 있다.
- 공장에서 생산하려는 식품의 종류, 가공 방법, 기계 종류 등을 조사한다.
- 조사 결과를 분석하여 기름, 열, 물 등과 같이 바닥재에 영향을 줄 수 있는 인자(factor)의 존재 여부를 파악하여 바닥재 재질의 내유성, 내열성, 내수성, 내화학성 등을 결정한다.
- 공장에서 사용하는 지게차, 대차 같은 운반 장비와 함께 기계류의 진동 발생 등을 조사하여 바닥재 재질의 내구성, 강도 등을 결정한다.
- 이와 같이 공장에 적합한 바닥재 재질, 시공 방법을 도출하여 설계에 반영한다.
- 공장의 특성에 맞지 않는 바닥재나 시공 방법을 선택하면 사용 중에 문제는 발생할 수밖에 없다.

② 바닥 시공

- 설계에서 정해진 바닥재 재질, 바닥 시공 방법을 잘 이해하고, 잘 시행할 업체를 정한다.
- 바닥의 완성도는 재질 50%, 시공 역량 50%라고 할 정도로 시공 능력이 중요하다. 같은 바닥재라고 하더라도 시공 회사에 따라서 최종 바닥 품질은 큰 차이를 보인다. 따라서 바닥 공사비에 바닥재 비용뿐만 아니라 시공 기술 비용을 포함하므로 시공 회사의 공사 실적, 자체 보유 기술 인력 수, 기술 인력 숙련도 및 경험 등을 잘 파악해서 선정해야 한다.
- 아무리 설계가 잘 되어도 시공을 잘못하면 사용 중에 문제가 발생한다.

③ 바닥 사용

- 바닥은 열, 충격, 물 등에 의하여 열화되거나 파손될 수 있다.

◦ 바닥에 이러한 스트레스를 주지 않도록 사용해야 한다.

◦ 정기적으로 바닥에 문제가 있는지를 점검해야 한다.

◦ 따라서 모든 바닥은 영원하지 않다. 조심해서 사용하고 자주 점검해야 한다.

④ 바닥 유지 보수

◦ 바닥이 조금이라도 찢어지면 바로 보수해야 한다. 만약 찢어진 부분을 방치하면 점점 더 크게 찢어지거나 찢어진 부분으로 물 등이 들어가면 시간이 지날수록 바닥재 전체가 다 들뜰 수 있다.

◦ 정기적인 바닥 점검 결과 문제가 있으면 바로 공무나 시설 부서에 연락하는 체계를 마련해야 한다.

⑤ 바닥이 문제이면 설계, 시공, 사용, 유지 보수 중 어느 과정이 잘못되었는지 파악해야 한다. 잘못된 과정의 해결 없는 문제 해결은 미봉책이 될 수밖에 없다. 만약 문제없는 바닥을 원하면 설계, 시공, 사용, 유지 보수 전 과정을 PDCA 사이클에 따라 지속적으로 종합 관리하는 것이 가장 현명한 해결책이다.

6) 플러스 마이너스 제로

문제 "작업장 안에서 발생한 증기 때문에 앞이 안보여요. 마치 안개가 낀 것 같아요."라는 생산 현장의 불만 때문에 시설 담당자는 골머리가 아프다. 작년에도 옥상에 배기 시설을 추가하였고, 올해는 배기용 모터를 큰 것으로 바꾸려고 견적을 받고 있지만 작업실 증기 문제가 해결될지 자신이 없다.

문제 해결 목표

작업장의 배기 문제 개선

접근 방법

① 작업장에 나쁜 공기가 남아 있는 이유는 무엇인가?

발생 단계에서 최소화할 수 있는 방안은 없는가?

② 나쁜 공기가 왜 없어지지 않는가?

효율적으로 나쁜 공기를 제거하는 방법에는 어떤 것들이 있을까?

문제 해결

① 작업장에 나쁜 공기가 있는 이유는 무엇인가?

◦ 식품을 가공하기 위하여 끓이고, 볶고, 튀기다 보면 증기, 기름연기, 냄새 등이 발생한다.

◦ 기름 냄새가 지독한 현장, 증기가 가득 찬 현장이 심심치 않게 많다. 또한 밀가루를 투입하거나 곡분을 혼합하는 경우는 가루가 자욱할 때도 있다. 이런 상황은 HACCP 현장 심사 때 선행 요건 중 급배기 미흡으로 부적합 처리한다.

◦ 그렇다고 증기, 냄새, 먼지 등이 발생하는 가열 처리 공정을 하지 않거나 가루 원료를 사용하지 않을 수는 없다. 그리고 발생을 최소화하면 좋겠지만 식품 회사의 기술, 장비, 자본력, 유틸리티 등을 고려할 때 이 역시 쉽지 않다.

◦ 이 경우 증기, 냄새, 먼지 등이 발생하는 것을 전제로 접근하는 것이 보다 현실적이다.

◦ 그러므로 발생하는 증기, 냄새 등을 밖으로 제거할 수 있는 덕트, 환풍기 같은 시설을 제대로 갖추고 있는지를 확인한다.

◦ 현장에서 환기 장치가 있는지, 환기 장치는 올바른 위치에 설치되었는지, 환기 장치는 제거하려는 증기 등에 적합한 종류인지, 환기 장치의 용량이 충분한지 등을 면밀히 조사한다.

◦ 조사 결과 없거나 부족한 부분이 있으면 조치를 취하면 된다.

② 나쁜 공기가 왜 없어지지 않는가?

◦ 환기 장치를 조사하고, 개선 조치를 취하였음에도 증기 등이 잘 제거되지 않는다면 이유가 무엇인지 검토한다.

◦ 금번 문제처럼 환풍기를 추가 설치하거나 배기펌프 마력 수를 높여도 별 소용이 없는 예가 자주 있으며, 심지어 덕트 위치, 덕트 모양을 바꾸어도 별 효과가 없는 사례들도 있다.

◦ 이런 경우는 공기 흐름을 이해하면 아주 상식적인 방법으로 해결될 수 있다.

◦ 공조 또는 급배기 시설 분야에서 말하는 양압 또는 음압이 바로 그것이다. 양압은 일정한 공간에 공기압이 높은 경우, 음압은 공기압이 낮은 경우를 말한다. 물론 높고 낮음의 기준은 주변 공기압이다.

◦ 증기 등으로 문제가 되는 현장의 공기압을 살펴보면 음압인 경우가 많다. 음압이 걸린 이유를 파악하면 해당 공간 또는 작업실에서 냄새가 난다, 증기가 찬다는 이

유로 배기 시설을 설치하였으나 작업실로 들어오는 공기가 없거나 부족한 경우가 많다. 즉 공기가 들어오지 않는데 공기를 빼는 것이다.

- 음압이 심한 경우는 작업실의 벽체인 판넬이 안으로 휘기도 한다. 마치 진공펌프로 공기를 빨아들여 찌그러진 양철 캔과 같다. 이는 HACCP 인증을 받는 공장이 늘면서 외부 오염으로부터 청결 구역, 준청결 구역을 보호하기 위하여 사람의 출입은 물론 공기의 유입을 차단함으로써 과거 어느 때보다 작업실의 밀폐성이 강화되었기 때문이다.

③ 작업장의 증기, 먼지 등을 잘 제거하기 위하여 앞에서 언급한 +, −(mass in과 mass out)를 맞추는 것이다. 즉 밖으로 빼는 공기 양만큼 안으로 공기를 집어넣으면 된다. 작업실에서 빼내는 공기만큼 외부 공기를 집어넣으면 공기 흐름이 원활해져 작업실 안에 있는 증기, 분진, 냄새, 열기 등이 밖으로 나갈 수 있다.

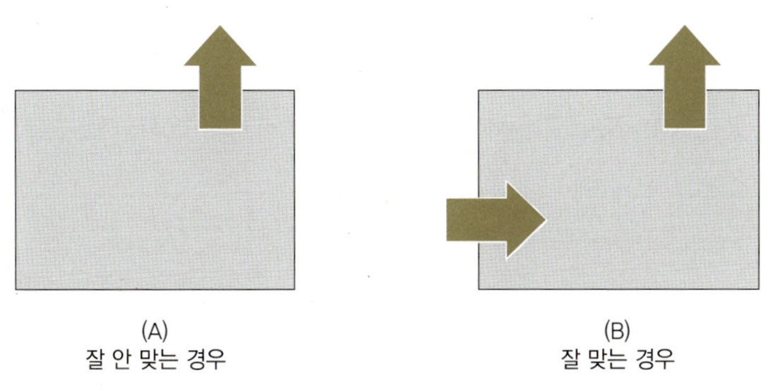

그림 3-26 작업실 내 공기의 유입(mass in)과 배출(mass out) 균형

④ 따라서 작업실 환기로 문제가 있다면 배기 시설을 보강하기 전에 급기 시설이 충분한지를 검토한다. 그리고 배기 시설을 추가하려면 급기 시설을 같이 추가한다. 에어 밸런스(공기 유입과 배출의 균형 : air in과 air out balance)를 맞추면 작업실의 증기, 분진 등을 손쉽게, 그리고 경제적으로 해결할 수 있다.

생각해 볼 사항

외부 기압이 저기압일 때 안 좋은 미세먼지나 냄새나는 물질이 땅 쪽으로 가라앉으면서 건물 내부로 유입될 가능성도 있다면 어떤 방법으로 외부에서 들어오는 이취 성분들을 조절하여 최소화할 수 있을까?

7) 치폴레

문제 1993년 미국 서부에서 시작한 패스트푸드 레스토랑 치폴레(Chipotle)는 다른 패스트푸드 레스토랑과는 차별화된 엄선된 채소와 고기를 식재료로 사용하는 맛있고 정결한 멕시칸 푸드 전문점으로 인식되면서 많은 사람들의 주목을 받았다. 치폴레는 미국 전역은 물론 유럽에까지 진출하여 전 세계 2,400여 개의 판매점을 구축하면서 승승장구하였다. 맥도날드나 KFC보다 가격은 조금 비싸지만 유기농 채소만을 사용하고 non GMO 원료를 사용하며, 감미료는 전혀 사용하지 않는 점을 강조하였다. 그러나 2015년 미국의 서부 매장에서 음식을 사 먹은 고객들에게서 잇따라 식중독 증세가 나타났다. 오레곤주에 12명, 워싱턴주에 23명 등 치폴레에서 판매하는 음식을 먹은 총 35명이 대장균성 식중독에 감염된 것으로 발표되면서 워싱턴주와 오레곤주에 위치한 치폴레 매장 43곳이 문을 닫는 상황이 되었고, 회사의 주가 또한 곤두박질하여 63%나 떨어지고 말았다. 회사는 원 플러스 원(1+1) 행사와 할인쿠폰까지 동원하여 고객들을 유치하려고 시도하였지만 '질 낮은 싸구려 음식'이라는 평판을 얻기에 이르렀다. 엎친 데 덮친 격으로 노로바이러스 사건까지 발생하였다. 이처럼 연이은 식중독 사건으로 위기에 빠진 회사를 어떻게 해야 회생시킬 수 있을까?

문제 해결 목표

① 치폴레 회사의 입장 : 위기에 빠진 회사를 회생시키고 회사에 대한 이미지를 회복시킨다.

② 식품과학자의 입장 : 어떻게 하면 식중독 위험이 잠재된 천연 식품을 관리하여 보다 안전한 식품을 제공할 수 있는 시스템을 구축할 것인가?

문제 해결의 기준

① 회사의 입장 : 고객이 사고 전처럼 안심하고 치폴레 레스토랑을 찾을 수 있도록 매력이 있는 음식을 공급하여 고객들의 마음을 사로잡아야 할 것이다.

② 식품과학자의 입장 : 생산, 유통 관리를 철저히 하여 안전한 식품을 공급할 수 있어야 할 것이며, 특히 모든 제품은 장출혈성 대장균(*E-coli*), 노로바이러스 등 식중독균으로부터 안전해야 한다. 아울러 탁월한 신제품 메뉴를 제공할 수 있어야 할 것이다.

접근 방법

재료(Material), 방법(Method), 사람(Man), 기계(Machine) 중 문제 해결 포인트를 찾는다.

재료(Material)	• 어떤 식재료에 문제가 있다고 보는가? • 어떤 종류의 식중독균이 문제가 되었는가? • 사용하는 조리 기구에 문제는 없는 것인가?
방법(Method)	• 천연 식재료를 제공하는 과정에서 식품의 안전성은 확보되었는가? • 원료 공급의 개선 방안은 무엇이라고 보는가? • 어떤 메뉴 개발이 고객에게 매력을 줄 수 있겠는가?(이미지 쇄신 방안은?) • 온라인 메뉴, 앱 주문 도입에 따른 기다리는 시간을 축소하는 문제까지도 검토한다.
사람(Man)	• 작업자들의 위생 원칙은 철저히 지켜지고 있는가? • 감염된 작업자는 없는가?
기계(Machine)	• 냉장 시설을 비롯한 조리 시설은 식중독균으로부터 안전한가? • 농장으로부터 배달되는 운반 차량의 안전성을 어떻게 확보할 것인가?

해결 방법

그동안 많은 사람들이 치폴레를 사랑해 주었던 이유는 무엇인지, 왜 사람들이 치폴레를 방문했는지를 되새겨 보면서 재료, 방법, 사람, 기계 중 어디에 문제 해결 포인트가 있는지를 찾아 그 해결 방안을 모색하여 본다.

① 식중독의 추가 확산을 막기 위해서는 손해를 감수하더라도 과감하게 치폴레 매장의 폐쇄를 신속하게 결정하여 조치를 취하는 것이 바람직하다.

② 식재료의 기존 관리 방식을 바꾸어 재료는 각 매장 인근의 농장들로부터만 공급받아 신선함을 유지하도록 하며, 유통기한과 더불어 철저한 위생 검사를 실시한다.

③ 각 매장에서 재료를 알아서 씻고 관리하는 체제였다면 5~6개의 매장을 묶어서 한 그룹으로 하고, 가장 큰 매장에서 모든 재료를 씻고 다듬어 작은 매장으로 배분하

그림 3-27 치폴레 레스토랑의 메뉴 주문 창구

는 방식을 선택한다.

④ 청결한 관리가 이루어지지 못한 다수의 매장은 과감히 폐점한다.

⑤ 추첨을 통해 매달 고객들을 선발하여 근교 농장과 가공 공장을 함께 방문하도록 한 후 어떻게 치폴레 회사가 청결함을 유지하고 있는지를 보여 줌으로써 신뢰 회복에 나선다.

⑥ 햄버거, 피자 일색이던 미국의 패스트푸드 시장에 멕시칸 푸드는 새로운 맛이긴 하지만 부리토, 타코 등이 소개된 이후 오랜 기간 색다른 맛을 개발하지 못하였음을 고려하여 '맛 혁신 센터'와 같은 조직을 새로이 구축하여 여러 가지 개선책을 연구해 나간다.

⑦ 새로운 맛의 제공 : 젊은 층이 좋아하는 재료를 조사하여 확보하고 연령대별로 다양한 멕시칸 요리를 소개한다. 예를 들면 나초 프라이, 아보카도 토스타다, 퀴노아 퀘사디아 등을 신제품 메뉴로 소개한다.

⑧ 시간대별 세트 메뉴로 메뉴의 다양화를 추구한다. 아침 메뉴로는 부리토 작은 사이즈, 오트밀, 과일이나 디톡스 주스를 출시하고, 늦은 저녁 메뉴로는 매콤한 고기타코 등 안주를 마련한다. 또 맥주, 마가리타 등의 술을 판매하는 것도 고려해 본다.

⑨ 젊은 층의 기호에 맞는 메뉴 제공 : 저탄수화물 고지방 식단(케토), 채식 식단(비건), 구석기식 식단(팔레오) 등을 메뉴에 추가하여 다양한 메뉴를 선보인다.

⑩ 현장 주문의 신속함이 떨어지면서 온라인이나 앱 주문이 엉키게 되는 문제는 현장 주문을 하는 곳과 온라인 및 앱 주문을 하여 픽업하는 곳을 따로 분리시켜 대기시간을 10분 이내로 축소하고, 아울러 배달서비스 제도를 도입한다. Drive-in 시스템도 도입하여 자동차 문화에 불편함이 없도록 한다.

⑪ 결론적으로 과거의 고객들이 무엇을 원하는지 정확히 파악하고, 그것을 하나하나

그림 3-28 온라인으로만 주문이 가능한 메뉴

그림 3-29 새로 개발한 메뉴들과 고객을 위한 회사 방침

해결하기 위해 노력한다.

생각해 볼 사항

① 만일 당신이 맛 연구 센터에서 일하는 사원이 된다면 어떤 방향으로 연구를 제안하고 추진하여 산업체에 도움이 될 수 있겠는가?

② 우리나라에서는 왜 이런 치폴레 형태의 레스토랑을 쉽게 오픈하지 못하는 것일까? 만일 이와 유사한 형태의 레스토랑을 오픈하고자 한다면 어떤 형태의 스타일이 바람직한가?

8) 크로거

문제 인터넷 판매의 강자로 군림해 온 아마존은 2017년 유기농 식품 분야에서 최고의 유통 업체였던 홀푸드를 인수하기에 이른다. 당시 월마트의 경우 이미 아마존에 대응할 준비를 하고 있었으나 주로 오프라인 판매를 해 왔던 크로거는 위기에 직면하였다. 이에 많은 경제 전문가들마저 향후 3년 안에 크로거가 쓰러질 것이라는 예측을 내놓았다면 인터넷을 통한 온라인 판매가 주를 이루는 현실에서 이런 위기를 어떻게 해결할 수 있을 것인가?

접근 방향

편리함과 저가의 대규모 공세를 극복하기 위한 전략으로 모방과 더불어 창의적인 선택 방안을 추구하고자 한다. 모방의 경우 아마존의 장점을 차용하고 아마존이 아직 시도하지 않은 것들은 먼저 시도해 보는 방법으로 접근한다.

해결 방법

① 아마존이 홀푸드를 인수한다는 소문이 돌기 시작하자 크로거 프로젝트를 수립하여

아마존이 잘하는 것은 90%까지 따라가도록 한다. 무엇이 그들의 장점인가? 온라인 판매를 통해 대규모로 물품을 취급하여 싼값에 판매하는 것이고, 아울러 신속한 배송으로 소비자의 만족도를 높이고 대규모 창고 관리 시스템을 통해 인건비를 절약하는 방안이다. 이 전략을 빠르게 답습하여 최대한 빠른 시일 내에 실천에 옮기도록 한다. 최대한 빠른 시일이란 아마존과 인수된 홀푸드가 크로거의 고객을 빼앗기 전이어야 함을 의미한다.

② 아마존이 아직 못하고 있는 분야는 먼저 선점하여 실행에 옮기도록 한다. 배송 업무는 식품 산업 스타트 기업인 인스타카트에 일임하고, 온라인 주문은 필요에 따라 주문한 후 매장에서 직접 픽업하는 서비스를 도입하여 실행한다.

③ 가격이 15달러 이하이면서 무게가 많이 나가거나 부피가 큰 아이템들은 수익 창출 측면에서 아마존이 담당하기에는 부담이 있다. 이런 것들은 한마디로 아마존사 고객들의 요구를 받아들이기가 곤란한 품목들이다. 따라서 크로거 회사에서는 이런 아이템까지도 취급하는 서비스를 수행함으로써 적은 양의 상품을 구입하는 고객층을 끌어들인다.

④ 가격 경쟁력에 뒤지지 않기 위해 전제품의 90% 정도는 홀푸드 회사의 가격과 비슷

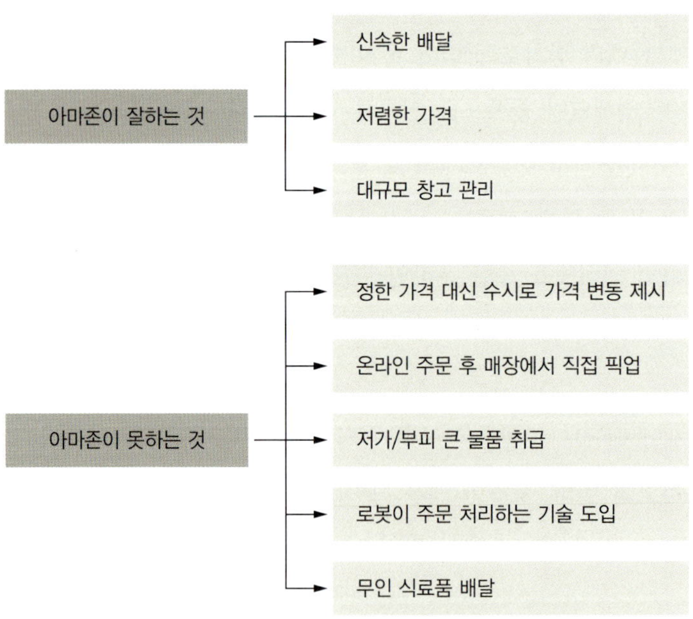

그림 3-30 경쟁 회사 아마존이 잘하는 것과 못하고 있는 것들

한 수준으로 낮추고, PB 브랜드 제품의 양을 두 배로 확충하여 경쟁력을 높인다.

⑤ 아마존이 인수하고 싶어 하는 유통 회사와 먼저 손을 잡는다. 영국의 온라인 마트 오카도와 손을 잡아 물류 센터마다 1000여 대의 로봇이 주당 6만여 건의 주문을 처리하는 기술을 활용하도록 한다. 유통 업계의 독보적인 오카도와 손을 잡음으로써 크로거의 물류 센터 20여 개에 로봇 물류 솔루션을 도입한다.

⑥ 자율주행 스타트업 회사와 제휴하여 관련 업계에서는 최초로 무인 식료품 배달도 시작하였다. 이를 위해 무인 배송 업무를 시범적으로 운행하고 있는데, 본 배송 업무는 공휴일과 상관없이 1년 365일 배송하고 이른 아침에도 배송이 가능하도록 한다.

⑦ 관련 분야의 스타트업을 지속적으로 발굴하여 제휴한 후 업무에 활용하는 방안을 도입하였는데 한 끼 식사 분량의 식재료에 대한 조리법을 첨부해 제공하는 서비스를 시도함으로써 대기업이 손대기 어려운 아주 작은 부분까지도 놓치지 않고 새로운 고객을 확보해 나간다.

⑧ 정해진 가격표 라벨 대신에 4인치(10.16 cm) 정도의 디스플레이를 통해 수시로 가격 변동 상황을 소비자들에게 알려 준다. 예를 들어 유통기한이 짧은 신선 식품이나 즉석 식품은 유통기한에 따라 판매 가격이 점차 낮아지도록 조정되는 시스템을 도입하여 실시간으로 바뀌는 가격표를 제시함으로써 소비자에게 최고의 만족도를 제공한다.

⑨ 무인 식료품점에서는 마이크로소프트웨어의 RFID(Radio Frequency Identification) 시스템을 도입하여 장바구니에 구매한 상품을 담고 매장을 나서면 자동 결제 시스템을 통해 자동으로 결제되도록 함으로써 아마존보다도 더 편리하고 혁신적인 시스템을 구축해 나간다.

⑩ 매장에서 물건을 구입하기 전 먼저 앱을 통하여 구입 목록을 등록하고 매장을 방문하면 해당 물건 근처에서 알림 메시지와 이미지가 전달되어 유사한 제품 중에서 자신이 등록한 물건을 선택할 수 있도록 한다. 아울러 다음 물건을 구입하기 위한 장소를 안내하여 쇼핑하는 시간을 최소화하고 신속하게 쇼핑을 마무리할 수 있게 한다.

⑪ 쇼핑 중에 사용하고 난 카트를 제자리로 이동시켜 정리할 수 있는 로봇이라든가 혹은 안내 서비스를 담당하는 로봇 기술도 개발하도록 추진한다.

⑫ 오프라인에서 판매하는 회사에서 점차 디지털 형태의 판매 회사로 전환되는 계기를 마련한다.

생각해 볼 사항

4차 산업혁명은 IT 기술이 기존의 기술에 융합되어 이제까지 시도되지 않은 영역을 새로이 개척해 나가는 것이라고 할 때 어떤 기술을 어떤 분야에 접목시켜 새로운 영역을 만들어 나갈 수 있을까?

9) 웨이브톡

※ 다음은 The Wave Talk 회사의 자료를 형식에 맞추어 재구성하였다.

문제 식품 속의 세균 수를 실시간으로 측정하고자 한다. 일반적인 미생물의 균 수를 배양하는 방법으로 측정하는 데는 2~3일이 걸리고, ATP 측정을 통하여 측정하는 휴대용 시스템의 경우에는 10초의 시간이 소요된다. 그러나 이것은 시료를 채취하여 측정하는 것으로 흐르는 수돗물이나 지하수의 세균을 바로 측정하는 것은 아니다. 음료 제품의 경우나 수돗물로 세척하여 조리하는 공정에서는 오염된 물이 식품에 닿기 전에 오염 여부를 판단하여 세균 관리를 하는 것이 무엇보다 중요하다. 이런 문제를 해결할 수 있는 시스템을 확보하고자 한다.

문제 해결 목표

① 식품 속의 세균을 실시간으로 측정하고자 함.

② 세균의 농도를 10 CFU/mL까지도 측정할 수 있도록 시스템 구축

문제 해결의 기준

① 액체 식품은 흐르는 상태에서 위치별로 세균 수를 바로 파악할 수 있어야 한다.

② 세균의 농도는 매우 낮은 농도 범위까지도 측정이 가능하여야 한다.

③ 검출된 수치는 오차 없이 항상 일정한 결과를 나타내야 한다.

접근 방법

재료(Material), 방법(Method), 사람(Man), 기계(Machine) 중 어디에서 문제 해결 포인트를 찾을 수 있을까?

재료(Material)	어떤 소재가 측정에 영향을 미칠 수 있는지 확인이 필요하다. 기계를 구성하는 소재 요소를 찾아야 한다.
방법(Method)	기존의 미생물 측정 방법과는 전혀 다른 방법으로 실시간 측정이 가능해야 한다.
사람(Man)	영향을 미치지 않는 요소이므로 무시한다.

(계속)

기계(Machine)	기계상의 관점으로는 어떤 시스템을 구축하는 것이 효과적일지 시행착오(trial & error)를 통한 방법으로라도 접근을 시도한다.

4가지 요소 중 재료와 기계를 통해 측정 방법 중에서 탁월한 효과가 있는 방법을 찾아 나갈 수 있도록 접근한다.

① 액체 식품의 세균 존재 여부 측정 가능성에 대해 이론적으로 검증한다.

② 실제 적용을 위한 여러 가지 공학적 해결책에 대해 실험한다.

③ 반복 실험을 통해 우연히 마이크로 플루이드 채널의 효과를 발견하였다. 제품에 본격적으로 원리를 적용하기 위하여 시스템 구성 요소(유리, 나무, 플라스틱)에 대한 반복적인 실험을 한다.

④ 시스템 구성 요소 중 유리 바이알이 효과적임을 발견하였다. 이 원리를 이용해 상용화 직전의 시스템 구축을 완료한다.

⑤ 상용화 직전 공기 방울로 인한 레이저 산란의 오차 발생을 발견하였다. 여러 공학적 해결책 중 고깔 뚜껑을 유체의 경로에 적용시킴으로써 문제점을 해결한다.

문제 해결

① 레이저를 조사했을 때의 산란 패턴을 분석하여 세균 존재 여부 측정이 가능하다는 것을 이론적으로 밝혀냈다. 하지만 저농도의 세균이 용존되어 있을 때 산란 패턴을 관측하기가 어렵다는 문제를 발견하였다.

② 엔지니어들의 브레인스토밍으로 흐르는 관의 액체에 레이저를 조사하는 여러 가지 방법을 찾아보던 중 우연히 마이크로 플루이드 채널로 실험을 해 보았다(그림 3-31). 그 결과 일반적인 방법에서는 측정되지 않았던 저농도에서의 산란 패턴을 관측할 수 있었다.

③ 마이크로 플루이드 채널에서 측정이 가능했던 이유를 파악하고, 제품에 적용시키기 위해 여러 매질로 시험해 보았다. 제한적 시스템을 구성하기 위해 유리, 플라스틱, 나무 등의 다양한 용기에 마이크로 플루이드 채널과 같이 내부관 전체를 코팅한 후 실험을 시작하였다. 시중의 여러 실험용 용기 중 2 mL 유리 바이알에서 성공적으로 저농도 신호를 검출했고(그림 3-32), 실험실 내 기술이 완성되었다(상용화 직전 단계). 이 2 mL 유리 바이알 실험 결과는 현재 자사에서 개발한 병원용 장비에도 사용 중

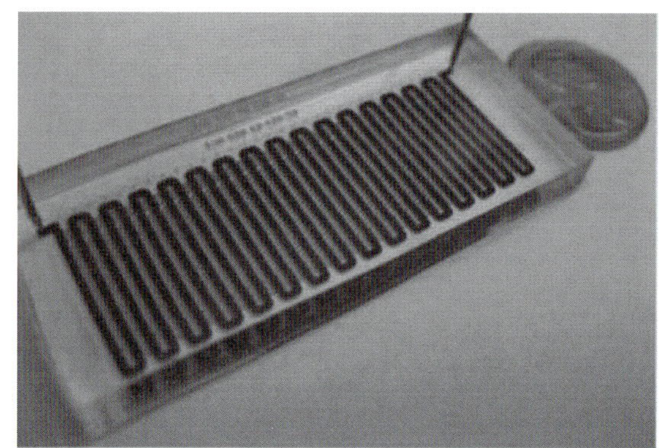

그림 3-31 마이크로 플루이드 채널의 예

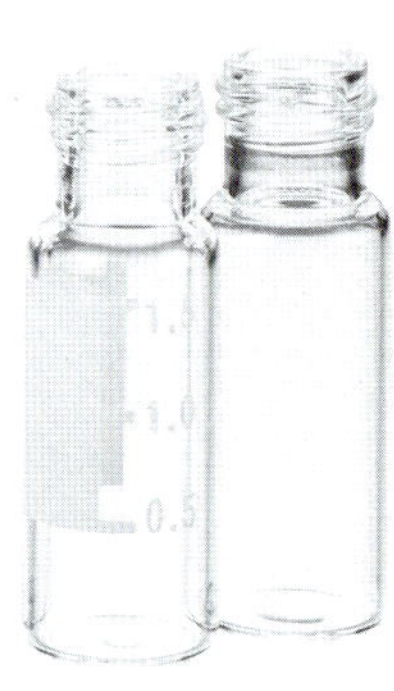

그림 3-32 2 mL 유리 바이알

그림 3-33 2 mL 유리 바이알을 응용한 병원용 장비

그림 3-34 완성된 생수 및 음료 공장 시스템 모형(mock-up)

이다(그림 3-33).

④ 기술 상용화를 위해 생수 및 음료 공장의 시스템을 모형화하였는데 공기 방울 때문에 레이저 산란 패턴에서 오차가 발생하였다. 이를 해결하기 위해 엔지니어들의 다양한 아이디어를 취합하였고, 외부 엔지니어들에게도 자문을 구하였다. 그 결과 유체가 흐르는 경로에 고깔 모양의 뚜껑을 추가하는 아이디어가 나왔으며, 반복된 실험을 통해 최적화된 해결책을 도출할 수 있었다(그림 3-34).

Problem Solving
in the Food Industry

CHAPTER 4

TRIZ를 이용한 문제 해결

1. 창의적인 방법 TRIZ
2. 문제 해결의 원리
3. 문제 발견
4. 이상성 높이기
5. 기술적 모순 해결하기
6. 분리 원리로 물리적 모순 해결하기

1. 창의적인 방법 TRIZ

문제 해결은 다양한 방법에 의하여 이루어질 수 있다. 여기에 소개하는 방법은 창의적인 접근 방법의 하나인 트리즈(TRIZ, Teoriya Resheniya Izobretatelskikh Zadatch ㉿)를 이용하여 문제를 해결하는 방법이다.

발명이라 하면 대부분의 사람들은 아주 특별하고 노력이 많이 들어가는 작업이라고 생각하여 쉽게 접근하지 못하는 경향이 있다. 그럼에도 세상은 수많은 발명품에 의해 바뀌어 가고 있고, 이러한 변화는 우리의 생활과도 밀접한 관련성을 갖는다. 발명은 또 하나의 문제 해결 결과물이다.

구 소비에트 연방의 타슈켄트 출생인 겐리히 알트슐러는 13살의 어린 나이에 스쿠버 다이빙 장비를 개선하는 아이디어로 특허를 취득하게 된다. 이후 많은 경험을 통해 '창의적인 문제 해결에는 반복적으로 통용되는 원리가 있을 것이다.'라는 명제를 세우고 소련의 특허 약 20만 건을 수집하여 분석하였고, 동료와 제자들과 함께 전 세계 200만 건의 특허를 분석하여 공통 원리가 존재함을 확인하였다. 이에 그는 그 결과를 토대로 40가지의 원리를 응용한 트리즈라는 이론을 정립하였다.

여기에서는 트리즈 발명 원리를 소개하고 이 원리를 이용하는 훈련을 통해 문제를 해결하기 위한 접근 능력을 향상시키고자 한다. 처음에는 익숙하지 않지만 반복 과정을 통해 자기 것으로 만들면 그 활용도를 넓힐 수 있을 것이다.

2. 문제 해결의 원리

문제점을 해결하기 위하여 적용한 여러 방법들의 공통점을 토대로 한 트리즈 발명 원리는 아이디어 창출의 중요한 요소가 된다. 즉 문제를 해결하는 데 키포인트가 될 수 있다. 이 발명 원리 40가지는 반드시 암기할 필요가 있으며, 한꺼번에 암기하기보다는 매일 조금씩 반복하여 학습하는 것이 좋다. 원리를 기억하고 그에 해당하는 예시를 생각하면서 여러분 나름대로의 의견을 제안해 보거나 혹은 발명된 발명품을 관찰하면서 그 발명품에 어떤 원리가 적용되었는지를 추론하는 것도 좋은 방법이다.

1) 분할

- 물체를 독립하여 여러 부분으로 나누자.
- 조립이나 분해가 가능하게 만들자.
- 물체의 분할 정도를 더 높이자.

예시		
가전 기구	트리플 팬	분리형 가위
끝부분을 분할하여 끝부분이 파손되면 해당 부분만 교체한다.	프라이팬 구간을 분할하여 한 번에 3가지 요리가 가능하다.	가위를 쉽게 분리하여 가위에서 칼날 부분의 위쪽 부분은 식칼로도 활용한다.
커터 칼	조각 케이크	
칼날을 분리하여 사용함으로써 교체가 가능하다.	케이크를 분할하여 제조함으로써 다양한 종류의 맛을 즐길 수 있다.	

자료 : http://blog.naver.com/PostView.nhn?blogId=newnengjango&logNo=110116075225&redirect=Dlog&widgetTypeCall=true(가전 기구); https://global.rakuten.com/ko/store/fbird/item/h-657/(트리플 팬); http://blog.naver.com/PostView.nhn?blogId=zzabiri&logNo=220791896386(분리형 가위)

2) 추출

- 필요한 부분이나 특성만을 남기자.
- 불필요한 부분이나 특성을 제거하자.

예시			
			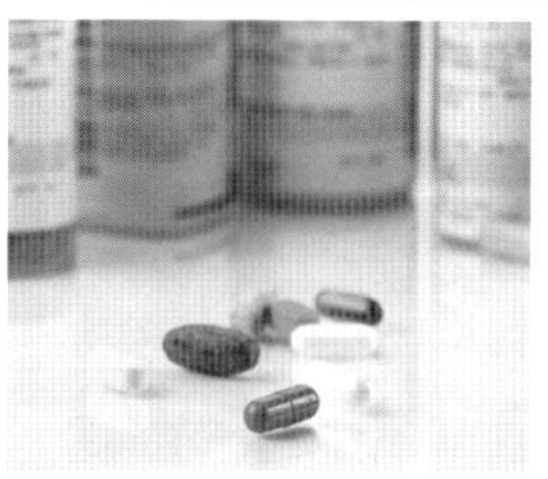
김치냉장고	홍삼엑기스	원유 정제	영양제
일반 냉장고에서 김치 보관 기능만 추출하여 활용한다.	홍삼에서 먹기 편하도록 영양 성분만 따로 추출하여 활용한다.	원유를 정제해 필요한 부분만 추출하여 활용한다.	필요한 영양분을 원료에서 추출하여 활용한다.

소금	원 푸드 다이어트	광고 카피	
해안이나 암염, 염호 등에서 정제해 추출하여 사용한다.	다이어트를 위해 한 가지 음식만 선택(추출)하여 이용한다.	헤드라인과 본문 내용을 간략하게 추출하여 이용한다.	

자료 : http://www.lgblog.co.kr/lg-story/lg-people/102425(김치냉장고); https://www.cqfason.com/product/fs-mdp-continuous-used-engine-motor-oil-recycling-equipment/(원유 정제); http://www.lgblog.co.kr/life-culture/living/62114(영양제); http://blog.daum.net/_blog/BlogTypeView.do?blogid=0pGGl&articleno=544&categoryId=8®dt=20151109165231(소금); https://kmong.com/gig/111955(광고 카피)

3) 국소적 성질

○ 일부만 변형해서 전체 기능을 보강하자.

○ 여러 부분이 서로 다른 기능을 수행하게 만들자.

예시	

냉장고 홈바 	열차 카페
냉장고에 불필요한 공간을 변형해 필요하도록 보강한다.	열차 운행 중 카페를 운영하여 효율적으로 활용한다.

자료 : https://danbis.net/5402(냉장고 홈바)

4) 비대칭

○ 대칭 구조를 비대칭 구조로 바꾸자.

○ 이미 비대칭이면 비대칭 정도를 높이자.

예시		
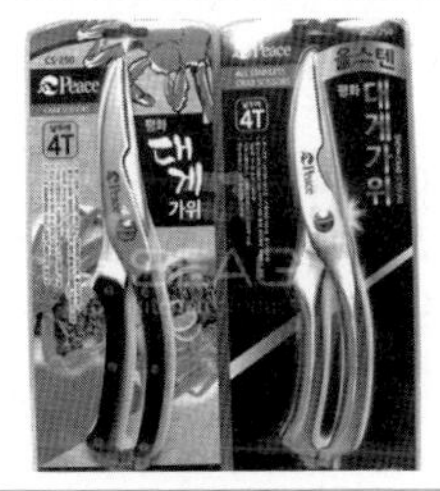		
대게 가위	기울어진 삼겹살 구이판	양문형 냉장고
대게를 편리하게 발라내기 위해 대칭인 가위를 비대칭으로 바꾼다.	기름을 효율적으로 걸러 내기 위해 구이판을 비대칭으로 바꾼다.	냉장실 공간을 넓게 사용하기 위해 냉동실을 줄이고 공간을 비대칭으로 바꾼다.

자료 : https://www.coupang.com/vp/products/72517160?itemId=241787687&vendorItemId=3595414186&q=%EB%8C%80%EA%B2%8C+%EA%B0%80%EC%9C%84&itemsCount=36&searchId=63e8d73d2dda4a458f730ad1e4c2ab2b&rank=0&isAddedCart=(대게 가위); https://trusting.tistory.com/82(기울어진 삼겹살 구이판)

5) 결합/통합

- 동질적이거나 유사한 사물이나 기능을 시간적 또는 공간적으로 통합하자.
- 한 번에 여러 작업을 동시에 하도록 만들자.
- 이질적인 것도 하나의 목적을 위해 합치자.

예시			
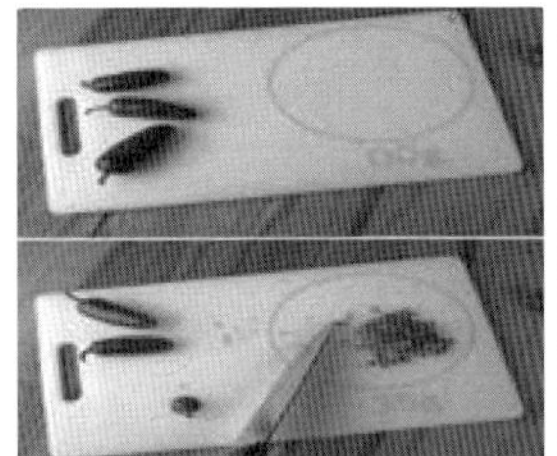		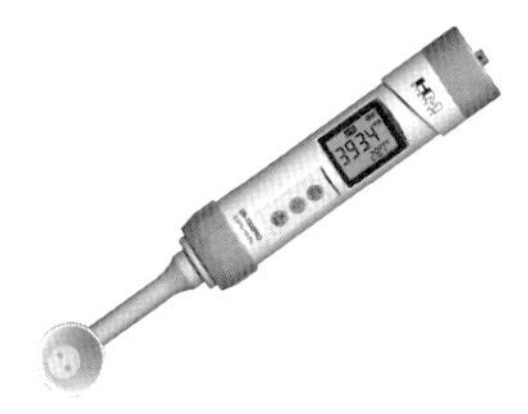	
저울 겸용 도마	라면용 수저	염도 측정 스푼	빨대젓가락
저울과 도마의 두 가지 기능을 동시에 통합하여 사용한다.	국물과 면을 같이 먹을 수 있도록 젓가락과 숟가락의 기능을 통합하여 사용한다.	소량을 담아서 염도를 측정할 수 있는 염도기와 숟가락의 기능을 통합하여 사용한다.	음식의 국물을 빨대로 마시고, 동시에 젓가락으로도 쓸 수 있게 통합하여 사용한다.

뷔페	수납도마	종합 선물 세트	김떡순
여러 음식점을 갈 필요없이 다양한 음식을 한 번에 즐길 수 있게 한 장소에 음식들을 공간적으로 통합하여 제공한다.	수납장과 도마의 기능을 동시에 할 수 있도록 통합하여 제공한다.	과자나 차, 생필품 등 여러 종류의 물품들을 하나의 상자에 함께 통합하여 제공한다.	간식 음식점에서 가장 많이 먹는 김밥, 떡볶이, 순대를 하나의 메뉴로 묶어 통합하여 다양하게 맛볼 수 있도록 제공한다.

자료 : http://egloos.zum.com/specialBag/v/404964(저울 겸용 도마); https://twitter.com/eng_lab/status/651757989477679104(라면용 수저); http://months3.co.kr/goods/view?no=21215(염도 측정 스푼); http://blog.daum.net/_blog/BlogTypeView.do?blogid =0U3WT&articleno=6688&_bloghome_menu=recenttext(빨대젓가락); http://kr.aving.net/news/view.php?articleId=126636(수납도마); https://www.facebook.com/kimtteoksoonfesta/(김떡순)

6) 범용성/다용도

○ 하나의 시스템이 여러 다른 기능을 수행하게 만들자.

예시	

 커피메이커 & 오븐	다용도 칼
커피메이커와 오븐의 기능을 하나의 기구에서 수행하도록 한다.	칼, 와인 따개, 손톱깎이 등의 기능을 하나의 기구에서 다목적으로 수행할 수 있게 만든다.

자료 : http://www.locknlockmall.com/goods/detail.asp?gno=24420(커피메이커 & 오븐)

7) 포개기

○ 한 물체 속에 다른 물체를 집어넣자.

○ 이미 확보된 공간에 포개자.

○ 다른 물체의 공간을 통과하게 만들자.

예시		
	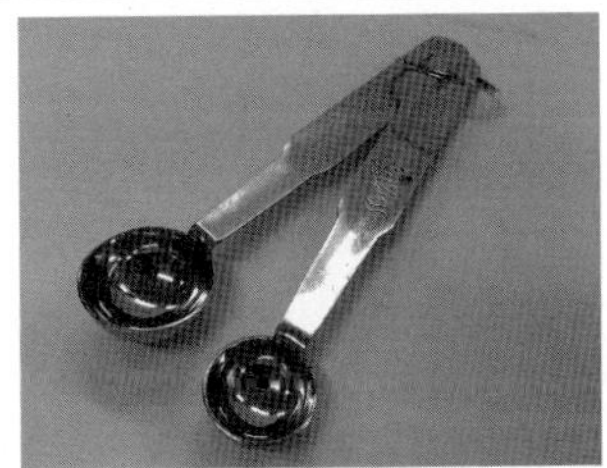	
칼 속의 칼, 미팅 데글론	계량스푼	샌드위치
칼 속에 칼을 포개어 공간을 효율적으로 만들어 활용한다.	스푼 속에 스푼을 포개어 공간을 효율적으로 만들어 활용한다.	빵 속에 여러 가지 재료를 넣고 포개어 영양소의 균형을 잡는다.

(계속)

예시		

뷔페 접시 보관	찬합	쇼핑카트 보관
같은 접시들을 포개어 공간을 효율적으로 만들어 활용한다.	반찬통을 포개어 여러 반찬들을 한 번에 들 수 있게 만들어 활용한다.	카트에 카트를 포개어 공간을 효율적으로 사용하게 한다.

자료 : http://egloos.zum.com/bikblog/v/3388024(미팅 데글론); http://blog.daum.net/yokjilove/8127809(뷔페 접시 보관); https://global.rakuten.com/ko/store/isuke/item/nc-676/(찬합)

8) 평형추

- 다른 것과 비교해서 부족하면 따라잡게 만들자.
- 들어 올리는 힘이 있는 물체와 결합해서 무게를 상쇄시키자.
- 지구 중력을 이기도록 만들자.

예시		

물에 뜨는 국자	떡볶이+어묵 국물	지게차
공기주머니의 부력을 이용하여 지구 중력을 극복하고 지지대 없이 표면에 뜨도록 한다.	떡볶이의 매운맛을 어묵 국물로 극복한다.	무거운 물체가 포크와 결합하여 들리지 않도록 무게를 상쇄시킨다.

(계속)

예시	

 리프트	천칭저울
기계의 힘으로 물체를 들어 올려 지구 중력을 이겨 낸다.	평형추를 이용하여 양쪽의 무게로 평형 관계를 유지시킨다.

자료 : https://www.youtube.com/watch?v=xQZuNT7dcM4(물에 뜨는 국자); http://blog.daum.net/_blog/BlogTypeView.do?blogid=0FWxd&articleno=11504430&_bloghome_menu=recenttext(떡볶이 외); http://prod.danawa.com/info/?pcode=3784858&relationMenuType=recommend(리 프 트); https://ko.wikipedia.org/wiki/%EC%B2%9C%EC%B9%AD(천칭저울)

9) 사전 반대 조치

○ 유해한 작용을 최소화하기 위해 미리 반대 조치를 취하자(피할 수 없다면 최소화하자).

예시		
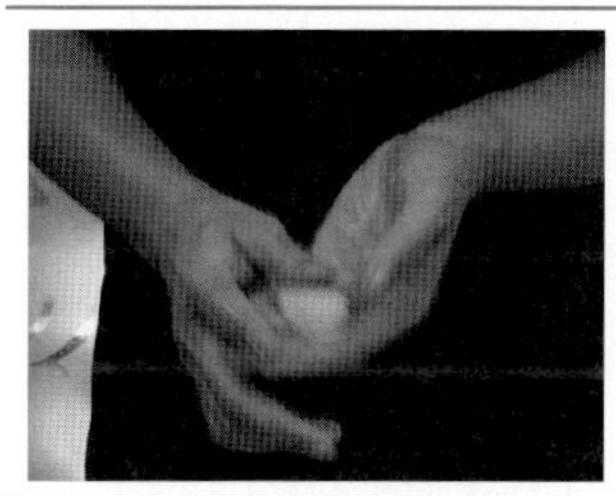		
초밥 요리법	얼린 맥주잔	뚝배기
초밥은 섭씨 30℃가 적정 온도이므로 요리사는 손을 얼음물에 담갔다가 만든다.	맥주는 섭씨 4℃가 적정 온도이므로 잔을 미리 얼려 놓는다.	뚝배기는 기본적으로 담기는 음식들이 뜨거워야 맛있으므로 미리 데워 놓는다.

(계속)

예시		
	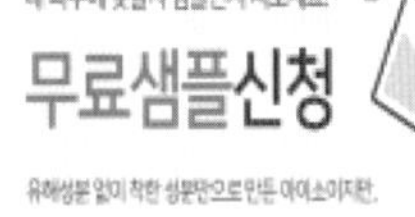	
리콜 조치	무료 샘플 배포	무료 체험단
추가 문제 발생을 사전에 막기 위해 판매 제품을 회수 조치한다.	새로 출시된 상품이 유해한지 아닌지 확인하기 위해 무료로 배포한다.	새로운 콘텐츠가 상품성이 있는지 유해하지는 않은지 사전에 판단하기 위해 무료 체험을 실시한다.

자료 : https://m.isoi.co.kr/sample/request(무료 샘플 배포)

10) 사전 조치

- 필요한 변화를 완전히 혹은 부분적으로 미리 준비하자.
- 즉시 작동할 수 있도록 가장 편리한 위치에 미리 배치하자.

예시			
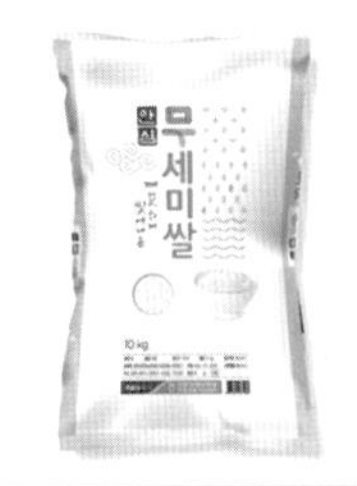		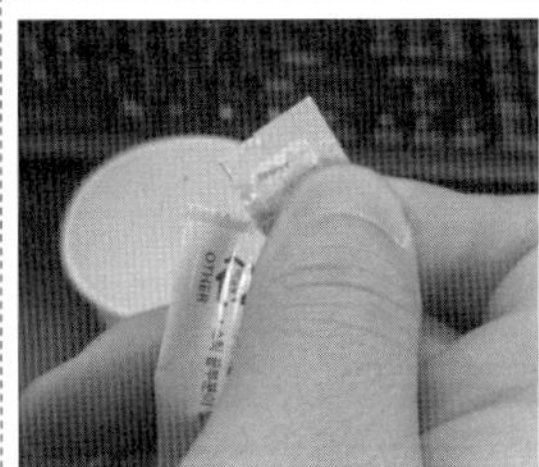	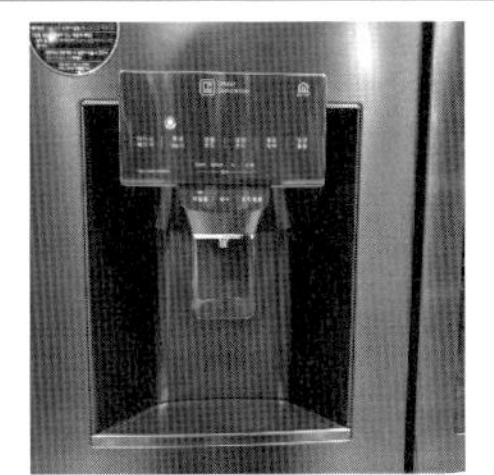
무세미	원터치 캔	커피믹스의 이지컷	얼음정수기
즉시 조리할 수 있도록 미리 씻어서 포장한 쌀이다.	별도의 깡통따개 없이 손쉽게 손으로 캔을 따도록 고리를 부착하였다.	커피믹스 포장지를 커터 칼을 사용하지 않고 손가락으로 쉽게 개봉할 수 있도록 만든다.	얼음을 얼릴 필요 없이 즉각 냉동하여 사용할 수 있도록 한 정수기이다.

(계속)

예시		
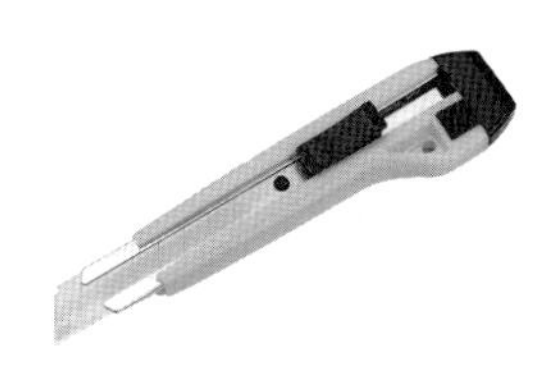		
커터 칼	세척 사과	사전 예약
커터 칼에 장착된 플라스틱 바를 들어 올려 즉시 사용할 수 있게 만든 칼이다.	미리 씻어 낱개 포장까지 한 사과이다.	식당 또는 전시회 등에 가기 전이나 물건 등이 품절되기 전에 미리 예약하는 것이다.

자료 : https://purushop.cheongju.go.kr/rice01/productdetail.php?productcode=007001000000000035(무세미); http://blog.naver.com/PostView.nhn?blogId=nemo7764&logNo=220588371621(커피믹스의 이지컷); http://itempage3.auction.co.kr/DetailView.aspx?itemno=B278508063(세척 사과); https://shop.tworld.co.kr/exhibition/view?exhibitionId=P00000034(사전 예약)

11) 사전 예방

○ 부족한 기능을 보완하기 위해 미리 안전 조치를 취하자.

예시	
알람시계	안전모
사람이 지정한 날짜 및 시간에 소리가 울리도록 기능을 보완한 시계이다.	외부 충격으로부터 머리를 보호하기 위하여 쓰는 작업모를 말한다

자료 : http://www.gajas.co.kr/sub/sub02_01.php?mNum=2&sNum=1&cat_no=5(안전모)

12) 높이 맞추기/굴리기

- 어떤 작용이 쉽게 이뤄지도록 동작 환경을 바꾸자.
- 들지 않고 굴리도록 만들자.
- 사용자가 사용하기 쉽게 환경을 바꾸자.

예시

어린이용 발판
어린이가 오르내릴 때 발을 디디기 쉽게 설치해 놓은 장치이다.

자료 : http://www.kgad.kr/goods/view.php?seq=89&main=true&mainType=1

13) 반대로 하기

- 다른 사람들과는 반대로 하자(역발상).
- 아래위를 뒤집거나 동적인 것을 정적으로, 정적인 것을 동적으로 바꾸자.

예시		

샴페인 보관법	냉커피	온면
샴페인을 거꾸로 보관해서 탄산가스의 누출을 감소시킨다.	얼음을 넣어 차갑게 만든 커피 음료이다.	따뜻하게 먹는 국수를 말한다.

(계속)

예시		

아이스크림 튀김	플라스틱컵 와인	슬로푸드
아이스크림을 이용하여 만든 튀김이다.	야외에서도 간편하게 와인을 마실 수 있도록 만든 와인잔이다.	천천히 시간을 들여서 만들어 먹는 음식을 말한다.

14) 구형화/곡선화/사각화

- 형태를 곡선이나 구형으로 바꾸자.
- 직선은 곡선, 평면은 곡면, 각진 것은 둥글게, 직선 운동은 회전 운동으로 바꾸자.
- 형태를 직선이나 사각형으로 바꾸자.

예시		
	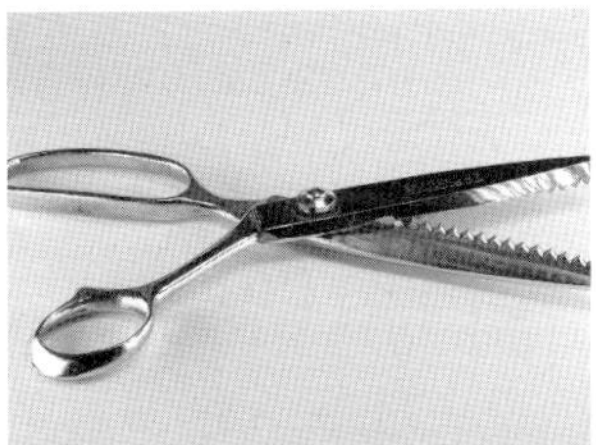	
회전식탁	핑킹가위	사각수박
둥근 테이블을 회전시킬 수 있게 하여 멀리 있는 음식도 쉽게 나눠 먹을 수 있게 만든 식탁이다.	지그재그 모양으로 자를 수 있는 날을 가진 가위이다.	둥근 수박보다 자르기 쉽고, 보관이 편리한 사각형 모양으로 개량한 수박이다.

자료 : http://m.tnote.kr/story/47333(회전식탁); https://pixabay.com/ko/photos/%EA%B0%80%EC%9C%84-%ED%95%91%ED%82%B9%EA%B0%80%EC%9C%84-%EC%A0%88%EB%8B%A8-2671517/(핑킹가위); https://blog.hansol.com/647(사각수박)

15) 역동성

- 움직일 수 없는 것을 움직일 수 있도록 만들자.
- 하나의 사물을 각각 움직일 수 있는 여러 부분으로 나누자.
- 유연성 정도를 증가시키자.

예시		
	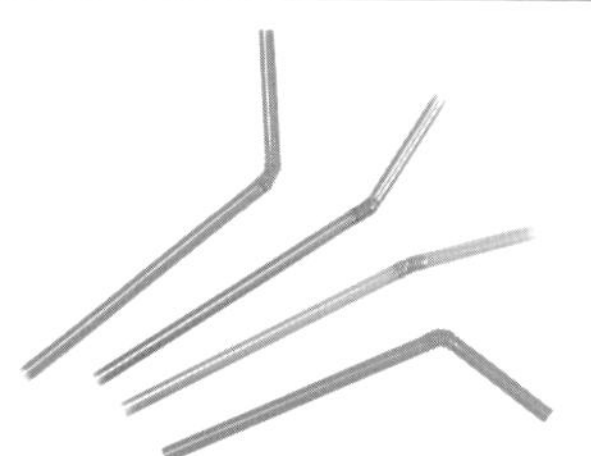	
다관절 카메라 거치대	주름 빨대	바퀴 달린 의자
여러 방향에서 사용할 수 있도록 만든 카메라 거치대이다.	빨대에 주름을 넣어 쉽게 구부릴 수 있도록 만든다.	의자에 바퀴를 달아 쉽게 움직이거나 이동할 수 있도록 만든다.

16) 초과나 부족 조치

- 딱 떨어지게 맞추기 어려울 때는 더 많거나 더 적게 하자.

예시			
	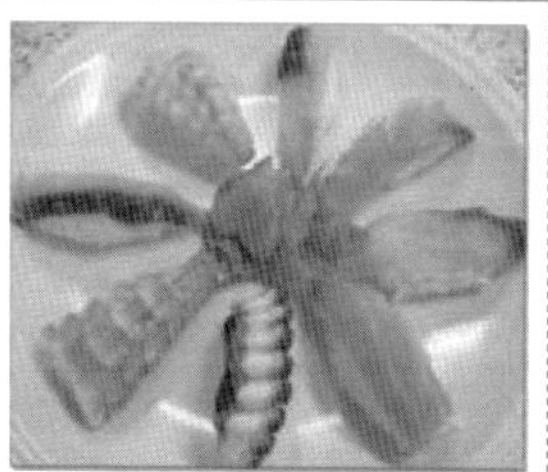		
되질	생선초밥	맥주병	마스크 팩
곡식이나 가루 따위를 되로 되어 헤아려 줄 때 정량보다 조금 더 준다.	생선을 부각시키기 위해 밥보다 생선을 훨씬 크게 만든다.	따르는 것을 손쉽게 하기 위해 입구 부분을 가늘고 길게 만든다.	얼굴 모양과 비슷하게 만들어 얼굴에 붙여 모공을 청소하고 피부에 수분과 유분을 공급하도록 만든 팩이다.

(계속)

예시		

무제한 리필	한정판	9/99/999 가격 정책
음식 등의 양에 제한을 두지 않고 고객이 원하는 만큼 여러 번에 걸쳐 용기에 다시 채울 수 있도록 하는 것을 말한다.	마케팅의 일환으로 수를 제한하여 제작, 판매하는 마케팅 전략이다.	가격을 조금 부족하게 책정하여 가격이 저렴한 듯한 효과를 준다.

자료 : https://coreaone.net/107(되질); http://egloos.zum.com/chunyeon/v/4556313(생선초밥); http://glanmoor.com/m/product.html?branduid=19&xcode=013&mcode=&scode=&type=Y&sort=price&cur_code=013&GfDT=bWp3UA%3D%3D(마스크 팩); http://www.locknlockmall.com/exhibit/planmalldetail.asp?idx=2989(가격 정책)

17) 차원 변경

- 다른 차원으로 이동시키자(1차원 → 2차원 → 3차원).
- 단층은 복층으로 만들자.
- 수직은 수평으로, 수평은 수직으로 바꾸자.

예시		
	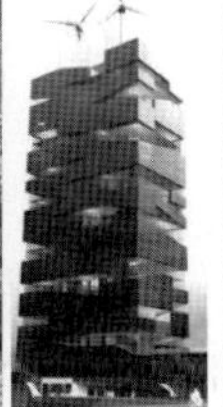	
1D 바코드 → 2D 바코드(QR코드)	수직 농경	와인 보관대
2차원 바코드	땅(2차원)이 아닌 건물(3차원)에서 농산물을 재배한다.	와인을 공간적(3차원)으로 보관한다.

자료 : http://m.blog.daum.net/doenjang/12412912(수직 농경); https://m.blog.naver.com/PostView.nhn?blogId=serina75&logNo=220689987265&proxyReferer=https%3A%2F%2Fwww.google.com%2F(와인 보관대)

18) 기계적 진동

- 물체가 진동 운동을 하도록 만들자.
- 진동수를 초음파 수준까지 증가시키자.
- 공진이나 압전(piezo) 진동을 이용하자.
- 초음파 진동을 전자기장과 결합해서 이용하자.

예시		
커피숍 진동 호출 벨	초음파 해충 퇴치기	가격 탄력제
진동을 주어 음료가 나온 것을 알 수 있게 한다.	초음파를 사용하여 각종 해충을 퇴치하는 기계이다.	가격을 판매 시점에 따라 높고 낮게 (진동 운동) 책정한다.

자료 : http://blog.daum.net/leetek870/3(진동 호출 벨); https://m.blog.naver.com/PostView.nhn?blogId=performance&logNo=220022197400&proxyReferer=https%3A%2F%2Fwww.google.com%2F(초음파 해충 퇴치기)

19) 주기적 작용

- 연속적인 작용을 주기적 순간 작용 형태로 전환하자.
- 연속적인 작용을 더 강하게 하기 위해 쉬는 시간을 활용하자.
- 작용이 이미 주기적이면 진폭이나 주기를 바꾸자.

예시		
점심시간의 휴식	방향제 자동 분사기	스프링클러
	주기적으로 향을 뿌려 주는 기계이다.	물에 높은 압력을 걸어 주기적으로 노즐에서 물보라처럼 분사하는 장치이다.

(계속)

예시	

투명 제빙기	교대 근무
공기 방울과 불순물이 가운데로 몰리지 않게 하여 투명한 얼음을 만드는 기계이다.	근로 시간이 긴 업무 체계일 경우 노동자가 교대로 근무하는 방식을 취한다.

자료 : https://www.coupang.com/np/search?q=%EB%B0%A9%ED%96%A5%EC%A0%9C+%EC%9E%90%EB%8F%99%EB%B6%84%EC%82%AC%EA%B8%B0&channel=relate(방향제 자동 분사기); https://funtenna.funshop.co.kr/article/1323/%EB%8D%94-%ED%9A%A8%EC%9C%A8%EC%A0%81%EC%9D%B8-%EC%8A%A4%ED%94%84%EB%A7%81%EC%BF%A8%EB%9F%AC(스프링클러); http://hoshizaki.co.kr/pro001/1143(투명 제빙기)

20) 유익한 작용 지속

- 유익한 작용을 중단 없이 지속하도록 만들자.
- 쓸데없는 동작이나 중간 동작을 제거하자.

예시			
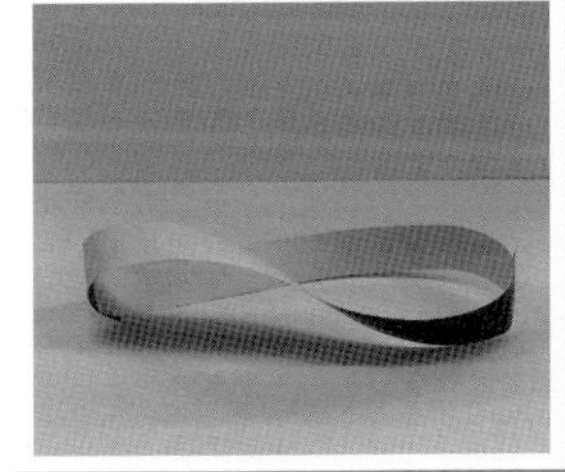			
뫼비우스 띠	24시간 편의점	비닐하우스 경작	슬러시
앞뒤 구분이 없기 때문에 이 원리를 이용한 연마용 벨트는 수명이 두 배 증가된다.	편리함을 개념으로 도입된 소매점포로 연중 무휴, 24시간 영업 등이 특징인 편의점을 말한다.	일 년 내내 바깥 자연환경에 영향을 받지 않고 식물을 재배할 수 있는 공간이다.	슬러시 제조 시 얼지 않게 하기 위하여 연속적으로 교반 작용을 한다.

자료 : https://oqpk329.tistory.com/2(슬러시)

21) 고속 처리/천천히 하기

- 해로운 요소를 배제시키기 위해 빨리 처리하자.
- 꼭 필요한 게 아니면 건너뛰자.
- 고속 처리의 반대 개념으로, 유익한 것을 얻기 위해서 천천히 처리하자.

[예시 : 고속 처리]			

급속 동결	3초 삼겹살	초고온 순간 살균	패스트푸드 드라이브 스루
빠른 속도로 냉동시켜 제품의 품질을 떨어뜨리지 않는다.	숯가마의 고온을 이용하여 빠르게 고기를 굽는다.	120~130℃의 고온을 이용하여 2~3초 동안 순간적으로 살균한다.	차에서 내리지 않고 앉은 채 패스트푸드를 주문하고 받을 수 있도록 한다.
[예시 : 천천히 하기]			

삭힌 홍어	350년 된 종가집 씨간장	마르케스 데 리스칼 2005년산 와인	슬로푸드
특유의 톡 쏘는 맛을 위해 오랜 시간 삭혀서 먹는다.	오래될수록 부드럽고 독특한 향이 나며, 유익한 성분이 높아진다.	오래 숙성될수록 맛과 향이 좋아진다.	표준화된 맛과 미각의 세계화에 저항하고, 지역 특성에 맞는 전통적이고 다양한 식생활 문화를 추구한다.

자료 : http://blog.daum.net/coolmax001/6(급속 동결); http://dongileng.net/xe/?mid=sub4_1&category=563&document_srl=83366(초고온 순간 살균)

22) 전화위복

- 유해한 요소를 유익하게 이용하자.
- 유해한 요소를 다른 유해한 요소와 결합해서 유해성을 제거하자.
- 유해한 정도를 증가시켜 유해성을 제거하자.

예시			

전자레인지	1992년 아오모리현 '합격 사과'	노이즈 마케팅	보졸레 누보 와인
인체에 유해한 전자파를 이용하여 음식물을 가열한다.	사과에 글자를 새긴 것으로, 태풍 때문에 수확을 10%밖에 못했지만 일반 사과의 10배 가격에 판매하였다.	품질과는 상관없이 일부러 부정적인 이슈를 조성해 소비자들의 관심을 끄는 마케팅 방법이다.	숙성 기간이 짧고 탄산이 들어 있어 단맛이 나며, 떫은맛을 내는 탄닌이 적은 편이다.
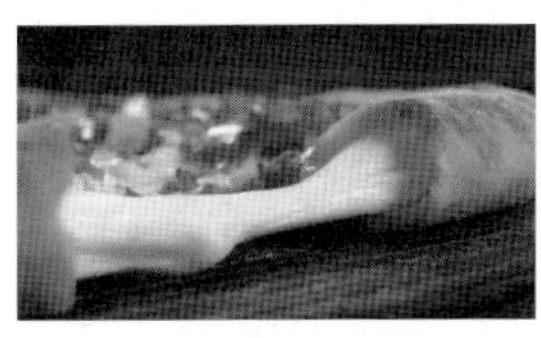	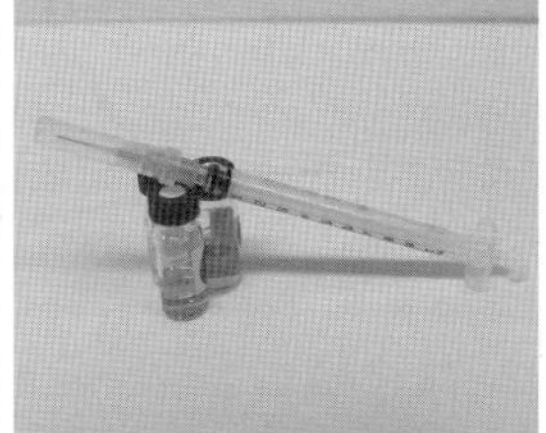		
치즈크러스터 피자	독사의 독으로 만든 해독제	삿포로 눈 축제	
비교적 맛이 떨어지는 피자 가장자리 부분의 빵에 치즈를 넣어 맛을 좋게 하였다.	독사의 독을 소량 채취하여 해독제로 만든다.	눈이 많이 오는 환경을 이용하여 축제를 개최하여 관광 수입을 올린다.	

자료 : http://blog.naver.com/PostView.nhn?blogId=lionshop&logNo=220649267055(합격 사과); https://m.post.naver.com/viewer/postView.nhn?volumeNo=9596062&memberNo=17147675(노이즈 마케팅); https://namu.wiki/w/%EC%B9%98%EC%A6%88%20%ED%81%AC%EB%9F%AC%EC%8A%A4%ED%8A%B8(치즈크러스트 피자); https://www.ggoggama.com/mobile_board/view/1596(삿포로 눈 축제)

23) 피드백

- 현재의 상황을 전달하게 만들자.
- 외부의 변화 요인에 따라 변화했다가, 변화 요인이 사라지면 다시 원래 상태로 돌아가도록 만들자.

예시		

매직 머그컵	습도계	삐삐주전자
음료수 온도에 따라 컵의 색이 변한다.	물의 증발이나 수증기의 흡습 정도를 통해 습도를 나타낸다.	수증기가 주전자 내부를 채우면 내부 압력으로 인해 배출구에서 소리가 난다.
	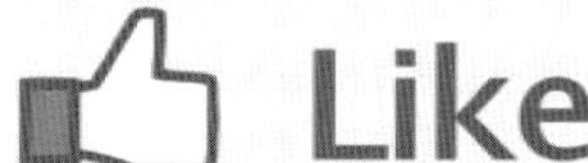	
고객 체험단	페이스북의 '좋아요' 버튼	
직접 제품을 체험해 보고 평가를 통해 다른 사람에게 정보를 준다.	'좋아요' 버튼에 표시되는 숫자를 통해 게시 글의 상황을 알 수 있도록 한다.	

자료 : http://sellermoa.net/bbs/board.php?bo_table=item&wr_id=23(매직 머그컵); http://www.mujikorea.net/display/showDisplay.lecs?goodsNo=MJ31047884(습도계); https://reddreams.tistory.com/1008(페이스북)

24) 매개체

- 동작을 수행하거나 전달하기 위해 중간 매개체를 사용하자.
- 쉽게 제거할 수 있는 다른 물체에 임시로 연결하자.

예시		
 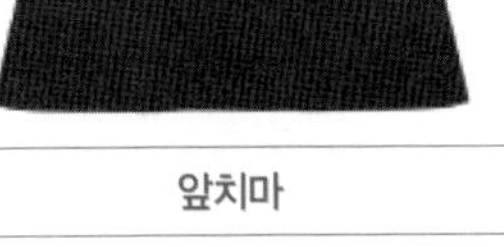		
앞치마	주방용 장갑	도르래
요리를 할 때 이물질로부터 옷을 보호한다.	뜨거운 것을 옮길 때 열로부터 손을 보호한다.	무거운 물건을 보다 더 쉽게 옮길 수 있다.

자료 : http://t-sketch.net/product/%EC%95%9E%EC%B9%98%EB%A7%88/(앞치마); http://www.87sarang.com/shop/ViewItem.asp?mcd=M00000003&ca=150&itemcd=00230219(주방용 장갑)

25) 셀프서비스

- 저절로 기능을 수행하게 만들자.
- 스스로 보완 작용이나 유지 보수 기능을 하도록 만들자.

예시			
	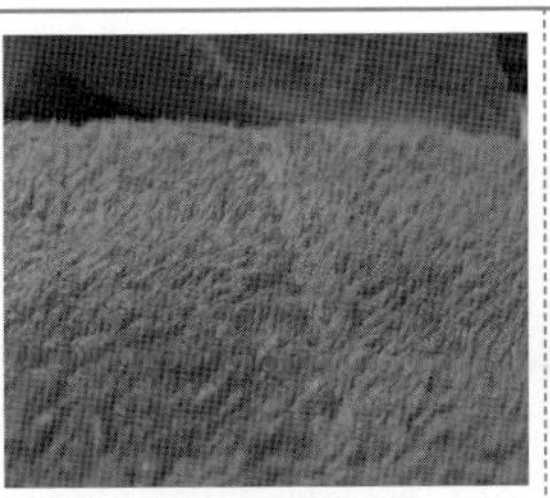		
자동 수유 기구	펩티드 숲	셀프 포장대	자동 센서 수도꼭지
아기가 혼자서 젖을 먹을 수 있다.	나노 크기의 펩티드 분자들이 성장 후 숲 모양을 띠면서 먼지와 수분을 제거한다.	포장대에서 고객이 직접 포장을 할 수 있다.	센서를 이용해 수도꼭지에 손을 가져다 대면 물이 나온다.

(계속)

예시		

로봇 청소기	드론을 이용한 무인 택배 서비스	자판기
센서에 의해 자동으로 집 청소를 해 주는 청소기이다.	GPS를 통해 미리 설정한 배달 경로로 이동해 배송된다.	광센서를 이용해 동전과 지폐를 구별하여 자동으로 물품을 구매할 수 있도록 한다.

자료 : http://hahasforhoohas.com/tags-2026(자동 수유 기구); http://blog.naver.com/PostView.nhn?blogId=suheeryu&logNo=221054005867&categoryNo=0&parentCategoryNo=0&viewDate=¤tPage=1&postListTopCurrentPage=1&from=postView(셀프 포장대); http://kr.aving.net/news/view.php?articleId=7767(자동 센서 수도꼭지); https://blog.playmovie.net/331(자판기)

26) 복제

- 비싸거나 다루기 어려운 것을 값싼 복제품으로 대체하자.
- 물체를 그 물체의 광학적 이미지로 대체하자.
- 광학적 복제를 적외선이나 자외선 복제로 대체하자.

예시	

회전초밥	음식점에 진열된 음식 모형
아사히 맥주의 컨베이어 벨트에서 착안한 아이디어로 초밥 접시가 돌아가 원하는 것을 손님이 직접 선택하도록 한다.	실제 음식과 모습이 유사한 모형을 만들어 진열한다.

자료 : https://m.post.naver.com/viewer/postView.nhn?volumeNo=10140598&memberNo=31752697(회전초밥); https://www.kr.jal.co.jp/krl/ko/guidetojapan/detail/?spot_code=plasticfoodsamples(음식 모형)

27) 일회용품

- 비싼 것을 싸고 수명이 짧은 것으로 대체하자.
- 유해한 작용을 줄이기 위해 수명이라는 특성을 희생하자.

예시			
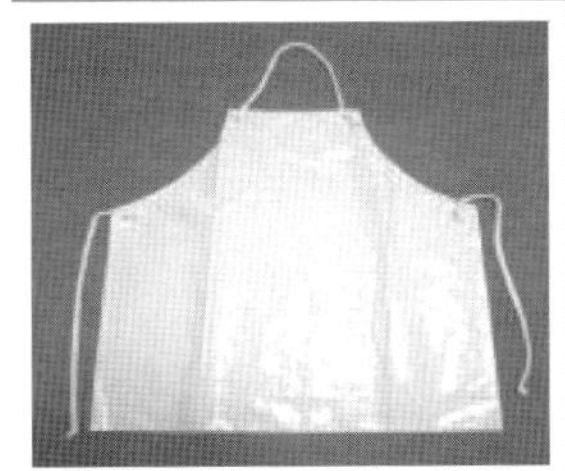	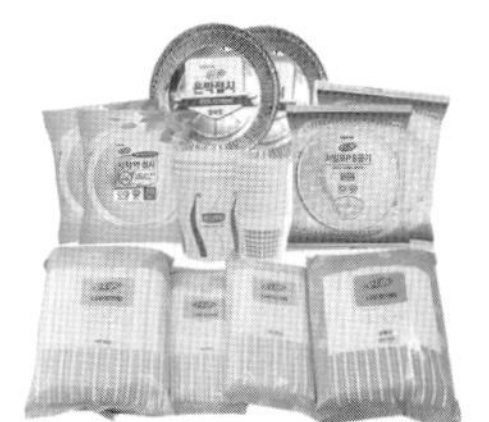	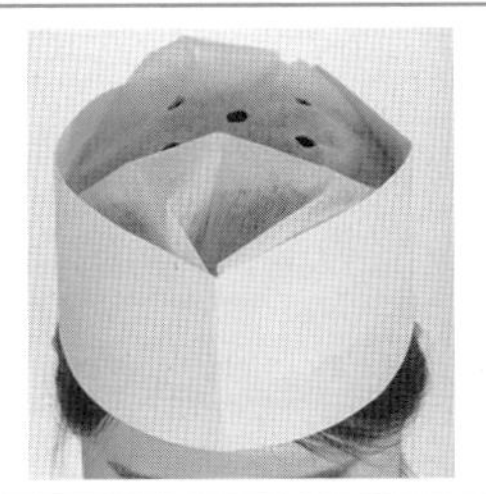	
일회용 비닐 앞치마	일회용 접시, 나무젓가락	종이모자	일용직 근로자
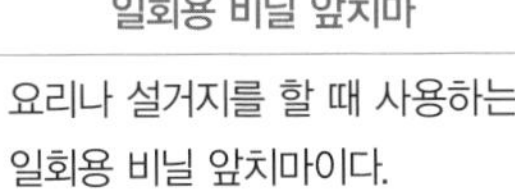 요리나 설거지를 할 때 사용하는 일회용 비닐 앞치마이다.	싸고 수명이 일시적인 접시와 젓가락을 말한다.	싸고 수명이 일회용인 모자이다.	하루 단위로 근로 계약을 체결하여 임금을 지불하는 근로자를 채용한다.

자료 : https://global.rakuten.com/ko/store/kitakita/item/10003346/(일회용 비닐 앞치마); http://item.gmarket.co.kr/Item?goodsCode=1496398283(일회용 접시, 나무젓가락); http://mascare.co.kr/product/%EC%9D%BC%EC%8B%9D%EC%A2%85%EC%9D%B4%EB%AA%A8%EC%9E%9020%EB%A7%A4/208/(종이모자)

28) 기계 시스템 대체

- 복잡한 기계적 작용을 단순화하자.
- 전기, 자기, 전자기, 광학, 음향 등을 이용해서 물체와 상호 작용하게 만들자.

예시		
	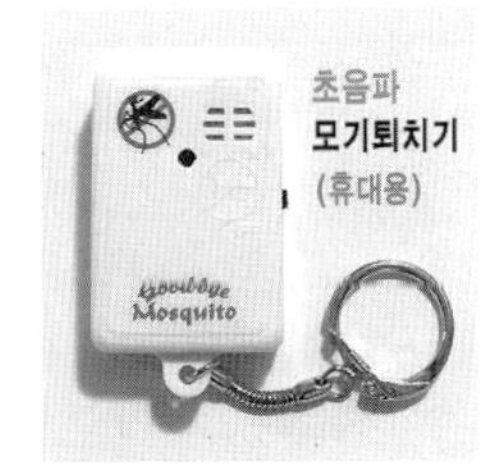	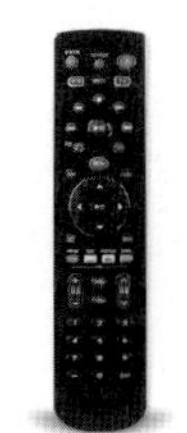
맥주 온도계 표시	초음파 모기 퇴치기	리모컨
온도계의 색이 파란색일 때 맥주가 가장 맛있는 온도인 7~8℃임을 표시한다.	모기가 무서워하는 잠자리 소리로 모기를 퇴치하는 장치이다.	여러 기능을 리모컨에 단순 재배열한다.

자료 : https://verificationkr.tistory.com/330(맥주 온도계); http://nanumimall.co.kr/front/php/product.php?product_no=199&main_cate_no=1&display_group=3(초음파 모기 퇴치기); http://prod.danawa.com/info/?pcode=3085314(리모컨)

29) 공기나 유압 활용

○ 단단한 것을 유동적인 것으로 대체하자.

○ 공기압, 유압, 수압적 완충 작용을 이용하자.

예시		
		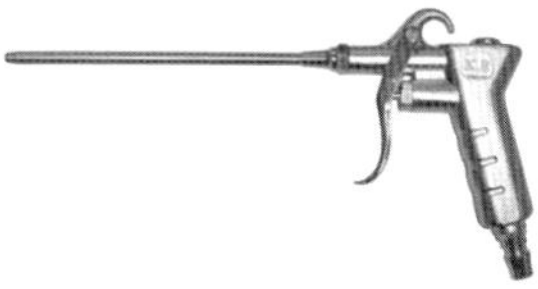
달걀노른자 분리기	스프레이식 선크림	에어건
공기압을 이용해서 노른자만 분리하는 조리 기구이다.	공기압을 이용하여 분사형으로 선크림을 바를 수 있다.	공기압을 이용하여 좁은 공간까지 먼지를 털 수 있다.

모이스처 미스트	과자 봉지의 질소 충전	스프레이 먼지 제거기
공기압을 이용하여 고르게 분사한다.	질소를 충전하여 과자의 변질을 방지한다.	압력을 이용한 강력한 바람으로 먼지를 제거한다.

자료 : https://seoksnhoon.tistory.com/258(달걀노른자 분리기); http://www.lotte.com/goods/viewGoodsDetail.lotte?goods_no=612199558&infw_disp_no_sct_cd=10&infw_disp_no=5562014&allViewYn=N&tclick=SMALL_shop_19(스프레이식 선크림); http://www.koeltech.com/en/bbs/board.php?bo_table=29_en&wr_id=12)에어건); http://www.womanstalk.co.kr/product/view/2018030500118(모이스처 미스트); http://dpg.danawa.com/bbs/view?boardSeq=28&listSeq=3845651(스프레이 먼지 제거기)

30) 유연한 막/얇은 필름

○ 기구 구조물을 유연한 막이나 얇은 필름으로 대체하자.

○ 유연한 막이나 얇은 필름을 이용해서 물체를 격리시키자.

예시			
		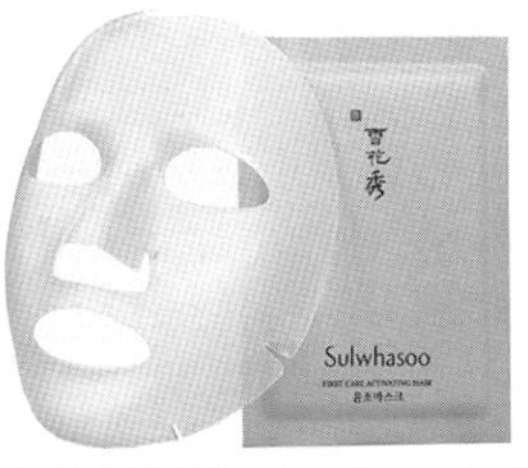	
비닐하우스	요리용 장갑	마스크 시트	포장용 필름지
비닐로 전체를 덮어 적절한 온도를 유지할 수 있게 한다.	얇은 라텍스 장갑으로 손을 보호하고 음식물의 세균 오염을 차단한다.	얇은 시트지로 얼굴에 잘 밀착되도록 도와준다.	포장지를 얇은 필름으로 대체한다.
		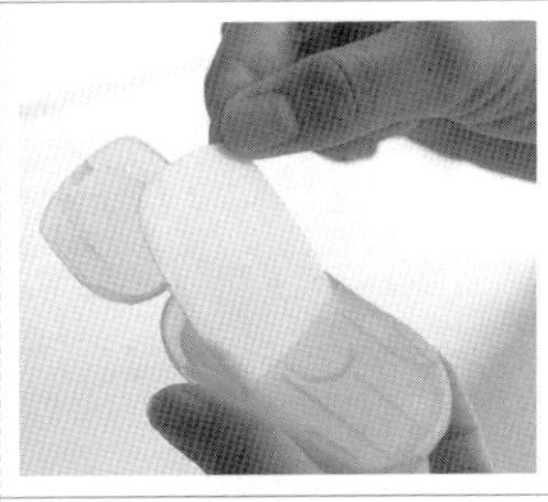	
치아 미백필름	튀김옷	종이비누	
얇은 막을 이용하여 도포액이 골고루 도포되도록 도와준다.	밀가루나 녹말가루 등으로 입히는 튀김의 겉 부분을 말한다.	친수성인 셀룰로스와 극성 물질인 폴리비닐알코올로 만든 시트 형식의 비누이다.	

자료 : https://steponetwo.tistory.com/333(요리용 장갑); http://prod.danawa.com/info/?pcode=5182676&relationMenuType=recommend(마스크 시트); http://www.steelstrap.co.kr/p_04_1.htm(포장용 필름지); https://m.blog.naver.com/PostView.nhn?blogId=love_pensees&logNo=220919854619&proxyReferer=https%3A%2F%2Fwww.google.com%2F(치아 미백필름); http://www.cuzbay.com/p/531224363802(종이비누)

31) 구멍/다공성 물질

○ 물체에 구멍을 많이 만들거나 다공성 재료를 사용하자.

○ 물체가 다공성이면 구멍을 다른 물질로 채우자.

예시			
 링 도넛	 스펀지	 그물	 정수기 필터
도넛의 반죽을 둥글게 빚어 안쪽에 구멍을 뚫거나 링 모양으로 만들어 기름에 튀긴다.	천연고무나 합성수지를 해면(海綿)처럼 만든 것으로, 탄성이 있는 해면상의 다공질 물질이다.	그물코처럼 엮어 만든 물건들을 말한다.	활성탄이나 중공사막 등이 사용된다.
 실리카 겔	 양념용 뚜껑	 탈취제	 골판지
작은 구멍들이 서로 연결되어 튼튼한 그물 조직을 이루고 그 사이에 용매인 물 등이 들어가 굳어 버린 비결정형의 입자이다.	작은 입자 크기의 구멍을 이용하여 양념을 골고루 뿌릴 수 있다.	표면적을 극대화시킨 미세한 공기구멍으로 냄새를 흡착하여 제거한다.	평평한 면지와 골이 진 형태의 안쪽 심지를 단조기로 붙여서 만든 종이를 말한다.
 속이 빈 젓가락	 틈새시장	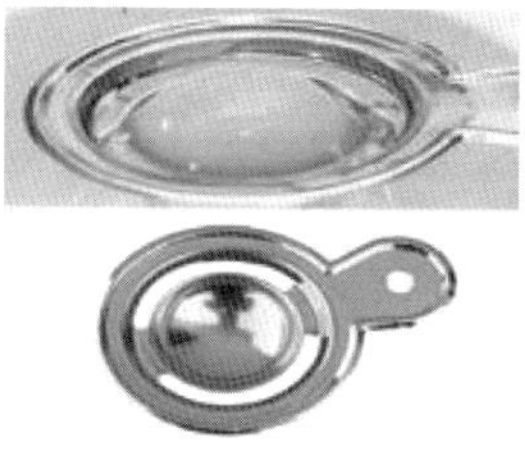 달걀노른자 분리기	
속이 빈 중공식(中空式) 젓가락이다.	고객 구매 패턴, 기호, 선호도 등을 분석하여 거대 시장이 아니라 특정 시장을 집중적으로 공략한다.	구멍의 크기를 이용하여 달걀의 흰자와 노른자를 분리한다.	

자료 : https://ko.wikipedia.org/wiki/%EC%8A%A4%ED%8E%80%EC%A7%80(스펀지); https://m.eroundmall.com/goods2/detail/112733986(정수기 필터); https://global.rakuten.com/ko/store/f-goods/item/dlt-ch08-k345/(양념용 뚜껑); http://ceoda.co.kr/m/tb/sp_detail.php?it_id=8805(탈취제); http://art.misulban.com/ynano/7483(속이 빈 젓가락); http://www.homedeco302.com/shop/shopdetail.html?branduid=1066962&xcode=001&mcode=002&scode=002&special=3&GfDT=bm99W1pA(달걀노른자 분리기)

32) 색 변경

○ 물체나 주변 환경의 색이나 투명도를 바꾸자.

○ 관측의 편의를 위해 유색 첨가물/발암 물질/추적용 동위 원소를 활용하자.

예시		
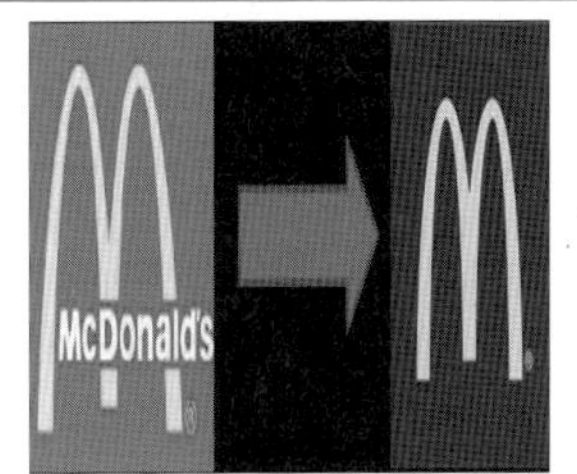		
프랑스 맥도날드 로고	노란 수박/검은 수박	M&M 초콜릿
본사의 붉은색 로고를 초록색으로 바꾸어 정크 푸드라는 이미지의 변신을 꾀하였다.	기존의 빨간 수박보다 소비자의 눈길을 끈다.	다양한 색소를 이용하여 소비자의 관심을 끌고, 다양한 색깔의 마스코트 캐릭터를 이용하여 소비자의 선호도를 이끈다.

자료 : http://dibado.blogspot.com/2011/11/6.html(프랑스 맥도날드 로고)

33) 동질성

○ 물체와 상호 작용하는 주변 물체를 물체와 동일하거나 비슷한 재료로 만들자.

예시			
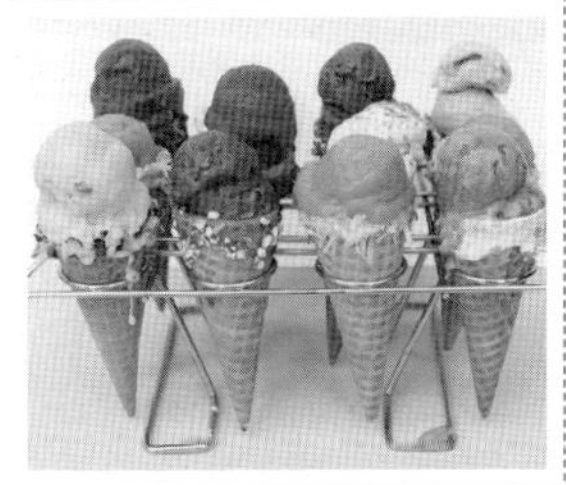			
콘아이스크림	팝콘으로 만든 팝콘그릇	얼음그릇 냉면	얼음 맥주잔
아이스크림을 담는 그릇 대신 와플을 사용하여 먹을 수 있는 동일 재질로 교체하였다.	그릇 대신 팝콘으로 그릇을 만들어 대체하였다.	얼음으로 만든 그릇을 이용하여 냉면을 더욱 시원하게 즐길 수 있다.	얼음으로 만든 잔으로 맥주를 더욱 시원하게 즐길 수 있다.

자료 : https://namu.wiki/w/%EC%95%84%EC%9D%B4%EC%8A%A4%ED%81%AC%EB%A6%BC%20%EC%BD%98(콘아이스크림); http://blog.naver.com/PostView.nhn?blogId=songjin4334&logNo=100186459559&redirect=Dlog&widgetTypeCall=true(얼음그릇 냉면)

34) 폐기와 재생

- 부품이 기능을 다하면 폐기(제거, 용해, 증발 등)하거나 변형하자.
- 고갈되었거나 소모된 부품은 작동 중 다시 복구시키자.

예시		

 녹말 이쑤시개	얼음 맥주잔	옥수수 전분 아이스크림 스푼
쓰지 않는 녹말 분말을 이용하여 이쑤시개를 만들어 환경 피해를 줄였다.	시원하게 맥주를 마실 수 있도록 얼음으로 맥주잔을 만들었다.	환경 오염을 줄이기 위해 아이스크림 스푼을 옥수수 전분을 이용한 생바이오플라스틱으로 만든다.

바이오플라스틱	음식물 쓰레기로 만든 비료	
재생 가능한 원재료로 만든 플라스틱이다.	음식물 쓰레기를 비료로 재활용한다.	

자료 : http://blog.naver.com/PostView.nhn?blogId=e7406&logNo=110167240580&parentCategoryNo=1&categoryNo=&viewDate=&isShowPopularPosts=true&from=search(녹말 이쑤시개); https://www.tairchu.com.tw/ko/product/-/TC-800-PLA-Spork-Marshmallow-Pink.html(옥수수 전분 아이스크림 스푼); https://uk.lush.com/article/lushmood-take-bath-transform-your-state-mind(바이오플라스틱)

35) 속성 변환

- 대상의 물리적 상태를 바꾸자.
- 농도나 밀도, 온도, 유연성, 부피 등을 변화시키자.

예시		
 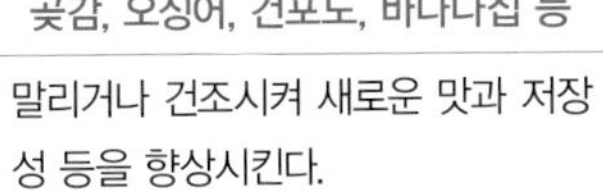		
곶감, 오징어, 건포도, 바나나칩 등	아이스홍시	누룽지
말리거나 건조시켜 새로운 맛과 저장성 등을 향상시킨다.	기존의 홍시를 얼려 새로운 식감과 시원함을 제공한다.	밥을 눌러 만들어 바삭한 식감을 제공하고 뜨거운 물을 이용하여 또 다른 맛을 제공한다.

자료 : http://oesang.com/S2184831(아이스홍시); https://www.gmjangter.com/new/_shop/developer/m_product_data_set/m_board.php?m_mode=view&pds_no=20170830135326915O8&PageNo=1&sel_a_no1=7&sel_a_no2=38(누룽지)

36) 상전이

- 상전이 동안 발생하는 현상(부피 변화, 열 흡수나 발산 등)을 이용하자.

예시		
	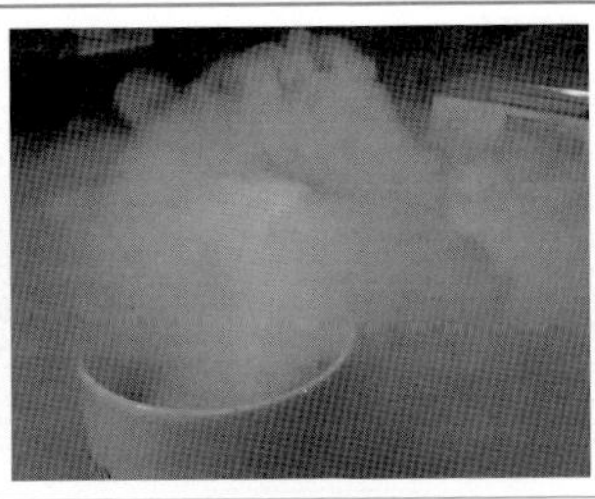	
경주 석빙고	드라이아이스	아이스박스
구조상 단열, 지습, 더운 공기를 차단하여 여름에도 차가운 온도를 유지한다.	이산화탄소를 높은 압력, 낮은 온도의 조건에 맞춰 고체로 변화시킨 물질로 주변을 차가운 상태로 유지한다.	얼음과 함께 음식을 넣어 냉장할 수 있도록 만든 냉장 용기이다.

자료 : http://m.cafe.daum.net/yangpo18th/LpRT/122?q=D_rcQnH8tOzys0&(경주 석빙고); http://prod.danawa.com/info/?pcode=6019146(아이스박스)

37) 열팽창

○ 온도 변화에 따른 팽창과 수축을 이용하자.

○ 열팽창 계수가 서로 다른 재료를 이용하자.

예시		

압력밥솥	삐삐주전자	피자 굽기
밥이 다 되어 가면 밥솥 위의 꼭지로 압력이 새어나오면서 소리가 나도록 만들었다.	물이 끓어 생기는 증기 압력이 새어 나오면서 소리가 나게 된다.	피자를 구울 때 반죽의 팽창을 이용한다.

자료 : http://egloos.zum.com/aqwerf/v/4765934(압력밥솥)

38) 활성화/산화 가속

○ 산소가 다른 물질과 결합하여 촉매 역할을 하도록 하자.

○ 긍정적인 변화를 유도하거나 작용을 활발히 하도록 하자.

예시	
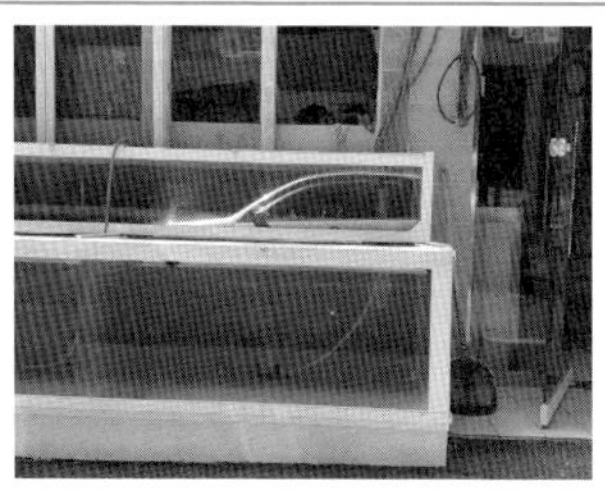	
오존 살균기	발효
공기 또는 산소를 주입하여 인공적으로 오존을 발생하는 방법을 이용한다.	미생물이 가지고 있는 효소의 작용을 이용하여 유용하게 사용되는 물질을 생산해 낸다.

39) 비활성화/불활성 환경

- 정상적인 환경을 불활성 환경으로 바꾸자.
- 산소와 결합하는 것을 억제하자.
- 진공 속에서 처리하자.

예시		
	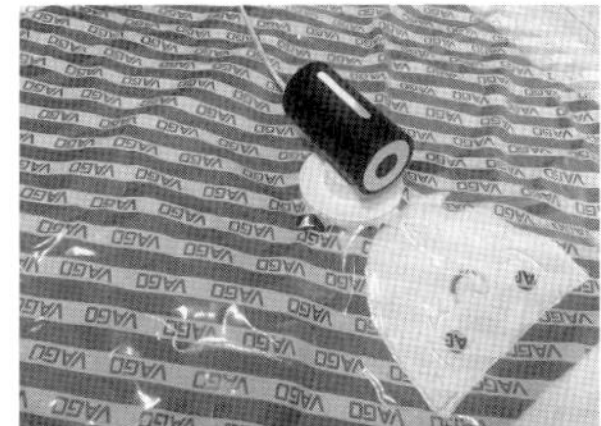	
진공포장기	진공포장 공기흡입기	항산화제
음식물의 공기 접촉을 차단하고 외부의 각종 오염 물질로부터 내용물이 변질되는 것을 방지한다.	포장 내의 공기를 흡입하여 포장 내 진공 상태를 유지한다.	공기 중의 산소에 의한 식품 성분의 산화 과정에서 생기는 유리기나 과산화물에 작용하여 산화의 연쇄 반응을 중단하고 산화 진행을 방지한다.
		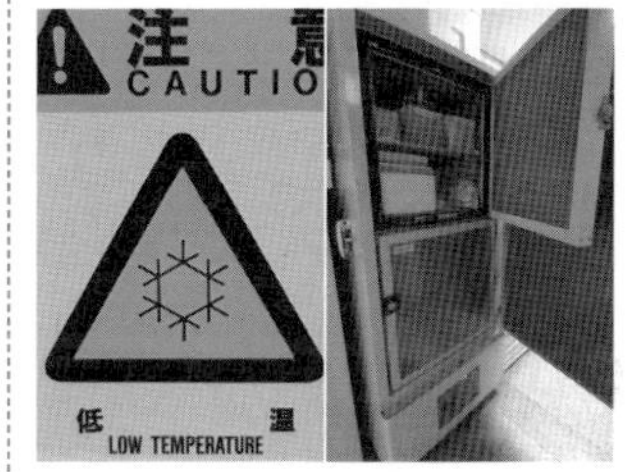
질소 충전 포장	통조림 보관	급속 냉동 보관
내용물이 부서지거나 쉽게 변질되는 것을 방지한다.	식료품을 양철통에 넣고 가열·살균한 뒤 밀봉하여 보존한다.	냉동 보관이 필요한 식품을 빠르게 얼려 더욱 신선하게 보관할 수 있다.
	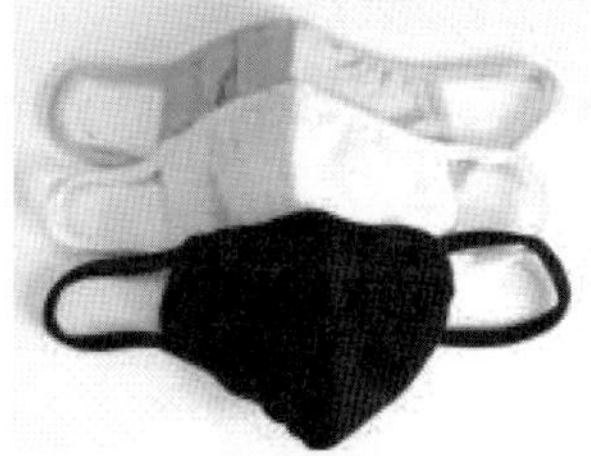	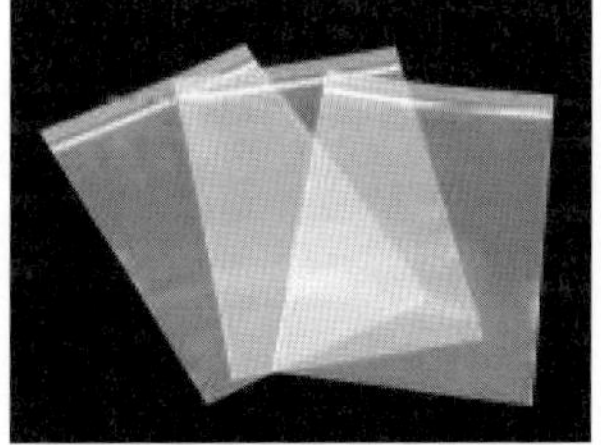
무균실	항균 마스크	지퍼백
미생물의 오염을 차단하여 무균 상태를 유지하는 장소이다.	세균 번식을 억제하고 외부 공기 속의 세균을 차단하여 오염을 방지한다.	지퍼로 고정할 수 있는 투명한 비닐 주머니로 외부와 차단이 가능하다.

(계속)

자료 : https://eleparts.co.kr/goods/view?no=3348952(진공포장기); https://www.livingpick.com/board/board.html?code=partysale_image6&type=v&num1=999982&num2=00000&lock=N(진공포장 공기흡입기); http://www.10x10.co.kr/shopping/category_prd.asp?itemid=1148509(항균 마스크); ttp://item.gmarket.co.kr/Item?goodscode=997617756(지퍼백)

40) 복합 재료

- 동질 재료를 복합 재료로 바꾸자.
- 여러 재료를 융합해서 새로운 재료를 만들자.

예시		
퓨전 음식	비빔밥	칵테일
다양한 음식 재료와 조리 방법이 혼합된 요리이다.	밥에 다양한 나물과 고기, 고명 등을 혼합한 요리이다.	술에 다양한 리큐어나 주스, 우유 등을 혼합한 음료이다.

3. 문제 발견

1) 시스템 사고의 정의

시스템 사고(system thinking)는 문제를 하나의 시스템으로 보고, 시간과 시스템 수준을 통해 문제의 전체적 모습을 파악하고 창의적 사고 기법을 도출하는 것이다. 이는 다

그림 4-1 시간과 시스템 수준에 따른 시스템 사고

면사고(MST : multi-screen thinking) 또는 시스템 연산자(system operator)라고 불린다.

하나의 시스템을 과거, 현재, 미래의 시간 개념과 상위 시스템, 시스템, 하위 시스템으로 시스템 개념을 분할하여 총 9개의 분할 창으로 문제를 인식하고 문제 해결의 자원으로 활용하는 것이다.

2) 요소 개념

시스템 사고에 있어 시간에 대한 구분은 미시적 관점과 거시적 관점에서 구분할 수 있고, 그 예는 표 4-1과 같다.

표 4-1 시스템 사고의 시간에 대한 구분

구분	과거	현재	미래
거시적 관점	문제 발생 이전	어떤 문제가 발생한 시점	문제 발생 이후
미시적 관점	문제 발생 직전	어떤 문제가 발생한 시점	문제 발생 직후
예시			
구분	과거	현재	미래
시스템	포도 묘목	포도	포도주
	사과 식재	사과 수확	사과잼
	일반 전화	스마트폰	웨어러블 정보기
	수동식 포장기	반자동식/자동형 포장기	인공지능 포장로봇

시스템 수준 역시 3가지로 구분된다. 이런 구분은 시스템 사고뿐 아니라 제품이나 기술 또는 사회적 시스템에도 동일하게 적용된다(표 4-2).

표 4-2 시스템 수준의 구분

수준	내용
상위 시스템	• 시스템에 속하지는 않지만 시스템과 상호 작용하거나 상호 작용할 수 있는 모든 것 • 시스템이 기능하는 데 영향을 미치는 인자 • 사람, 사회적 트렌드, 장소, 환경, 기후, 법규 등
시스템	시스템 자체
하위 시스템	시스템을 구성하는 모든 구성 요소와 부품들

(계속)

예시		
수준	현재	
상위 시스템	운전자, 길, 날씨, 교통 법규	건강기능식품법, 작업자, 날씨, 고객
시스템	자전거	건강기능식품
하위 시스템	바퀴, 브레이크, 안장, 체인	원료, 부원료, 첨가물, 포장재

3) 시스템 사고를 통한 문제 인식

(1) 우동 면에 대한 시스템 사고 수행의 예

① 1단계 : 시스템 사고 구성하기

구분	과거	현재	미래
상위 시스템	땅, 기후, 제분기, 포장	고객, 공장, 기계, 영업망	식당, 조리사, 레시피
시스템	밀가루	우동 면	조리 우동 면
하위 시스템	밀	강력분, 중력분, 물, 소금, 첨가물	우동 면, 국물, 김, 지단

② 2단계 : 시스템 사고를 통한 문제 인식

- 현재 우동 면에서 중력분과 강력분의 비율은?
- 과거의 하위 시스템인 밀의 품종 개량은?
- 미래의 상위 시스템인 우동 전문 식당의 직접 운영은?
- 미래의 상위 시스템인 우동 레시피의 개발은?
- 미래의 상위 시스템인 날씨에 관계없이 먹을 수 있는 우동 면 개발은?

③ 3단계 : 인식된 문제 기록하기

- 인식된 문제를 목적과 목표를 포함하여 구분하여 기록

수준	인식된 문제	시간
상위 시스템	사업 확장을 위해 직접 우동 전문 식당 운영	미래
	고객이 좋아하는 우동 레시피 개발	미래
	계절의 영향을 받지 않는 시원한 우동 면 개발	미래
시스템	우동 면발의 물성을 개선하기 위해 중력분과 강력분의 비율을 조정하여 새로운 우동 면 개발	현재
하위 시스템	간단하게 우동 면을 만들기 위해 탄력과 끈기가 있는 밀 품종 개발	과거

④ 4단계 : 인식된 문제로부터 해결

◦ 각종 냉동 면 개발

햄버거의 단점이나 한계점을 개선하는 문제 인식을 기록하시오.

4. 이상성 높이기

대부분의 사람들은 아이디어를 내라고 하면 누구나 쉽게 생각할 수 없는 기발한 것을 내라는 의미로 생각하기 쉽다. 그러나 창의성이 있는 아이디어란 의외로 쉬우면서 고정 관념을 탈피하는 것들이 더 많다. 문제의 반대 측면을 해결점으로 가져간다면 오히려 더 쉽게 문제가 해결될 수 있다. 좋은 아이디어일수록 간단하고 비용이 적게 든다는 것이 트리즈의 기본 철학이다. 좋은 아이디어의 필요충분조건은 참신성, 유용성, 그리고 실용성이다.

1) 이상적 시스템

트리즈 관점에서 이상적 시스템이란 기능은 존재하지만 시스템은 존재하지 않는 것이다. 시스템이 존재하지 않으므로 비용은 전혀 들지 않으면서 유용한 기능만을 얻을 수 있는 것이다. 이것이 바로 이상적 시스템이다. 이때 비용이 들지 않는다는 의미는 단지 생산 단가만을 의미하는 것이 아니라 에너지, 공간뿐만 아니라 유해한 효과까지도 포함함을 의미한다.

예를 들어 통조림을 열기 위해서는 캔 오프너가 필요한데 이 둘의 기능이 하나가 되는 원터치 캔 등이 개발된다. 원터치 캔은 캔 오프너 없이도 캔에 부착된 고리를 표시된 방향으로 잡아당기면 쉽게 뚜껑을 열 수 있는 캔이다. 즉 캔 오프너라는 기술 시스템의 관점에서 보면 원터치 캔은, 기능은 존재하지만 시스템은 사라진 이상적인 시스템인 것이다.

그림 4-2 이상적 시스템의 예(원터치 캔)

최종 개발된 원터치 캔에 적용된 발명의 원리를 생각해 보시오.

예 : 캠핑용 발열 식품

2) IFR

IFR(Ideal Final Result, 이상적 최종 결과)이란 기술 시스템이 주된 유용한 기능으로 작동하면서 비용이 거의 투입되지 않고, 기술 시스템 스스로 문제가 되는 부분(유해하거나, 과도하거나 불필요한)을 제거하는 가장 이상적 상태를 말한다. 여기서 스스로라 함은 사람의 관여나 에너지의 부가적 유입, 새로운 하위 시스템의 도입, 상위 시스템의 간섭 없이 기술 시스템 자체로 문제를 해결하는 것을 의미한다.

어떤 문제를 해결하고자 할 때, 그때그때 떠오르는 아이디어로 접근하는 것이 아니라 IFR을 설정하고, IFR을 목표로 아이디어를 도출하고 접근하는 것이 트리즈의 방식인 것이다.

표 4-3 IFR의 정의 양식

구분		내용
분석	기술 시스템	개선 대상이 되는 기술 시스템의 이름
	기본 기능	기술 시스템이 존재하는 주된 기능
	문제되는 부분	기술 시스템이 갖는 부작용, 불필요하거나 과도하여 생기는 문제점
	내·외부 자원	문제점을 제거하기 위해 쉽게 활용할 수 있는 내·외부 자원
IFR 정의		(기본 기능을 수행하면서) 비용은 거의 들어가지 않고 '기준 자원'을 활용하면서 '기술 시스템'이 자체적으로 '문제점을 제거한 상태'가 되는 IFR을 작성

예시

바다 근처 양식장에서 사육한 광어를 차량 수조에 담아 도시로 운송하게 되면 신선도가 떨어지거나 사망하는 문제가 발생하였다.

표 4-4 차량 수조의 IFR

구분		내용
분석	기술 시스템	차량 수조
	기본 기능	광어 보관
	문제되는 부분	광어의 신선도가 떨어지거나 사망
	내·외부 자원	광어, 수조, 해수, 산소 공급기, 차량, 운전자
IFR 정의		(광어를 보관하면서) 비용은 거의 들어가지 않고 '기준 자원'을 활용하면서 '수조'가 자체적으로 '광어의 신선도를 유지하거나 광어가 사망하지 않는다.'

해결 방안

① 무진동 차량 교체, 산소 공급기 추가 설치 : 추가 비용 발생

② 광어 천적을 한 마리 투입 : 물고기들이 계속 활동하여 신선도를 유지하거나 사망하지 않음(IFR이 달성된 아이디어)

3) IFR을 활용한 문제 해결

IFR을 달성하는 방법에는 ① 비용 제로에서 출발한다. ② 기존 자원을 최대한 활용한다. ③ 자체적으로 해결되도록 만든다. ④ 모순을 해결한다. 등이 있다. 이 중 모순 해결에 대한 것을 제외한 나머지 3가지 방법에 근거한 문제 해결 방법을 도출해 보자.

일반적으로 문제점이 주어지면 기술 시스템을 대상으로 6단계로 접근한다(그림 4-3). 단계별로 주요 내용을 요약하면 다음 표 4-5와 같다

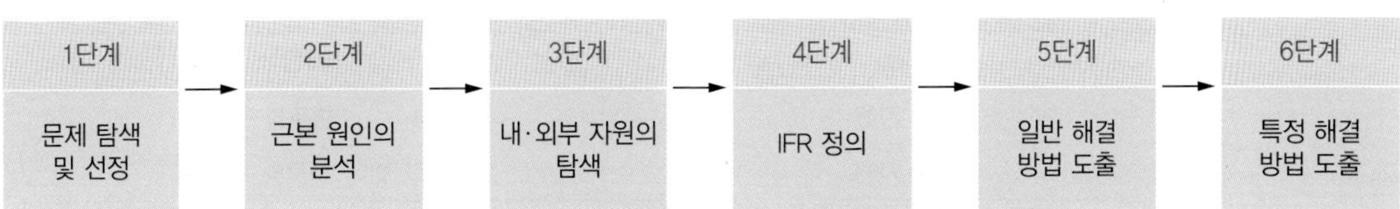

그림 4-3 IFR을 활용한 문제 해결 6단계

표 4-5 IFR을 활용한 문제 해결 6단계의 단계별 주요 내용

단계	주요 내용
1. 문제 탐색 및 선정	특정 기술 시스템의 문제점을 발견하여 나열하고, 그중에 해결할 문제점 하나를 선정
2. 근본 원인의 분석	선정된 문제의 근본 원인 찾아내기
3. 내·외부 자원의 탐색	근본 원인을 해결할 수 있는 기술 시스템의 내·외부 요인 발견(쉽게 활용할 수 있는 것)
4. IFR 정의	(기본 기능을 수행하면서) 비용은 거의 들어가지 않고, '탐색한 자원'을 활용해서 '기술 시스템'이 자체적으로 '문제의 근본 원인을 해결하는 상태'인 IFR을 정의
5. 일반 해결 방법 도출	IFR을 해결할 수 있는 일반적 해결 방법을 도출한 후 최적의 해결 방법 선정
6. 특정 해결 방법 도출	최적의 일반 해결 방법을 기초로 IFR을 달성할 수 있는 구체적 방법 도출

예시

생수를 담는 페트병의 해결 방안

① 1단계 : 문제 탐색 및 선정

문제점	문제 유형*	선정
1. 페트병에 입을 대고 마셔야 한다.	유용한 기능 부족	선정
2. 환경을 오염시킨다.	유해 효과	
3. 휴대가 불편하다.	유용한 기능 부족	
4. 한 번에 마시기에는 양이 많다.	유용한 기능 과다	

* 문제 유형은 유해한 효과, 유용한 기능 부족, 유용한 기능 과다, 비용 지출 과다 등으로 작성

② 2단계 : 근본 원인의 분석*

선정된 문제	근본 원인
페트병에 입을 대고 마셔야 한다.	컵이 없음

* 근본 원인을 찾을 수 없는 경우도 있을 수 있다. 그렇지 않다면 5why, 원인-결과 도표, 파레토 도표 등을 활용하여 근본 원인을 나열하고 그중 가장 중요한 원인 하나를 선택한다.

③ 3단계 : 내·외부 자원의 분석

구분	자원*
내부 자원	병뚜껑
외부 자원	컵, 빨대, 나뭇잎, 그릇 등

* 자원에는 물질(material)뿐 아니라 장(field), 시간, 공간도 포함되고 넓게는 각종 정보(특허, 제품 역사, 제품 스토리, 기능, 고객 요구도 등)도 포함된다.

④ 4단계 : IFR 정의

(물을 안전하게 보관하면서) 비용을 거의 들이지 않고, '병뚜껑이나 빨대'를 활용해서 '페트병'이 자체적으로 '컵 역할'을 한다.

⑤ 5단계 : 일반 해결 방법 도출

일반 해결 방법*	선정 여부
1. 병뚜껑이 컵 역할을 할 수 있을까?	선정
2. 빨대가 컵 역할을 할 수 있는 방안	

* 일반 해결 방법은 질문의 형태나 핵심 아이디어를 적음.

⑥ 6단계 : 특정 해결 방법 도출

아이디어 스케치	설명
	병뚜껑을 크게 만들어 컵 역할을 하게 함. (발명 원리 3 : 국소적 성질, 발명 원리 7 : 포개기 원리)

1. 위의 '예시' 1단계에서 '4. 한 번에 마시기에는 양이 많다.'를 선정하였을 때의 특정 해결 방법을 도출하시오.

2. 맥주 캔에 대한 IFR 문제 해결 방법을 제시하시오.

5. 기술적 모순 해결하기

하나의 기술적 모순을 해결하기 위하여 앞서 말한 40가지 발명의 원리를 하나씩 모두 적용하는 것은 매우 비효율적 방법이다. 따라서 통계적으로 어떤 기술적 모순을 해결하기 위하여 가장 많이 사용되는 발명 원리를 쉽게 찾을 수 있도록 트리즈의 창시자인 알트슐러는 39행 39열의 2차원 행렬을 고안하였는데 이를 '모순 행렬'이라고 한다.

모순 행렬은 세로축에는 개선되는 특성을 나타내고, 가로축에는 악화되는 특성을 나타내어 이 두 특성이 교차되는 위치에 있는 발명의 원리를 제시해 주는 표이다. 교차된 곳에 있는 발명 원리의 순서는 통계적으로 활용 빈도가 높은 순으로 표기되어 있다.

인쇄본 모순 행렬은 크기가 커서 보기에 불편하므로 스마트폰 앱 Triz 40(TRIZ crossover QMS)을 검색하여 설치하면 보다 편리하게 이용할 수 있다.

1) 발명 원리로 기술적 모순 해결하기

발명 원리를 사용하여 기술적 모순을 해결하는 접근법은 그림 4-4와 같다.

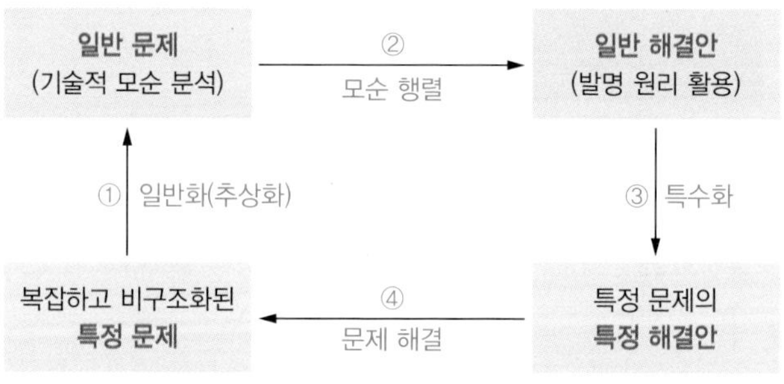

그림 4-4 발명 원리를 활용한 기술적 모순 해결 접근법

이 접근법을 보다 세분화하면 6단계로 진행할 수 있다(표 4-6).

표 4-6 발명 원리를 활용한 기술적 모순 극복 6단계의 단계별 주요 내용

단계	내용
1. 기술적 모순 도출	특정 문제의 핵심 영역에 포함된 기술적 모순을 찾아 두 가지 유형(TC1, TC2)으로 정의
2. 기술적 모순 선택	TC1, TC2 가운데 하나 선택(일반 문제로 전환)
3. 공학 변수 선택	선택 유형에 대한 공학 변수(개선과 악화) 선택

(계속)

단계	내용
4. 발명 원리 선택	모순 행렬에서 발명 원리 탐색
5. 일반 해결 방법 도출	발명 원리를 활용하여 일반 해결 방법 도출
6. 특정 해결 방법 도출	최선의 일반 해결 방법에 대해 특정 문제를 위한 구체적 해결 방법 도출

예시

오븐에 구운 피자를 여러 개 배달할 경우 한 박스에 한 개의 피자를 넣은 다음 여러 개의 피자박스를 쌓아 배달한다. 이때 피자의 열로 인해 박스가 처지고 피자가 종이박스에 눌어붙는 문제가 발생한다. 이 문제를 해결하기 위해 한 개씩 배달할 경우 배달 효율이 나빠져서 영업 이익은 감소한다.

① 1단계 : 기술적 모순 도출

문제의 핵심 영역을 피자박스로 보고 기술적 모순을 도출한다.

구분	기술적 모순		
	조건	장점	단점
TC1	두꺼운 재료로 제조	강도 증가	부피 증가, 가격 상승
TC2	얇은 재료로 제조	부피 감소, 가격 절감	강도 감소

② 2단계 : 기술적 모순 선택

선택한 기술적 모순	선택 이유
TC2	영업 이익을 위해 배달이 쉽고 원가 절감이 되는 얇은 재료를 사용하는 것이 바람직하다고 생각함.

③ 3단계 : 공학 변수 선택

구분	개선	악화
TC2	부피 감소, 가격 절감	강도 감소
공학 변수	7(움직이는 물체의 부피)*, 23(물질 낭비)	14(강도)

* 피자 박스는 외부 힘에 의해 부피가 쉽게 변할 수 있음.

④ 4단계 : 발명 원리 선택

공학 변수		발명 원리
개선	7	9(사전 반대 조치), 14(구형화/곡선화), 15(역동성), 7(포개기)
악화	14	
개선	23	35(속성 변환), 28(기계 시스템 대체), 31(구멍/다공성 물질), 40(복합 재료)
악화	14	

⑤ 5단계 : 일반 해결 방법 도출

발명 원리	일반 해결 방법	선정 여부
9	피자박스에 미리 어떤 반대 조치를 하여 강도 증가	
14	피자박스를 곡면으로 만들어 강도 증가	선정
15	피자박스를 역동적으로 만들어 강도 증가	
7	피자박스를 여러 겹 포개어 강도 증가	
35	피자박스의 종이 속성을 바꾸어 피자의 열로 강도 증가	
28	피자박스를 기계 시스템으로 대체하여 강도 증가	
31	피자박스의 재질을 다공성 재질로 하여 강도 증가	
40	피자박스의 재질을 복합 재료로 하여 강도 증가	

⑥ 6단계 : 특정 해결 방법 도출

아이디어 스케치	설명
	피자박스의 위아래를 곡면으로 만들어 강도 증가시킴.

1. 위 '예시' 2단계에서 TC1을 선택하였다면 어떤 특정 해결 방법이 도출되겠는가?

(계속)

2. 환경 문제, 재활용 문제로 백화점에서 종이백을 사용한다. 그러나 무거운 물건을 담거나 많은 물건을 담으면 손잡이가 찢어지는 문제점이 있고, 무게 하중을 보다 잘 견딜 수 있는 비닐백을 제공하려면 고객에게 판매를 해야 하는 문제가 있어 두 경우 모두 소비자의 불만이 있다. 이에 대한 해결 방법을 제시하시오.

3. 식품 기계 장치를 닦는 철선솔은 너무 약하면 쉽게 구부러져 닦이지 않고, 너무 강하면 기계의 세척 부위와 닿지 않아 잘 닦이지 않는 문제가 있다. 이런 문제에 대한 특정 해결 방법을 제안하시오.

6. 분리 원리로 물리적 모순 해결하기

물리적 모순은 하나의 기술적 특성에 부과되는 상반된 요구 상황으로, 하나의 특성이 갖는 값들이 서로 충돌하게 된다. 서로 충돌하는 경우 각각 대안을 만들어 사용자가 선택하거나 중간 성격의 절충안을 내게 된다. 그러나 트리즈에서는 이러한 타협안은 허용되지 않으며, 상반된 두 가지 특성을 모두 만족하는 해결안을 도출해야 한다. 그러기 위해서는 '분리 원리'를 활용하여 물리적 모순을 해결하게 된다. 고전적 트리즈에서는 11개의 분리 원리가 있지만 4가지 분리 원리가 일반적으로 가장 많이 사용된다.

표 4-7 물리적 모순 해결에 활용하는 분리 원리

분리 원리	예시	발명 원리
시간	도개교, 패스트푸드 런치메뉴	1, 7, 9. 10, 11, 15, 16, 18, 19, 21, 24, 26, 27, 29, 34, 37
공간	냉장고, 도시락통, 쇼핑카트, 짬짜면	1, 2, 3, 4, 7, 13, 14, 17, 24, 26, 30, 40
조건	거름망, 센서 수도꼭지, 온도 라벨	3, 7, 15, 17, 19, 25, 28, 29, 31, 32, 35, 36, 38, 39
전체와 부분	레고블록, 피겨 스케이트 날	1, 3, 5, 6, 12, 15, 17, 22, 24, 27, 30, 33, 40

분리 원리를 활용하여 물리적 모순을 해결하는 단계는 6단계로 구성되어 있다.

표 4-8 물리적 모순 해결의 6단계

단계	내용
1. 물리적 모순 도출	특정 문제의 핵심 영역에 포함된 물리적 모순을 찾아서 정의
2. 모순 상황 도식도	모순 상황과 최종 목표가 명확하도록 그림으로 표현
3. 문제 해결 방향 결정	물리적 모순을 극복하여 최종 목표에 도달할 두 가지 해결 방법을 도출하고, 그중 하나를 선택
4. 분리 질문	선택된 문제 해결 방법을 기초로 분리 원리를 활용하여 아이디어 도출(4가지 유형의 분리 질문)
5. 일반 해결 방법 도출	분리 질문 각각을 기초로 일반 문제 해결 방법 도출
6. 특정 해결 방법 도출	최선의 해결 방법을 선택하고 이에 대한 특정 해결 방법 도출

예시

남편은 건강을 생각하여 현미밥을 좋아하고, 아이들은 식감 때문에 쌀밥을 좋아한다. 매 끼니 현미밥과 쌀밥을 짓는 것은 시간도 오래 걸리고 번잡한 일이다. 이런 물리적 모순을 해결할 방법은 무엇인가?

① 1단계 : 물리적 모순 도출

밥 종류	목적
현미밥	남편 취향
쌀밥	아이 취향

② 2단계 : 모순 상황 모식도

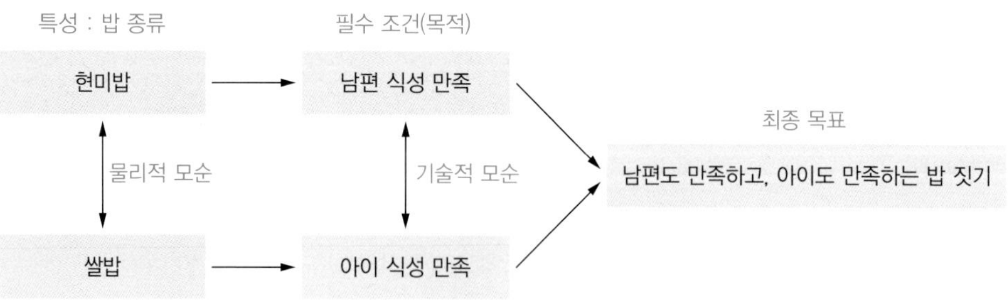

그림 4-5 밥 짓기의 모순 상황 도식화

③ 3단계 : 문제 해결 방향 결정

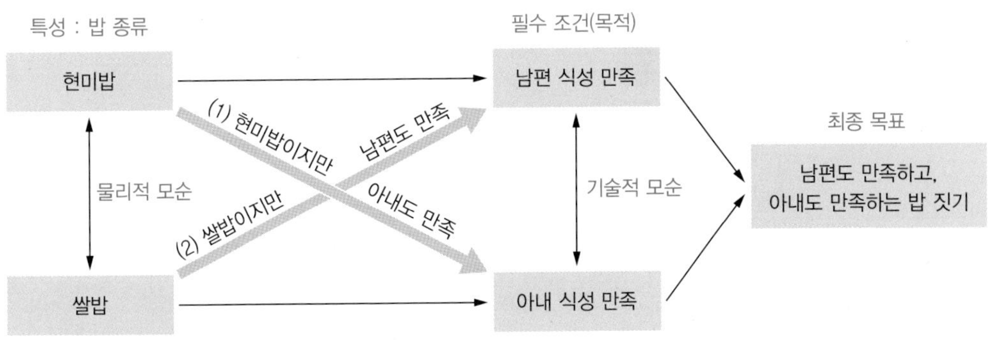

그림 4-6 밥 짓기의 두 가지 문제 해결 방향

표 4-9 밥 짓기의 문제 해결 방향 선택

선택한 해결 방향	선택 이유
(1)	아내가 밥을 하는 입장에서 남편의 식성을 배려하는 것이 좋다고 판단했으므로

④ 4단계 : 분리 질문

표 4-10 밥 짓기의 물리적 모순 극복을 위한 분리 질문들

분리 원리	분리 원리 적용 질문
시간 분리	항상 현미밥을 지어야 하나? 아니면 특정 시간에만 지으면 되나?
공간 분리	모든 공간에서 현미밥을 지어야 하나? 아니면 특정 공간에서만 지으면 되나?
조건 분리	모든 조건에서 현미밥을 지어야 하나? 아니면 특정 조건에서만 지으면 되나?
전체와 부분 분리	전체적으로는 현미밥을 짓지만 부분적으로 쌀밥을 짓는 방법은 없을까?

⑤ 5단계 : 일반 해결 방법 도출

표 4-11 밥 짓기의 물리적 모순 해결을 위한 일반 해결 방법 도출

분리 원리	분리 원리 적용 질문
시간 분리	아침에는 현미밥을 짓고, 저녁에는 쌀밥을 짓자.
공간 분리	밥솥을 나누어 반은 현미밥을 짓고, 나머지 반은 쌀밥을 짓자.
조건 분리	남편이 집에서 밥을 먹을 때는 현미밥을 짓고, 그렇지 않으면 쌀밥을 짓자.
전체와 부분 분리	평일에는 현미밥을 짓지만, 주말에는 쌀밥을 짓자.

⑥ 6단계 : 특정 해결 방법 도출

아이디어 스케치	설명
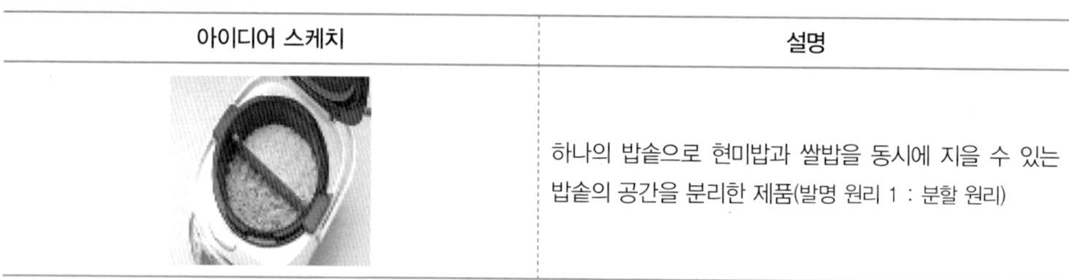	하나의 밥솥으로 현미밥과 쌀밥을 동시에 지을 수 있는 밥솥의 공간을 분리한 제품(발명 원리 1 : 분할 원리)

1. 식품과 관련된 기술적 모순과 물리적 모순의 예를 제시하시오.

2. 대형마트의 쇼핑카트의 경우 이동하기에는 작은 것이 유리하지만 물건을 많이 담기 위해서는 큰 것이 좋다. 이런 물리적 모순을 해결하기 위한 특정 해결 방법을 제시하시오.

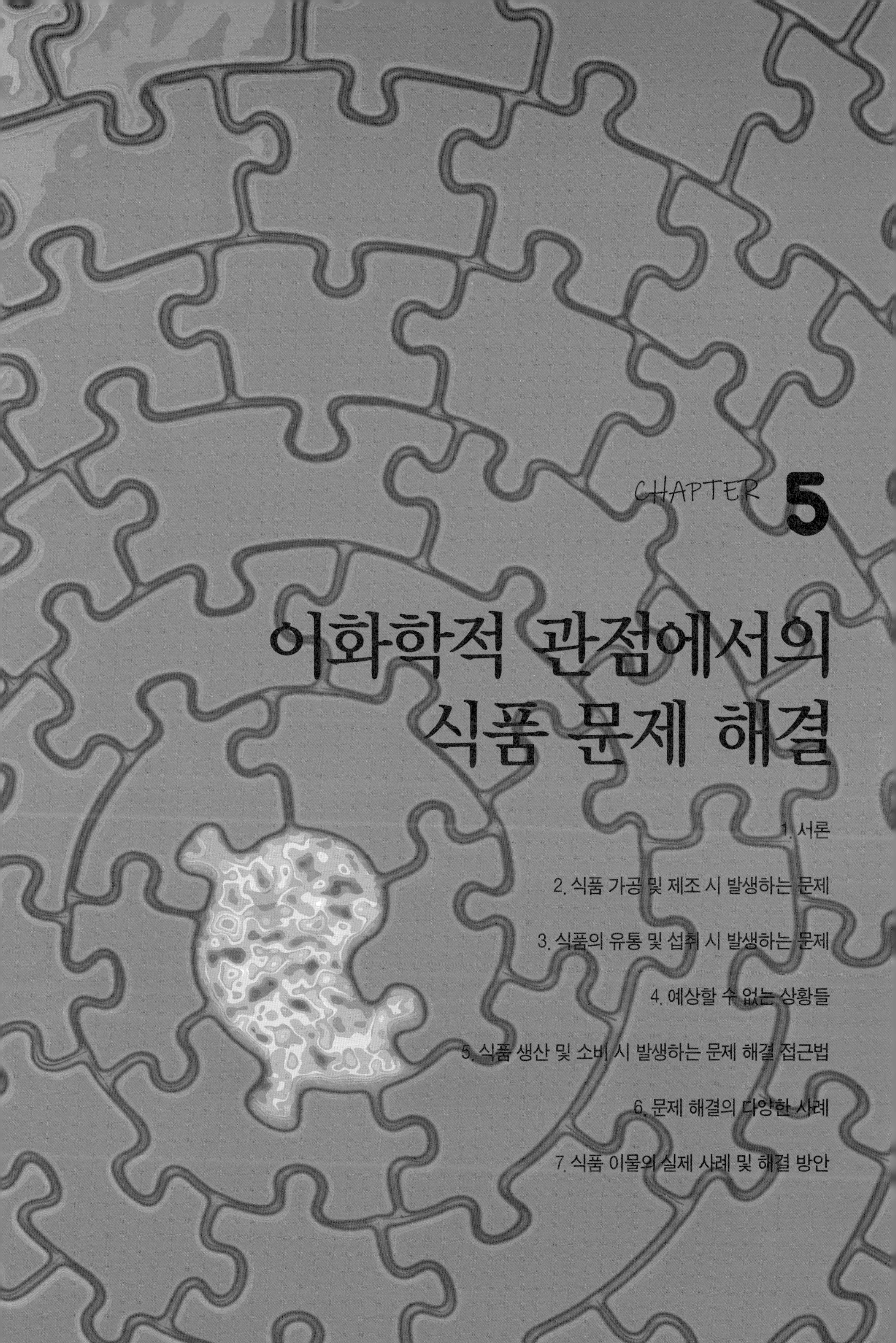

CHAPTER 5

이화학적 관점에서의 식품 문제 해결

1. 서론

2. 식품 가공 및 제조 시 발생하는 문제

3. 식품의 유통 및 섭취 시 발생하는 문제

4. 예상할 수 없는 상황들

5. 식품 생산 및 소비 시 발생하는 문제 해결 접근법

6. 문제 해결의 다양한 사례

7. 식품 이물의 실제 사례 및 해결 방안

1. 서론

식품에 대한 문제 해결 방식은 문제를 보는 관점에 따라 달라질 수 있다. 문제라는 인식에 대한 정의를 내리고, 이를 해결하는 데 필요한 논리적 접근법을 식품과학자 입장에서 접근해 보고자 한다.

식품에서 발생할 수 있는 문제는 가공식품을 예로 들면 크게 제조 공정 중 발생하는 경우, 유통 중 발생하는 경우, 소비자 섭취 중 발생하는 경우로 구분할 수 있다. 어떤 단계에서 문제가 발생하느냐에 따라 문제 해결 방안 및 해결 주체가 달라진다. 위와 같은 접근법은 시간 혹은 과정에 따른 일반적인 접근법이다.

다른 접근법은 주요 문제 유발 원인 혹은 결과물 유발 인자를 물리적 부분과 화학적 측면으로 구별하는 것이다. 물리적 측면이 외관과 소리로 구분된다면 화학적 측면은 맛과 향의 변화를 유발한다. 예를 들어 포장재나 내용물의 외관이 다르거나 음식 섭취 시 발생하는 소리가 다르다면 식품이 평상시와 다르다고 인지하게 되며, 맛이나 향을 소비자가 알고 있는 경우, 즉 익숙한 경우와 달라도 이상하다고 판단한다. 기존에 경험하지 못했던 맛과 향인 경우에는 식품 이외의 분야, 예를 들어 향수 분야에서는 창의적이라며 높은 평가를 받을 수 있겠지만 식품에서는 경계를 한다. 이는 진화 과정 중 사람이 생존할 수 있게 하는 기본적인 특성으로, 식품 분야가 상대적으로 다른 분야에 비해 보수적인 성향을 띨 수밖에 없는 이유이기도 하다. 산에서 채취한 산나물을 섭취하고 중독되거나 사망하는 사고가 심심치 않게 보도되고 있는데 이는 채취한 임산물

곰취 동의나물 자리공 인삼

그림 5-1 외관이 비슷하여 혼동하는 임산물

자료 : 식품의약품안전처

이 기존에 식용 가능하다고 알고 있던 것과 물리적 외관 혹은 화학적 맛과 향이 유사하여 혼란을 겪는 것에 기인한다(그림 5-1).

앞의 경우와 같이 식품에서의 문제를 표준품과 차이를 갖는 경우로 정의하여 문제 해결 방안을 찾고자 한다. 이런 차이가 어떤 공정(제조, 유통, 섭취)에서 유발되었는지 판별할 수 있다면 문제 해결 방안 도출이 더욱 쉬워질 것이다.

예를 들어 라면을 제조하고 섭취 시 발생할 수 있는 문제를 단계별로 생각해 보자. 면을 제조하기 위해서는 녹말, 밀가루 등의 원자재가 필요하고, 이를 가공하기 위해 열처리 공정과 튀김유가 있어야 하며, 수프를 제조하기 위해 다양한 농산물, 수산물, 임산물 등의 원료가 있어야 한다. 각 원료의 품질이 지정된 규격에 맞는지 확인하는 검수 과정을 거쳐 정해진 제조 작업 프로토콜을 활용하여 원료를 가공하고 제품을 생산 및 포장한다. 몇 단계의 유통 과정을 거쳐 라면을 구입한 소비자는 구입 즉시 혹은 일정 기간이 지난 후 라면을 소비한다. 소비자는 라면의 외관을 확인하고 제조 회사에서 추천한 조리법이나 자신만의 노하우가 담긴 조리법에 따라 라면을 조리한 후 소비한다.

각 단계마다 발생 가능한 문제 상황은 다양하다. 원재료에 가공 공정을 거쳐 발생하는 화학물질의 발생 및 재배열된 결과물이 식품이 되며, 이것이 소비자의 선택을 받아 소비된다. 이때 우리에게 익숙한 화학물질의 재배열과 다르면 문제라고 인식하게 된다. 눈에 보이는 물리적 모습 역시 화학물질의 결과이지만 문제를 단순화하기 위해 시각 및 청각과 관련된 경우는 물리적 관점에서 설명하고, 미각, 후각과 관련된 경우는 화학적 측면에서 접근하고자 한다.

유독한 화학물질을 다루는 공간에서 연구원들이 사용하는 음식물 보관 냉장고에 'No Chemicals'라는 문구가 부착되어 있는 경우를 생각해 보자. 이 문구를 제작한 사람의 의도는 '이 냉장고에는 식품만 보관하라'는 것으로 유추할 수 있다. 하지만 이는 잘못된 표현이다. 'No Chemicals'라는 문구를 그대로 해석하면 이 냉장고에는 아무것도 없어야 하며, 심지어 진공 상태이어야 한다. 공기를 이루는 질소, 산소, 수소, 이산화탄소 역시 화학물질(chemicals)이기 때문이다. 사람들 사이에 공포처럼 번지는 '케모포비아(chemophobia)' 역시 잘못된 표현이다. 케모포비아의 정의를 살펴보면 '화학물질 공포증(제품을 사용할 때 화학 성분을 꼼꼼히 살피거나 될 수 있으면 화학 제품의 사용을 피하는 현상)'으로 이 정의를 곧이곧대로 해석해 보면 모든 존재하는 것에 대한 공포가 된다.

소위 천연으로부터 유래한 모든 것들도 산소, 수소, 탄소, 질소 등의 화학물질로 구성되어 있다. 물 한 분자는 두 개의 수소와 한 개의 산소로 되어 있으며, 이들이 6.02×10^{23}개가 모여야 18 g의 부피를 가진다. 물 한 컵, 약 180 mL를 한 번에 마시는 행위는 6.23×10^{24}개의 물 분자를 몸에 받아들이는 위대한 행위이다.

따라서 근거 없는 케모포비아는 삶을 살아가는 데 하등 도움이 되지 않는 무지에 의한 공포일 뿐이다. 모든 물질은 독성을 갖고 있다. 이는 우리 신체가 받아들일 수 있는 분자의 형태나 개수가 한정이 되어 있음을 의미한다. 설탕이나 소금도 많은 양을 섭취하면 인체에 유독하며, 어떤 물질은 신체가 받아들일 수 있는 허용량이 극소량인 경우도 있다. 예를 들어 쓰레기 소각장에서 발생하는 환경 호르몬인 다이옥신(dioxin)의 경우 세계보건기구(WHO)의 하루 최대 허용 섭취량은 몸무게 1 kg당 1~4 pg(피코그램, 1 pg은 1조분의 1 g)이며, 우리나라는 4 pg으로 규정하고 있다. 과학 기술이 발전하면서 분석 기기의 민감도가 증가함에 따라 기존에 알려지지 않았던 화학물질의 농도가 검출되어 문제 해결의 실마리를 제공하는 경우가 많다. 화학물질의 존재가 문제이기보다는 농도와 섭취 효율이 더 큰 문제라는 인식을 항상 갖고 있어야 한다.

미생물 및 화학물질 독성으로 편의상 구분하고 있지만 미생물에 의해 유발되는 모든 현상 역시 화학물질의 변화에서 기인함을 이해해야 한다. 미생물, 동물, 식물 등의 생명체는 주로 효소 체계를 통해 상대적으로 낮은 에너지를 소비하면서 원하는 화학물질을 생산 혹은 제거하는 효율적 체계를 진화를 통해 구축해 왔다. 예를 들어 물, 단백질, 지방, 탄수화물로 구성된 식품을 섭취하는 행위는 고분자들을 분해해서 우리 체내로 흡수하는 일련의 가수분해 행위이다. 바이오폴리머(biopolymer) 형태인 단백질과 탄수화물을 분해하여 각각의 저분자들인 아미노산들과 단당류로 전환시키기 위해서는 공유결합을 해체해야 하며, 이 공정은 상당히 많은 에너지가 필요하다. 만약 효소라는 효율적인 분해 체계가 없다면 신체의 소화기관은 37℃가 아닌 100℃ 이상이어야 하며, 그나마 섭취할 수 있는 작은 크기로 이들 바이오폴리머를 분해하는 것도 요원한 일일 것이다.

우리는 화학물질의 바다에서 살아가고 있으며, 이들로부터 자유로울 수 없기에 식품에 대한 정확한 정의와 이해가 필요하다. 결국 식품은 상대적으로 많은 분자를 섭취해도 우리 신체가 원하는 기능(열량 발생을 목적으로 하는 영양원, 특정 생리적 기능을 목적으로 하는 화학물질)을 하게 하는 화학물질의 집합체인 것이다. 이렇게 장황하게 식품의 모습을 화학물질의 집합체로 정의하는 것은 향후 발생하는 문제를 해결하는 데 도움이 되기 때문이다.

해결해야 할 식품의 문제란 소비자가 익숙해 있던 혹은 원하는 화학물질의 종류 및 양과는 다른 조합이나 이종의 화학물질이 일정 역치 이상 혼합되는 현상으로 정의할 수 있다. 다른 조합의 화학물이 생성되는 경우 발생 시기는 제조, 유통, 소비 단계가 되며, 주요 화학물의 종류에 따라 문제 해결법이 다르다.

2. 식품 가공 및 제조 시 발생하는 문제

가공 공정 혹은 제품 제조 시 발생 가능한 문제를 먼저 고민해 보자.

가공식품의 품질이 대조구와 다른 경우는 화학물질의 종류나 양이 다름에 기인하게 되며, 이를 유발하는 주요 원인은 원재료의 품질이나 제조 공정에 있다.

원재료 검수 시 기준에 맞지 않는 품질의 원료가 공급되었을 때는 검수 품질 가이드라인을 규정대로 적용해야 한다. 이 과정이 제대로 진행되지 않으면 이후에 진행되는 제조, 포장, 유통, 섭취의 모든 과정에서 문제를 유발할 가능성이 크다. 예를 들어 튀김유로 사용되는 콩기름의 경우 산가, 과산화물가 등의 측정법을 활용하여 유지의 산패 정도를 평가할 수 있다. 비록 이들 지표가 기준 이내에 놓여 있더라도 산화 촉진 물질의 존재에 의해 최종 제품의 품질이 달라지는 경우는 비일비재하다. 산화 촉진 물질이 있을 것으로 의심되는 경우에는 추가적인 검사를 통해 향후 발생할 수 있는 위험을 미리 제거해야 한다.

원재료 가공 시 가장 많이 처리하는 가열 처리 공정은 원재료에 포함되어 있는 미생물의 숫자를 줄이는 목적으로 주로 사용되며, 동시에 원재료로부터 화학물질의 발생 및 재배열을 통해 원하는 품질의 맛과 향을 만들기 위해 적용한다. 맛과 향은 비휘발성 화학물질과 휘발성 화학물질에 기인하며, 각각 이들의 수용체(receptor)와 결합을 통해 역치값을 넘는 경우에 한해 뇌에서 이를 인지한다.

식품 가공 시 열처리를 적용하면 가장 먼저 급격한 변화를 보이는 화학물질은 원재료에 물리적으로 포함되어 있던 질소, 산소, 이산화탄소, 수소 등의 가스들이다. 이들은 원료로부터 이탈하여 외부로 제거된다. 또한 물은 고체에서 액체로, 액체에서 수증기로 변화하면서 가장 급격한 상(phase)변화를 겪게 된다. 반면에 탄수화물, 지방, 단백질의 전체 질량은 크게 변화하지 않는다. 탄수화물은 젤(gelatinization)화되거나, 단당류는 단백질과 함께 마이야르(Maillard) 반응을 통해 갈색의 색소와 휘발 성분을 형성하거나 카라멜 색소를 형성하면서 맛과 향에 영향을 준다. 단백질은 변성이 진행되면서 원래의 모습을 잃게 되고 열처리 정도에 따라 물리적 성격이 달라진다. 특히 질소가 포함된 다양한 화합물이 발생하며, 환원당과 마이야르 반응을 통해 갈색의 화학물질을 생성한다. 반면에 지방은 고체 상태에서 액체 상태로 상변화가 되면서 지방 산화가 발생하게 된다. 180℃ 이상의 고온에서 상대적으로 안정하기에 열을 전달하는 매개 물질로 적합하여 튀김 공정과 같이 물(100℃ 이상의 열처리가 불가함)을 매개로 이용할 수 없는 공정에 활용된다.

열처리 정도에 따라 식품 구성 성분 각각 혹은 이들의 조합으로부터 생성되는 화학물질의 양과 종류가 달라지기에 이들을 분석하면 식품 문제의 해결 단서를 유추할 수 있다.

원하는 맛과 향이 나오지 않았다면 이는 원재료의 품질 문제일 수도 있고, 제조 공정 중 적절한 처리가 되지 않았거나 부주의로 인한 재료 비율의 차이가 원인일 수도 있다. 특히 열처리에 따른 각 성분(단백질, 지방, 탄수화물)의 변화 정도에 대한 자료가 축적되어 있다면 어떤 성분이 원인인지 유추할 수 있을 것이다. 예를 들어 유탕 처리 가공식품(도넛, 유과, 라면 등)에서 과도한 산패취나 알데하이드(aldehyde)류가 발생했다면 이는 지방 산패에 원인이 있는 것으로 튀김유로 사용된 유지의 품질이나 유탕 시 과도한 산화가 발생했음을 의심할 수 있다.

만약 최종 제품이 표준화된 대조구와 차이가 없으면(화학물질의 양과 조합적 측면) 정상적으로 출하되지만 대조구와 차이가 발생하면 이를 제거하고 원인을 분석해야 한다. 문제는 대조구의 차이를 판별하는 시스템의 민감도에 한계가 있어, 혼입된 이물의 화학물질 양이 어느 정도 이상이 되어야만 외부로 이상 현상이 나타나게 된다. 예를 들어 원재료나 최종 제품에 금속 이물질이 포함되어 있는 경우 육안으로 이를 판별하는 것은 한계가 있다. 상대적으로 민감도가 높은 금속 탐지기를 활용하면 금속으로 오염된 원재료 및 최종 제품의 선별이 가능하다.

3. 식품의 유통 및 섭취 시 발생하는 문제

1) 식품의 유통 중 발생하는 문제

가공식품을 제조하는 생산 현장에서 소비자의 손까지 제품이 전달되기 위해서는 다양한 유통 단계를 거치며, 이 과정 중에 원하지 않는 화학물질의 재배열 및 이물질의 혼입 가능성이 있다. 유통 단계 시 발생하는 열에너지의 변화는 초기에 제작되었던 물리적 모습과 다른 재배치, 특히 냉동식품에서 물의 모습을 다르게 변화시키는 경우가 많다. 이는 소비자들이 기대하는 제품과는 달라 이 제품을 구입한 소비자는 제품에 문제가 있다고 인식하게 된다. 상온에서 저장 유통되는 제품의 경우에는 특히 지방 산화에 의한 화학물질의 재배열 및 산화 생성물이 다량 발생하게 되어 관능적 품질 문제를 유발하게 된다. 단백질이 주요 성분인 식품(육포, 햄류 등)이나 탄수화물 위주의 식품(떡, 빵, 면류 등)은 저장 중 바이오폴리머 간 수소결합이 증가하면서 서로 간의 결합력이 커지고 수분의 함량이 낮아지는 현상이 발생한다. 이로 인해 제품이 딱딱해지면서 물의 함량이 줄어들게 되는데 탄수화물 위주의 식품으로 떡 등에서 발생하는 노화 현상, 빵의 스테일링(staling)이 대표적인 현상이다. 요구르트나 두부, 잼은 저장 기간이 늘어나면 바이오폴리머의 분자 간 결합에 의해 물이 분리되어 나오면서 수분이 증가하게 된다(그림 5-2). 이는 제조된 후 일정 기간이 지났음을 의미하지만 품질적인 측면, 특히 안정성에는 문제가 없는 경우가 많으므로 불필요한 공포를 가질 필요는 없다.

제조 및 보관 중인 음료 형태 혹은 액상 식품에서 덩어리나 침전물이 생길 수 있는데

그림 5-2 두부의 이액 현상으로 수분이 용출되는 현상

이는 저장 기간 중 단백질이나 탄수화물의 바이오폴리머가 서로 뭉치면서 일정 크기 이상이 되면서 보이게 되거나 소금(salt)이나 비극성, 즉 물을 싫어하는 성질을 지닌 파이토케미컬(phytochemical)이 서로 뭉쳐 침전이 발생한 경우이다. 사람의 육안으로 덩어리 혹은 무엇인가 이물이 존재하고 있다는 것을 확인할 수 있는 물질의 크기는 50~150 nm 정도일 때부터이다. 즉 50 nm보다 작은 크기는 육안으로 확인할 수 없다. 침전물 혹은 덩어리 형태를 이룰 수 있는 대표적인 식품 성분은 바이오폴리머인 단백질과 탄수화물이다. 물론 크기가 큰 염이나 식물 유래 2차 대사물인 파이토케미컬도 커지면서 침전을 이룰 수 있으며, 타닌 성분이 대표적인 예이다. 단백질과 탄수화물이 많이 존재하는 식품(간장, 음료, 특히 과일 주스)은 침전물이 생길 가능성이 높은 편이다(그림 5-3). 과일 주스나 맥주 제조 시 많은 효소가 이들 침전물의 생성을 억제하기 위해 사용된다. 예를 들어 맥주에서 발생하는 혼탁은 주로 폴리페놀류인 프로시아니딘과 단백질 가수분해물인 펩타이드가 결합되어 발생하며, 일부 전분질이 관여한다. 이를 제거하기 위해 아밀레이스와 파파인과 같은 성분에서 유래하는 단백질 가수분해 효소를 활용할 수 있다. 또한 필터 정제 시 막힘(clogging) 현상은 베타글루칸에 의해 유발되기에 글루카네이스를 활용할 수 있다.

일부 음료 제품은 액체와 고체가 서로 분리되는 상분리가 발생하는 경우가 있다. 마요네즈처럼 수중유적형 유화 제품의 경우 유지와 수분의 상분리가 발생할 수 있다(그림 5-4). 이러한 경우는 제조 기술의 낙후나 가혹적인 저장 유통 환경에 기인할 가능성이 높으며, 최종 제품의 상품 가치가 저하 및 훼손되었다고 판단할 수 있다.

그림 5-3 과일 주스에서 침전이 발생하는 경우

그림 5-4 마요네즈에서 에멀션이 불안정하여 물과 기름이 분리되는 현상

2) 식품 섭취 시 발생하는 문제

소비자는 가공식품의 포장 상태와 내용물의 외관을 보며, 맛과 향을 느끼면서 자신이 알고 있던 대조구의 이미지와 비교한다. 신상품이나 먹어 보지 않았던 음식의 경우에는 대조구가 없으므로 자신이 알고 있던 가장 유사한 식품의 품질을 활용하여 맛을 표현한다. 예를 들어 레몬을 처음 맛본 사람은 레몬 맛의 표현을 'ㅇㅇ식초 맛이다'라고 할 수 있을 것이다. 커피를 처음 맛본 경우에도 유사한 반응을 보일 것이며, 반복적인 섭취와 이미지 형성을 통해 커피 마시는 것에 대한 거부감이 사라지면서 습관화되기에 이를 것이다. 반복적인 섭취를 통해 인지된 기억과 지금 눈앞에 있는 제품과의 비교를 통해 무의식 및 의식적인 평가를 내리게 된다.

맛과 향은 화학물질의 조합이며, 제조 직후 화학물질의 조합은 저장 유통기간이 지나가면서 변화하기 시작한다. 비록 저장 온도가 25℃ 전후에서 유지된다고 해도 화학물질의 분자들은 계속 움직이면서 변화하게 된다. 이를 인정하게 되면 식품의 맛과 향이 달라진다는 것을 이해하게 되며, 제품 문제에 대한 보다 현명하고 이성적인 판단이 가능해진다. 소비자가 제품을 구입하고 냉장고에 보관하는 것은 미생물의 생육 억제와 함께 화합물의 움직임을 늦춰 화학반응 속도를 느리게 하여 품질 변화를 억제하는 중요한 방법이다.

포장은 식품 보호의 최전선이며, 소비자는 다양한 정보를 식품 포장으로부터 기대한다. 포장재를 개봉할 때는 과거의 기억에 의존해서 특유의 향을 기대하게 되며, 이 기대가 충족되지 못하면 식품의 품질에 대한 의심이 시작된다. 포장재가 완전하지 못하거나 유통 환경이 적절하지 못한 경우에는 이물이 들어갈 수 있으며, 화랑곡나방(쌀벌레) 애벌레와 같은 살아 있는 벌레가 유통 중 침입할 수도 있다.

4. 예상할 수 없는 상황들

요즘은 개인이 자신의 의견을 자유롭게 표현할 수 있는 인프라가 갖추어진 시대이다. 블로거 중 파워블로거는 많은 팔로워(follower)를 보유하고 있어 소비자의 구매 의욕이나 구매 의사에 많은 영향을 미치는 세상이다. 일부 블로거는 단순한 실험을 실시하여 특정 회사의 상품이 좋다 혹은 나쁘다라는 의견을 간접적으로 보여 주기도 해서 산업체에서는 일일이 모니터링을 하고 있으며, 좋은 의견인 경우에는 성의를 표시하기도 하고 부정적인 의견에 대해서는 적절한 법적 조치를 취하기도 한다. 과학적 호기심과 한 번 정도 해 본 실험 결과를 게재하면서 과학적인 배경 지식 없이 사실을 확대 해석하고 아전인수격 결론을 내리는 경우도 비일비재하다. 또한 자극적인 것을 원하는 방송국에서 일부 사례를 전체적인 것으로 확대 해석하는 경우도 많으며, 고발 프로그램은 특히나 이런 경우가 많은 편이다.

실제 일어나고 있는 다음 사례에 대해 기업의 대응 방안에 대해 고민해 보자.

사례

1. 다양한 식품 종류를 섭취한 후 몸무게의 변화를 보고하면서 특정 식품군, 특히 패스트푸드가 건강에 좋다, 나쁘다 하는 경우
2. 음료 혹은 조미료에 동물 혹은 식물을 첨가한 후 동물이 살아 있는 시간 측정 또는 식물이 시드는 정도 등을 관찰한 후 특정 음료 혹은 조미료가 건강에 좋다 또는 나쁘다고 하는 경우
3. 알코올이 들어간 음료, 특히 맥주를 섭취하면서 국산과 외산, 혹은 특정 생산 방식에 대한 호불호를 강조하는 경우
4. 조미료 종류별로 실제 특정 요리를 하면서 맛의 호불호를 강조하는 경우, 특히 천연 조미료와 합성 조미료의 차이점을 강조하면서 합성 조미료의 해악을 강조할 때
5. '천연'을 강조하면서 합성 화합물에 대한 케모포비아 공포를 유도하는 경우. 실제로 모든 물질은 화학물질인데 대중의 인식을 유도하여 기업의 이익을 극대화하려는 상대 기업의 마케팅 오류가 있을 때

5. 식품 생산 및 소비 시 발생하는 문제 해결 접근법

4단계, 즉 문제 파악, 원인 파악, 해결 방안 제시 및 해결 방안 검증의 반복을 통해 식품에서 발생하는 문제를 해결한다.

1) 문제 파악

문제라고 인식하는 경우는 원하는 품질 혹은 기대하는 품질과 다른 경우가 발생할 때이다. 현장에서 원하는 품질이 생산되지 않을 때나 제품의 외관, 맛, 향, 조직감 등 소비자의 오감 감각으로 평가될 수 있는 부분이 기존에 알고 있던 제품의 품질과 다를 경우 문제라고 인식한다.

2) 원인 파악

소비자의 이의 제기에 의한 문제는 주로 제품 생산 후 저장 및 유통, 소비 과정에서 발생하는 경우가 많으며, 생산 과정에서 발생하는 문제는 생산 현장에서 해결해야 한다.

이물이 발견되는 경우에는 이물의 종류에 따라 제조 공정 중 부주의로 인해 투입되었거나 보관 및 저장 환경에 따라 외부에서 포장재를 뚫고 투입되는 경우가 있다. 반면에 제품 자체의 질적인 측면에서 오감으로 측정 가능한 품질의 변화가 발생하는 경우에는 화학 및 미생물적인 원인을 고려해야 하며, 이 경우 맛 지표들의 변화 유발 가능 원인을 파악해야 한다.

(1) 이취(off-flavor) 발생

식품에서 휘발 성분의 생성은 지방 산화에 의한 산패취, 단백질과 탄수화물의 반응에 의한 마아야르 반응 산물 유래 냄새, 미생물 번식에 의한 이취, 기존 휘발 성분들의 함량비 변화, 향기 성분의 손실, 외부 향기 성분의 혼입 등에 의해 발생한다.

(2) 이미(off-taste) 발생

원미 성분들(단맛, 짠맛, 쓴맛, 신맛, 감칠맛)은 수용성을 지니며, 이들의 함량 변화 혹은 수용성의 감소에 의해 맛의 변화가 발생한다. 또한 원미 성분 이외의 매운맛, 아린 맛, 금속 맛 등을 유발하는 물질의 혼입이나 생성이 맛의 변화 원인이 된다. 가공 및 저장 중 환경 변화에 의한 비수용성 이미 성분들이 수용성을 지니거나 저분자화되면서 맛의 변화를 유발할 수도 있다. 또한 원료의 전처리가 불충분하여 비료나 농약, 중금속 등이 잔류함으로써 맛의 변화를 유발하는 원인이 되기도 한다.

(3) 물성 변화

식품의 물성은 주요 영양원인 단백질, 탄수화물, 지방 및 물에 의해 좌우한다. 특히 고온의 살균 공정을 거치면 단백질의 변성, 탄수화물의 젤화, 유화성상의 불안정화, 수분의 증기화 및 온도 저하에 따른 응축은 피할 수 없는 현상이다. 과일 음료나 간장 같은 액상 제품에서 나타나는 뭉치는 현상은 탄수화물(펙틴)이나 펩타이드가 일종의 결정핵 역할을 하면서 시간이 흐름에 따라 결정이 커지며, 일정 수준 이상이 되면 눈으로 식별할 수 있는 이물로 성장한 것이다.

(4) 색(color) 변화

색은 가시광선 파장을 흡수 및 반사하는 물질의 존재에 따라 결정되며, 베타카로틴이나 안토시아닌과 같은 화학물질일 수도 있고 나비의 날개 색처럼 물리적 구조에 따라 발색될 수도 있다. 가공 조건에 따라 원하는 색을 재현해 내는 것은 쉽지 않으며, 많은 경우 색소를 첨가하여 발색한다. 고온 처리 및 미생물 발효 공정에 의해 나타나는 색은 주로 갈색이나 검은색 계열이며, 마이야르 반응 및 효소적 갈색 반응이 대표적이다. 기타 색은 식품 원료 유래 화학물질에 의해 결정된다. 색의 변화가 문제의 주요 원인이라면 색을 제공하는 화학물질의 변화 및 갈색 반응의 증가 때문이라고 판단할 수 있다. 특히 수용성 색소들은 물의 pH 변화에 민감하므로 물이 많은 제품은 pH 변화를 모니터링해야 한다.

3) 해결 방안 제시

이물이 제조 공정 중 비의도적으로 혼입되었다면 작업자의 주의를 환기시키고 이물 검출 공정을 개선해야 한다. 이물이 금속인 경우 금속탐기기나 자석을 활용하면 된다. 반면에 이물이 저장 및 유통 중에 혼입되었다면 포장 재질의 변경, 유통 및 저장 환경 개선 등 회사에서 조절 가능한 범위 내에서 해결해야 한다.

위에서 언급한 이미, 이취, 물성, 색 변화 현상의 주요 원인을 파악했다면 이를 해결하기 위해 기존 방법과의 차이를 모니터링해야 한다. 각 원인의 지표 성분을 선정하고, 이들이 원료나 공정 조건의 변화에 따라 어떻게 달라지는지 확인한다.

(1) 이취(off-flavor) 발생

① 지방 산화에 의한 산패취 발생 시 적절한 산화방지제 첨가 혹은 산화 안정성이 높은 유지로 대체한다.

② 단백질과 탄수화물 반응에 의한 마이야르 반응 산물 유래의 냄새는 가공 조건의 변화 및 원료 대체를 제시한다.

③ 미생물 번식에 의한 이취의 경우 살균 및 포장 공정을 확인한다.

④ 기존 휘발 성분의 함량비 변화, 향기 성분의 손실, 외부 향기 성분이 혼입된 경우 포장 공정을 개선한다.

(2) 이미(off-taste) 발생

① 원미 성분의 함량 변화 혹은 수용성이 감소하는 경우 가공 공정 및 포장 공정을 개선한다.

② 원미 성분 이외의 물질 혼입 혹은 생성이 맛 변화의 원인이 되었을 경우 원료 품질 검수를 철저히 하고 가공 공정을 개선한다.

③ 가공 및 저장 중 수용성을 지니거나 저분자화되는 경우 이미 성분의 전환 가능 물질이 적게 함유된 원료를 선정한다.

④ 비료나 농약, 중금속의 잔류로 인한 경우 원자재 식품 원료의 검수를 철저히 한다.

(3) 물성 변화

핵으로 작용할 수 있는 물질의 생성을 억제한다. 어느 정도 크기의 물질이 될 때 핵으로 활용되므로 단백질 및 탄수화물 가수분해 효소 처리로 크기를 줄이거나 물리적 타격으로 단백질, 탄수화물의 크기를 줄인다. 떡의 노화를 억제하기 위해 물리적 타격을 주어 녹말의 크기를 작게 만들어 주는 것도 이런 원리를 활용한 것이다.

(4) 색(color) 변화

① 제품에 갈색이나 검은색 계열이 두드러지는 경우 원인이 되는 마이야르 반응 및 효소적 갈색 반응 정도를 조절한다.

② 수용성 색소의 안정성을 증대하기 위해 물의 pH 변화를 억제하고 화학반응을 줄이기 위해 점도를 높이는 방안을 시도한다.

4) 해결 방안 검증

앞에서 제시된 해결 방법을 시도하여 개선 여부를 모니터링한다. 대조구가 있는 경우와 없는 경우, 즉 새로운 제품 개발 여부에 따라 해결 방안의 만족 수준이 달라진다. 대조구가 있어 문제 해결의 목표치가 있는 경우에는 분석기기를 활용한 객관적 측정치나 사람을 활용한 주관적 감각평가 지표의 비교를 통해 문제 해결 성공 여부를 확인할 수 있다. 반면에 대조구가 없는 새로운 제품 개발의 경우에는 개발 목표를 정확히 정량화하여 이에 도달하는 것을 해결된 것으로 간주할 수 있다.

6. 문제 해결의 다양한 사례

1) 식물 추출물의 특정 파이토케미컬 분석

문제 회사에서 분석을 담당하고 있는 당신은 식물 추출물의 특정 파이토케미컬을 분석해야 한다. 기존에 보고된 방법을 그대로 활용하여 HPLC(High Performance Liquid Chromatography)로 분석하였다. 그런데 25분에 나와야 할 물질의 최고점(peak)이 6분에 검출되었다. 이 문제를 해결해 보자.

문제 해결 목표

HPLC에서 검출되는 물질의 머무름 시간(retention time)이 기존 자료와 다른 문제 해결

접근 방법

① 표준품이 제대로 된 것인가?

② HPLC 용매가 제대로 만들어졌는가?

③ HPLC 분석 조건은 제대로 작성했는가?

④ HPLC 컬럼의 분리능이 저하되었는가?

⑤ HPLC 기기 자체의 성능 저하가 발생했는가?

해결 방법

① 신뢰성이 있는 시약 회사에서 구매한 표준품인가를 확인해야 한다. 일부 시약의 경우 보존 기간이나 방법에 따라 원래의 성질이 변하는 경우가 종종 발생하므로 새로운 표준품 시약으로 정확히 제조하여 실험을 다시 실시한다.

② 실험의 오류 중 크게 작용하는 부분은 용매의 조성을 제대로 맞추지 못했거나 만든지 오래된 용매를 사용하는 경우이다. 새롭게 제조된 용매를 사용하여 위의 표준품으로 재실험을 실시한다.

③ 원래 표준품이 나와야 할 머무름 시간보다 빠르게 나왔다는 것은 HPLC 컬럼에 걸리는 압력이 높아져 있을 가능성이 있다. 압력 수준과 용매의 유속을 확인하여 재실험을 실시한다.

④ 오래 사용한 HPLC 컬럼은 내부에 코팅된 물질(고정상, stationary phase)이 용매에 씻겨 원래의 컬럼 분리능을 갖지 못하는 경우가 종종 발생한다. 이 경우 새로운 HPLC 컬럼을 구비하여 재실험을 실시한다.

⑤ 오래된 장비 및 정비가 정기적으로 진행되지 않은 경우, 액체의 누수가 발생하면서 분석이 제대로 되지 않는다. 이 경우 수리 기사의 도움을 받아야 하는데 최신 기기일수록 전문 업체의 도움이 필요하다.

2) 산가 기준 규격의 설정

문제 사회가 발전하면서 기존에 없던 제품이 출시되고 품질을 측정하는 방법 역시 보고되고 있다. 지방 함량이 높은 제품, 유탕 처리 제품의 산패 정도를 평가하는 기법이 전 세계적으로 통일되고 있는 분위기이다. 우리나라에서도 다른 나라와의 형평성을 맞추기 위해 새로운 방법을 고시할 예정이지만 우리나라의 식문화가 외국과는 달라 외국의 기준을 그대로 적용하는 데는 어려움이 있으므로 적절한 기준 규격의 설정이 필요하다. 이 문제를 해결해 보자.

문제 해결 목표

우리나라 산업 및 식문화에 적절한 산패 측정 기준 규격의 설정

접근 및 해결 방법

① 외국의 기준 규격에 대한 자료를 조사한다. 미국, 유럽뿐 아니라 아시아, 특히 식문화가 유사한 동북아시아 국가인 일본, 중국의 사례를 확인한다.

② 측정 기법의 범용성 및 재현성을 확인한다. 고가의 분석 장비나 측정 및 결과를 해석할 때 전문 인력이 필요한 분석법은 범용적인 분석 기법으로는 적절하지 않다. 또한 기준을 명확히 하여 논란의 소지를 줄이도록 해야 한다.

③ 기존의 분석 기법과 새롭게 도입될 분석 기법 간의 상관관계를 도출한다. "식품공전"에 범용적으로 사용된 기존 방법들과 새롭게 도입될 방법 간의 상관관계를 확인하여 새로운 방법의 장단점을 확인한다.

④ 식품의 제조 조건을 확인한다. 실제 식품을 수거하여 식품 종류 혹은 제조되는 조건(대기업, 중소기업 혹은 개인 식당)에 따른 적합성에 대한 모니터링을 실시한다. 특히 식품 제조가 열악한 기업이나 자영업자에 의해 제조되는 식품의 기준 준수 여부를 확인한다.

⑤ 위 모니터링 결과를 토대로 다양한 분야의 전문가 및 관계자들의 의견을 청취한다. 부정적인 의견이 제시되는 경우 이를 바탕으로 ③, ④의 과정을 다시 반복한다.

생각해 볼 사항

나라마다 분석 방법이 다르고, 실험실마다 사용하는 기기가 다르므로 분석 결과를 해결하기가 쉽지 않다. 분석 방법을 하나의 분석 기기로 분석하는 방법이 아닌 경우 어떻게 서로 간의 결과를 신뢰할 수 있겠는가?

3) 특정 식품의 향 제조

문제 향기는 식품의 품질을 좌우하는 가장 기본적인 특성으로 식품 맛의 약 75~80%를 담당한다. 코를 막고 식품을 섭취하면 진정한 맛을 느끼지 못한다. 특히 조향은 일종의 예술의 경지라고도 할 수 있는데 이와 같은 여러 성분을 혼합하여 원하는 목적을 달성하는 방식은 조향 분야에만 국한되는 것은 아니다. 최적의 향기 성분 조합을 통해 특정 식품의 향을 제조하는 순서를 고민해 보자.

문제 해결 목표

최소의 조합을 통해 원하는 향을 제조함.

접근 및 해결 방법

① 원하는 식품의 향기 성분 분석 : 다양한 휘발 성분 포집 기법을 활용한다. 가스 크로마토그래피 질량분석계(GC/MS, Gas Chromatograph/Mass Selective Detector)를 통해 휘발 성분을 분석한다.

② 가스 크로마토그래피 후각검사(GC-olfactometry)를 활용하여 각 휘발 성분의 주요 냄새의 특징을 확인하고 주요 휘발 성분을 선별한다.

③ 정량이 가능한 표준물질과 비교하여 주요 휘발 성분의 함량을 분석한다.

④ 선정된 주요 휘발 성분의 양에 맞춰 조합(omission test)하고 하나씩 주요 성분을 제거하는 조합을 만든다. 어떤 휘발 성분이 없을 때 원하는 향기 성분을 갖추지 못하는지 확인하여 추구하는 향기를 제공하는 최소한의 물질을 선정한다.

⑤ 최소 조합을 활용한 조향을 통해 확인한다.

생각해 볼 사항

타깃이 되는 제품의 향이 있다고 한다면 타깃 제품의 향 분석 결과와 비교해 가면서 유사 제품의 향을 만들어 낼 수 있을 것이다. 그러나 만일 타깃 제품 없이 특정향 제품을 만들어야 한다면 어떤 방법이 있겠는가?

예를 들면 시원한 여름의 맛 향기, 사랑이 이루어졌을 때 느껴지는 향 등 추상적인 상태의 향을 개발해야 한다면 어떻게 접근하겠는가?

4) 최적의 가공 조건 결정

문제 식품 제조 시 가공 온도와 가공 시간에 따라 원하는 성분의 함량과 맛의 생성이 달라졌다. 일반적으로 가공 온도와 시간이 증가하면 원하는 맛의 생성은 증가하지만 기능성 성분의 함량은 감소하는 경향이 있다. 최적의 맛과 기능성을 갖는 가공 조건을 결정하는 방법은 무엇인가?

문제 해결 목표

원하는 맛과 기능성의 최적 조합 찾기

접근 및 해결 방법

① 원료로부터 가공 시간과 온도에 따른 변화를 모델 시스템으로 결정한다.

② 가공 조건에 따른 대표 기능성 물질의 변화를 추적한다.

③ 맛과 향에 대한 관능검사(감각 평가)를 실시한다.

④ 반응 표면 분석법 등의 최적화 기법을 도입하여 모델 시스템에서 가공 조건을 최적화한다.

⑤ 파일럿(pilot) 플랜트에서 가공 조건을 변화시켜 본다. 이때 연구실에서 일반적으로 사용되는 조건보다 가공 조건을 약하게 적용해야 한다.

⑥ 실제의 공장 규모에서 가공 조건을 변화시켜 본다. 이때 파일럿 플랜트에 적용한 가공 조건보다 약하게 적용해야 한다.

5) 이취의 발생 원인 규명

문제 가공 처리를 한 제품에서 3일 만에 이상한 이취가 발생하였다. 원인을 파악하고 대책을 강구해 보자.

문제 해결 목표

제품에서 발생한 이취의 원인 파악

접근 및 해결 방법

① 3일 만에 이취가 발생하는 것은 대체로 충분한 살균 처리가 이루어지지 않아 미생물의 생육에 의해 유발된 경우가 많다. 미생물 수를 확인하고, 만약 미생물의 수가 비정상적으로 많다면 열처리 등 가공 처리 시 상대적으로 낮은 온도와 시간이 적용되었는지 확인해 보아야 한다.

② 미생물의 수가 증가하지 않았다면 이는 기타 화학적 변화에 의한 것으로 간주된다.

③ 용수의 이취 발생 유무를 확인한다.

④ 포장재의 이취 발생 유무를 확인한다.

⑤ 각 공정 중 기계 혹은 재료의 이취 발생 유무를 판단한다.

생각해 볼 사항

같은 제품이 우리나라에서 출시되었을 때는 이취가 발생하지 않았으나 수출한 제품에서는 이취가 발생하였는데 수출국마다 이취가 나는 지역이 있는가 하면 그렇지 않은 경우도 있다. 이런 문제가 발생한 이유와 해결 방안은 무엇인지 알아보자.

6) 밤을 활용한 가공 제품 제조

문제 밤(chestnut)을 활용한 가공 제품을 제조하고자 한다. 그런데 밤 원료에 밤벌레가 있는 경우가 많아 이로 인한 제품 불량이 발생하여 소비자 민원의 대상이 된다. 해결 방법은 무엇인가?

문제 해결 목표

밤 껍질을 제거하지 않은 비파괴 상태에서 밤벌레의 존재 유무 확인하기

접근 및 해결 방안

① 밤벌레 존재 유무에 따른 밤의 외관 차이 확인 : 밤벌레는 외부에서 밤껍질을 뚫고 내부로 진입하므로 밤껍질에 구멍이 나 있다. 즉 밤벌레 존재 여부는 외부 껍질의 손상 여부로 판단할 수 있다.

② 외부 껍질의 변화를 실시간으로 측정할 수 있는 머신 비전(machine vision)을 설치한다.

7) 산패취 발생 문제

문제 기후 변화로 미국의 콩 작황이 좋지 않아 콩 가격이 많이 올랐다. 이에 남미에서 상대적으로 저렴한 콩을 이용하여 콩기름을 제조하여 수입하였다. 수입 시 평가 지표는 모두 만족하여 통관 및 초기 제품의 품질은 문제가 없었는데 콩기름의 저장 안정성이 낮아 산패취가 발생하였다. 해결책은 무엇인가?

문제 해결 목표

남미산 콩기름의 산화 안정성이 낮은 원인을 파악하여 대규모 손해 방지

접근 및 해결 방법

① 산패취 발생은 산화 안정성이 낮음을 의미하며, 이는 산화방지제의 함량이 낮거나 산화 촉진 물질의 함량이 높음을 의미한다. 따라서 제조된 남미 콩기름과 기존 미국산 콩기름의 산화방지제 및 산화 촉진 물질의 함량을 분석해야 한다.

② 산화방지제인 토코페롤과 산화 촉진 물질인 클로로필, 금속이온, 수분 함량을 측정하여 기존 제품과 비교 분석한다.

③ 향후 원료 수급지를 변경할 때에는 "식품공전"에 나와 있는 지표들뿐 아니라 산화방지제와 산화 촉진 물질의 함량 측정을 의무화한다.

생각해 볼 사항

기름에 금속이온들이 추가로 높게 나올 수 있는 원인은 무엇일까?

8) 볶음 공정의 시간과 온도 결정

문제 전통 방식으로 제조되었던 콩으로 만드는 식품을 현대적 방식으로 재현하고자 한다. 기존 방식은 소량의 대두를 장작불 위에 솥을 걸어 놓고 40분간 볶으면서 저어 주는 방식이었다. 대규모로 생산해야 하는 현대적 방식으로 생산하기 위해서는 볶음 공정의 시간과 온도를 결정해야 한다.

문제 해결 목표

노동 집약적이며 재현성 문제가 있는 전통 방식으로 제조된 볶은 콩과 동일한 품질의 제품을 대량 생산하기 위한 볶음 장치의 처리 온도와 시간 결정하기

콩을 볶으면 갈색이 발현되며 특유의 휘발성 향기가 발생한다. 이를 객관화하면 전통 방식으로 볶은 콩을 현대적 방식으로 재현할 수 있을 것이다.

① 전통 방식으로 제조된 볶은 콩과 동일한 품질을 갖는 지표를 선정한다. 색도의 변화를 활용하여 전통 방식으로 제조되는 콩으로부터 객관적인 색도의 평균값을 결정한다.

② 볶음 장치를 활용하여 여러 온도와 시간으로 콩을 볶은 후 색도를 측정한다.

③ 대조구로부터 나온 색도값과 볶음 장치를 활용하여 나온 색도값의 차이를 활용하여 가장 작은 차이를 보이는 온도와 시간을 2~3개 결정한다.

④ 감각 평가 및 특정 타깃 물질의 함량 분석을 통해 대조구와 가장 유사한 온도와 시간 조건을 선정한다.

7. 식품 이물의 실제 사례 및 해결 방안

1) 식품 이물 통계

2015년 식품의약품안전처에서 실시한 식품 이물 원인 규명 결과에 따르면, 제조 단계 혼입 11.1%, 소비·유통 단계 혼입 27.7%, 오인 신고 15.0%, 판정 불가 46.2%로 분석되었다. 특히 오인 신고는 주로 소비자가 커피믹스에 원료 등이 뭉쳐 있는 것을 벌레로 신고하거나 야채 호빵에 들어 있는 건조채소를 노끈으로 신고하는 등 원재료를 이물로 오인, 혼동하여 신고한 경우로 확인되었다.

이물 종류별로는 벌레(37.4%) > 곰팡이(10.3%) > 금속(7.3%) > 플라스틱(4.7%) 등의 순서로 나타났다. 살아 있는 벌레는 대부분 소비자가 식품을 보관, 취급하는 과정 중에 혼입된 것으로 확인되었으며, 곰팡이는 유통 중 용기·포장 파손 또는 뚜껑 등에 외부 공기가 유입되어 발생한 것으로 파악되었다.

식품 유형별로는 면류(13.7%) > 과자류(12.9%) > 커피(10.9%) > 빵·떡류(7.5%) > 음료류(5.9%) 등의 순으로 나타났다. 또한 주로 비닐류로 포장되는 식품인 면류, 과자, 커피, 시리얼 등은 화랑곡나방(쌀벌레) 애벌레가 제품의 포장지를 뚫고 침입할 수 있으므로 밀폐 용기에 보관하거나 냉장·냉동실 등에 저온 보관해야 한다.

2) 실제 사례

(1) 과채 음료

- 침전물 발생 : 주로 과채 음료에서 농축액 고형분의 응집 발생
- 감귤주스에서 빨간 링 형성 : 급격한 온도 변화로 인한 카로티노이드(베타카로틴)의 빨간 링 형성
- 갈변 현상

(2) 탄산음료

- 상부의 층 분리 현상 : 대표적 사례는 코카콜라의 유리병 제품으로, 얼었다 녹으면서 에멀션(emulsion)이 깨져서 발생함.
- 김이 빠져 있음 : 장시간 경과, 직사광선 노출, 고온 노출, 냉장 보관 시 동결될 경우, 외부 충격으로 인한 마개 손상
- 용량 부족 : 외부 충격으로 찌그러지거나 캔 용기의 신축성으로 외곽이 약해져 균열 틈 형성(pin hole 현상)
- 캔 부식 : 장시간 습기 노출

(3) 커피

- 하얀 부유물 발생 : 급격한 온도 변화 혹은 온장 상태(50~60℃)에서 장기간(14일 이상) 보관 시 지방과 단백질이 분리되면서 발생하고, 우유 함량이 많을수록 더 빠르고 크게 형성됨.

(4) 기타 음료

- 비타민 음료 및 생수의 침전물 : 제품이 얼거나 저온에서 보관한 경우 미네랄 성분이 석출됨.
- 차 음료(다류)에서 거품 발생 : 사포닌으로 인한 거품 형성
- 차 음료(다류)에서 침전물 발생 : 곡물 혼합 차의 경우 전분 성분이 석출/침전되며, 홍차 제품은 장기간 보관 시 에멀션이 침전됨.
- 이온 음료(파워에이드 등)의 탈색 현상 : 햇빛에 의한 식용 색소의 산화로 탈색 발생

(5) 주류

○ 용기의 동결 및 파손 발생

○ 뚜껑 돌출

○ 동결 침전물 발생

3) 해결 사례

(1) 초콜릿에서 애벌레 발견

① 신고 내용

식품 유형	이물 종류	신고 내용
초콜릿 가공품	화랑곡나방 유충(약 8 mm)	마트에서 구매한 초콜릿에서 살아 있는 애벌레 발견 

자료 : 식품의약품안전처, 식품 이물관리 업무 매뉴얼, 2017.

② 이물 원인 조사의 주요 내용 및 결과

○ 소비자는 집 인근 마트에서 제품을 구매하여 당일 제품을 개봉하여 섭취하던 중 살아 있는 화랑곡나방 애벌레를 발견하였다고 진술하였다.

○ 포장지에서 유충 침입 흔적 관찰 결과 핀홀을 발견하였다.

○ 판매 마트 진열 환경 조사 결과 해당 제품과 함께 진열된 타 제품의 내·외부에서도 유충, 번데기, 알집 등이 산재되어 있는 것을 확인하였다.

○ 화랑곡나방 유충의 생활사를 제품의 구매·보관·개봉일, 판매처 보관 기간, 제품 제조일과 비교하여 혼입 경로를 파악(역추적)하였다.

→ 유통 단계 혼입으로 결론

(2) 김치에서 주방용 칼 발견

① 신고 내용

식품 유형	이물 종류	신고 내용
김치류	주방용 식칼(약 35 cm)	군부대에서 납품받은 김치를 개봉한 후 조리를 위하여 일부 덜어 내던 중 발견 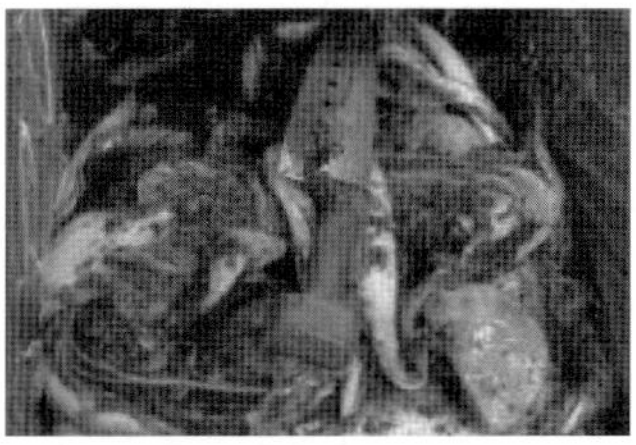

자료 : 식품의약품안전처, 식품 이물관리 업무 매뉴얼, 2017.

② 이물 원인 조사의 주요 내용 및 결과

- 속 넣기 작업이 완성된 배추김치는 금속검출기 통과 후 미리 준비해 놓은 비닐에 20 kg씩 수작업으로 직접 담아 케이블 타이를 이용하여 포장한다.
- 수작업 포장 이후 별도로 금속 이물을 검사하는 공정은 없다.
- 발견 이물은 제조 공정에서 사용되는 작업도구(식칼)와 동일한 것임을 확인하였다.
- 칼이 제품에 혼입된 채로 포장되었을 때 비닐이 찢겨질 가능성을 확인하기 위해 재현 실험을 한 결과, 비닐이 찢어지지 않음을 확인하였다.

→ 제조 단계 혼입으로 결론

(3) 순대에서 나사못 발견

① 신고 내용

식품 유형	이물 종류	신고 내용
즉석조리식품	금속 나사못(약 26 mm)	순대를 전자레인지에 데워 취식하던 중 입 안에서 나사못 발견 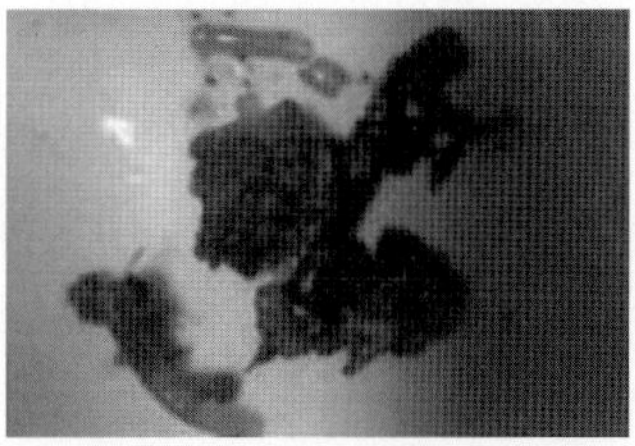

자료 : 식품의약품안전처, 식품 이물관리 업무 매뉴얼, 2017.

② 이물 원인 조사의 주요 내용 및 결과

- 원료 입고에서 내포장까지 제조 공정(밀폐 공정이 아닌 개방된 상태에서 작업) 중 발견 이물을 제어할 수 있는 설비·장치가 없다.
- HACCP 인증을 준비 중인 업체로 제조 공정상 이물을 제어할 수 있는 장비(금속검출기)는 갖추고 있었으나, 가동하고 있지 않음을 확인하였다.
- 작업장 내 벽에 부착되어 있는 나사못을 풀어 발견 이물과 비교한 결과 동일한 성상(재질, 길이, 두께, 모양 등)임을 확인하였다.

→ 제조 단계 혼입으로 결론

(4) 양배추환에서 플라스틱 발견

① 신고 내용

식품 유형	이물 종류	신고 내용
기타 가공품	플라스틱(약 5 mm)	제품을 개봉한 즉시 양배추환에 박혀 있는 플라스틱 끈 발견

자료 : 식품의약품안전처, 식품 이물관리 업무 매뉴얼, 2017.

② 이물 원인 조사의 주요 내용 및 결과

- 원재료는 파쇄기를 통해 파쇄(분말화)한 후 거름망을 통과시켜 이물을 선별한다.
- 물과 분말을 반죽한 반제품을 환 제조기로 성형한 후, 건조(50℃, 12~24시간)한다.
- 반죽기에서 만든 반죽을 환 제조기에 옮기는 도구로 사용하는 플라스틱 바가지가 발견된 이물의 성상과 동일함을 확인하였다.

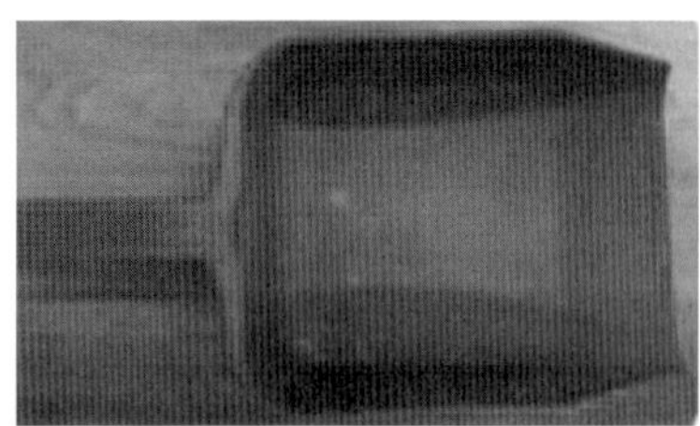

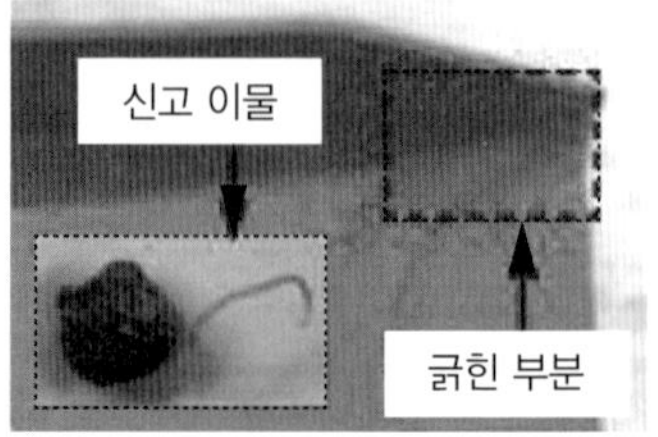

자료 : 식품의약품안전처, 식품 이물관리 업무 매뉴얼, 2017

→ 제조 단계 혼입으로 결론

(5) 오이피클에서 껌 발견

① 신고 내용

식품 유형	이물 종류	신고 내용
절임류	동그란 모양의 껌	소비자가 피자와 함께 배달된 오이피클을 취식하던 중 피클 통 바닥에 깔려 있던 동그란 모양의 껌 발견

자료 : 식품의약품안전처, 식품 이물관리 업무 매뉴얼, 2017.

② 이물 원인 조사의 주요 내용 및 결과

- 선별·충전 과정 모두 수작업으로 하기 때문에 고의적으로 껌을 넣을 가능성은 충분하나, CCTV 미설치로 제조 당시의 상황은 확인할 수 없었다.
- 소비자 또는 영업자가 이물을 고의로 넣었다고 가정한 후 재현 실험을 실시한 결과 제조 단계에서 혼입되었을 가능성이 매우 높음을 확인하였다.

구분	소비자 신고 당시	제조 직후	제조 10일 후
색	녹색/흰색	연한 녹색	녹색/흰색
물성	딱딱한 느낌	물컹거리는 느낌	딱딱한 느낌
사진			

자료 : 식품의약품안전처, 식품 이물관리 업무 매뉴얼, 2017

→ 제조 단계 혼입으로 결론

(6) 라면에서 철사 이물 발견

① 신고 내용

식품 유형	이물 종류	신고 내용
유탕면류	금속(약 14 mm)	제품을 개봉하여 냄비에 끓인 후 취식 중 입 속에서 철사 같은 이물 발견

자료 : 식품의약품안전처, 식품 이물관리 업무 매뉴얼, 2017.

② 이물 원인 조사의 주요 내용 및 결과

- 원재료의 대부분이 분말 형태로 투입 전 고운 선별체(2~2.5 mm)와 자석을 이용하여 이물을 선별한다.
- 제품 완포장 이후 금속검출기 및 X-ray 검출기를 통해 이물을 선별하고 있으며, 해당 이물을 제품에 넣어 재현 실험한 결과 모두 제어됨을 확인하였다.
- 제조일 당시 X-ray 검출기 작동 여부 등을 점검한 결과 이상 없음을 확인하였다.

→ 제조 단계 미혼입으로 결론

(7) 참치 캔에서 벌레 발견

① 신고 내용

식품 유형	이물 종류	신고 내용
유탕면류	금속(약 14 mm)	참치 캔을 개봉한 후 제품 안에서 구더기 같은 벌레 이물 발견

자료 : 식품의약품안전처, 식품 이물관리 업무 매뉴얼, 2017.

② 이물 원인 조사의 주요 내용 및 결과

- 발견된 이물은 원재료(다랑어)를 고열에서 자숙, 방랭 시 살코기와 껍질의 사이에서 생긴 단백질 응고체로 확인되었다.
- 이물은 정제수를 이용하여 복원 및 건조를 반복하자 점차 녹는 단백질 응고체 성질을 가진 것으로 확인되었다.

→ 오인 신고로 결론

(8) 복숭아 통조림에서 일본 동전 발견

① 신고 내용

식품 유형	이물 종류	신고 내용
과채 가공품	일본 동전(50엔)	다 먹은 복숭아 통조림을 분리, 수거하는 과정 중 캔 속에서 일본 동전 발견

자료 : 식품의약품안전처, 식품 이물관리 업무 매뉴얼, 2017.

② 이물 원인 조사의 주요 내용 및 결과

- 원료 투입 공정부터 유사 크기(50원) 동전으로 테스트를 실시한 결과 선별 공정까지 유입되지 못하였으며, 개인위생(복장)상 혼입 가능성 없음으로 판정되었다.

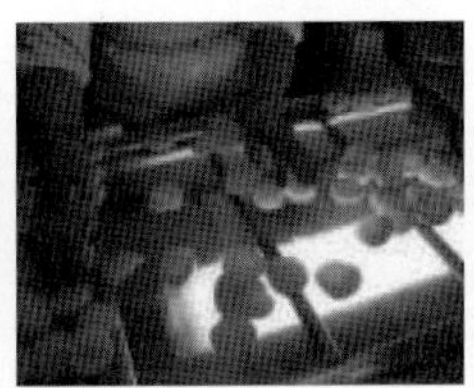
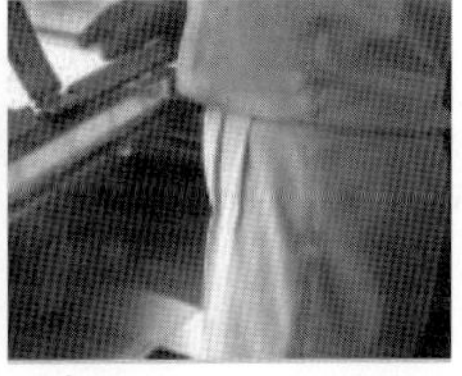

자료 : 식품의약품안전처, 식품 이물관리 업무 매뉴얼, 2017.

→ 오인 신고로 결론

(9) 요구르트에서 모발 발견

① 신고 내용

식품 유형	이물 종류	신고 내용
농후발효유	모발(약 5 cm)	떠먹는 요구르트 취식 중 5 cm 정도의 모발이 확인되어 클레임 제기

자료 : 식품의약품안전처, 식품 이물관리 업무 매뉴얼, 2017.

② 이물 원인 조사의 주요 내용 및 결과

- 모근이 있는 모발로 효소 활성 테스트 결과 가열 공정을 거치지 않은 것으로 확인됨. 제조 과정 혼입 가능성 없음으로 판정되었다.

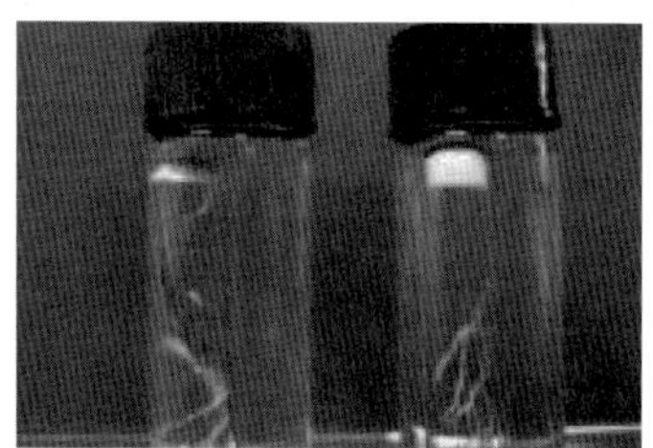

자료 : 식품의약품안전처, 식품 이물관리 업무 매뉴얼, 2017

→ 유통 단계 혼입으로 결론

(10) 버터식빵에서 금속 이물 발견

① 신고 내용

식품 유형	이물 종류	신고 내용
빵류	금속 이물	버터식빵과 자신이 채취한 냉이와 포도잼을 함께 먹던 중 입 안에서 금속 이물을 발견하여 신고

자료 : 식품의약품안전처, 식품 이물관리 업무 매뉴얼, 2017.

② **이물 원인 조사의 주요 내용 및 결과**

◦ 생산 공정에 금속 이물을 혼입하여 7회 시험한 결과 여과 공정에서 모두 제거됨을 확인하였다.

→ 유통 단계 혼입으로 결론

Problem Solving
in the Food Industry

창의적인 사고방식

1. 다양한 관점으로 접근하라

2. 아이디어를 소중히 여기고 많이 수집하라

3. 아이디어를 연결하고 융합을 통해 재구성하라

4. 마음을 열고 협력하라

5. 문제 해결의 다양한 사례

주어진 어떤 상황이나 각종 정보망을 통해 수집된 자료, 그리고 주장하는 의견에 대한 정당성을 뒷받침하는 증거 자료를 모아 합리적인 추론에 근거하여 접근하는 방식을 논리적 사고방식이라고 한다. 이와는 달리 어떤 사물이나 현상을 다양한 시각으로 보는 방법을 찾아내고, 거기서 새로운 아이디어를 가지고 접근하는 방식이 창의적 사고방식이다.

우리는 보통 "원점(zero-base)에서부터 다시 생각하자."라는 이야기를 많이 하는데 바로 그와 같은 방법이라고 보면 된다.

1. 다양한 관점으로 접근하라

사회나 학교, 어떤 조직에서든 늘 전통적으로 해 오던 관습이 있다. 새로 들어오는 구성원은 당연히 이러한 전통적인 방법에 대한 오리엔테이션을 받고 그와 같이 행동하게 되는 경우가 많다. 그러다 보면 자신도 모르게 조직 문화의 틀에 익숙해져서 사고방식이 고정화되는 경우가 많다. 문제를 해결한다는 것은 지금까지 사고하던 방법으로는 해결할 수 없다는 것을 의미하며, 따라서 이제까지의 방법이나 생각과는 전혀 다른 시각으로 접근해야 한다. 그렇게 해야만 더 나은 문제의 해결 방법을 도출할 수 있다.

처음부터 다양하게 접근하는 형태의 작업을 경험해 보지 못하였다면 창의적인 사고를 하기가 어려울 수도 있다. 좀 더 쉽게 생각해 본다면 삐딱하게 곁눈질로 사물과 현상을 바라보는 방법이다. 전통적인 방법에서 과감히 벗어나 다르게 생각해 보자는 것이다. 예를 들어 우리가 즐겨 먹는 라면은 부엌에서(집에서) 물을 끓인 냄비에 넣어 조리를

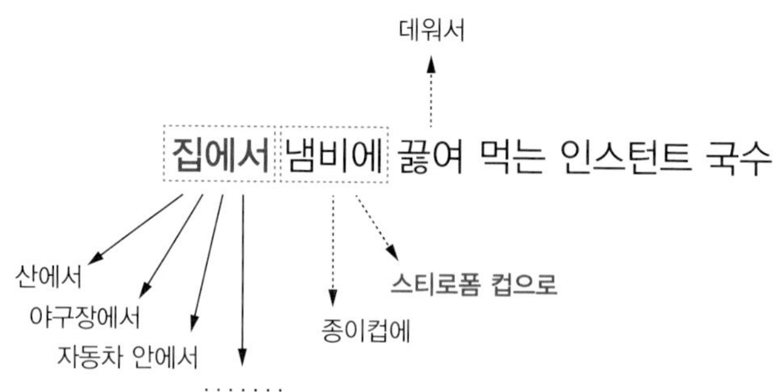

그림 6-1 전혀 다른 삐딱한 생각으로 기존의 라면 제품에 대한 다양한 접근 방법을 시도

하고 집에서 먹는 인스턴트 국수를 말한다. 이를 전통적인 방법이라 할 때 삐딱하게 생각한다는 것은 "왜 꼭 집에서만 먹어야만 하는가?"라는 질문에서 시작하여 '그렇다면 등산 가서 산에서도 먹고, 야구 경기장에서도 먹을 수 있는 것이 아닌가!' 하고 생각할 수 있다.

다양한 생각을 해 보는 훈련이 참교육의 시발점이라고 본다. 주입식 교육은 전통적 사고방식을 그대로 받아들이려고만 해 왔던 것이고, 그것이 몸에 배어 있으면 다양한 생각을 하기 쉽지 않다. 다시 말하면 다양한 생각을 하는 데서부터 문제 해결 능력이 발전하게 된다. 과거에는 이런 문제를 어떻게 해결했는지 보지 않고 '라면은 어디서 먹을 수 있는 것이지?'라고 원점에서부터 새롭게 생각해 보는 것이 바로 다양한 관점으로 문제 해결에 나서는 것이다.

창의적 사고를 위해서 꼭 버려야 할 것은 기존(전통적인) 방식이다. '꼭 이 방법밖에 없을까?'라는 의문을 가지고 좀 더 다양한 관점에서 문제를 바라보아야 한다.

'자장면은 중국집에서 먹는 음식이다.'라는 명제에서도 마찬가지로 '왜 꼭 중국집에서 먹어야 하지!'라는 삐딱한 생각을 가지는 것이 매우 중요하다. 어찌 보면 매우 부정적인 사람으로 보일 수도 있지만 원점으로 돌아가서 '왜 그 길을 선택해? 나는 다른 길로 가고 싶은데'라고 생각하는 훈련이 필요하다. 만사를 다르게 생각하고 바라보는 훈련은 강의실이나 실험실, 어느 곳에서든지 할 수 있다. '나는 교수님이 하라는 대로 하고 싶지가 않아. 나만의 방식을 선택해 보고 싶어!' 이런 생각을 항상 하는 사람이라면 분명 창의적인 사람이 될 가능성이 매우 높다고 말할 수 있다.

평소 다양한 생각을 많이 하는 사람이라면 그것을 잘 기록하여 남겨 두는 것이 매우 중요하다. 지하철을 타고 가다 다르게 생각한 것들이 떠오른다면 바로 기록해 둘 필요가 있다. 문제 해결을 위한 회의에서 아이디어가 잘 떠오르지 않는다면 자신만의 메모 저장고(아이디어 뱅크) 속의 다양한 생각들을 살펴봄으로써 좋은 해결책을 제시할 수도 있을 것이다.

여기까지 원래 문제의 해결 방안을 모색하기 위한 또 다른 문제를 제기하고 나면 그 다음에는 어떻게 끓여서 먹지 않고 더운 물로 데워서 먹을 것이냐 하는 상황에 도달하고, 면이 익은 상태가 되려면 호화가 되어야 하는데 기존의 방법보다도 온화한 조건에서 호화시킬 수 있는 방법을 생각해야 한다. 그렇다면 면의 굵기를 얇게 한다든가, 첨가

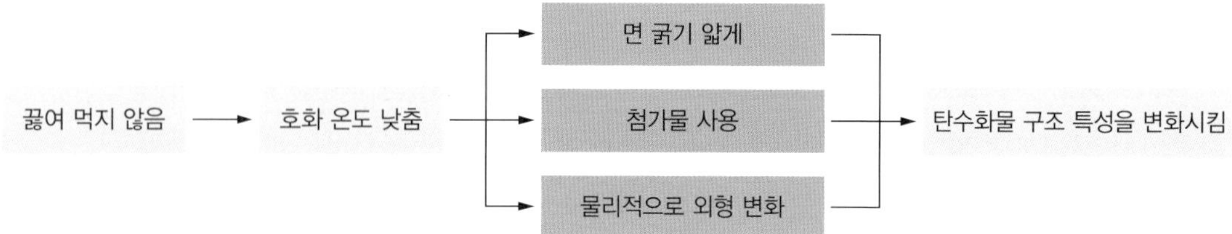

그림 6-2 면을 끓이지 않고 탄수화물의 구조를 변경하여 호화 온도를 낮추는 접근 방법

물을 사용하거나 물리적으로 외형을 변화시켜 열전달을 빠르게 유도한다든가 하여 탄수화물의 구조적 특성을 변화시킴으로써 호화 온도를 낮추든가 하는 방법 등을 생각할 수 있을 것이다.

2. 아이디어를 소중히 여기고 많이 수집하라

사람들은 누군가 아이디어를 내면 그 아이디어에 대하여 여러 가지 문제점을 이야기한다. 경제성에 대하여, 혹은 타이밍에 대하여, 경우에 따라서는 현실성을 이야기하면서 합당하지 않다는 이야기를 한다. 그리고 어떤 경우에는 맞는 이야기라고 긍정적인 평가를 내리기도 한다. 어느 누군가에 의해서 제시된 아이디어를 단순히 바로 그 자리에서 '맞다', '틀리다'라고 즉각적으로 판단하는 것은 어리석은 일이다. 제시된 아이디어를 현재 자신의 경험과 지식만으로 판단하는 것은 창의적인 발상을 하는 관점에서 본다면 좋은 해결책을 찾아내는 데 방해 요소가 된다. '맞다', '틀리다'가 중요한 것이 아니라 그러한 아이디어가 나중에 매우 유용하게 작용할 수도 있다는 점이다. '맞다', '틀리다'로 먼저 판단해 버리면 이내 나의 머리에서 지워지지만 이런 다양한 아이디어를 잘 수집해 두면 필요할 때 적절하게 활용할 수가 있다. 따라서 아이디어를 기록하고 모으는 연습을 해야 한다. 아이디어 회의를 한다고 좋은 생각들이 바로 떠오르지는 않는다. 하지만 이런 아이디어를 잘 수집해 둔 사람이라면 문제를 해결해야 할 때 하나씩 하나씩 끄집어내 바로 활용하거나, 약간 변형하여 활용할 수도 있을 것이다.

그렇다면 어떻게 많은 아이디어를 수집할 수 있을까?

창의적 발상 기법 중 가장 많이 제시되는 방식이 브레인스토밍(brain storming)이다. 이는 비교적 짧은 시간에 많은 아이디어를 모으는 유용한 방법이다. 이 방법이 성공을 거두기 위해서는 아이디어를 모으기 위해 다양한 제안들이 나올 때 아이디어에 대한 비판을 해서는 안 된다. 많은 사람이 다양한 생각을 할 수 있게끔 만드는 것이 중요한데 비판을 한다거나 하면 비판이 두려워 색다른 생각을 이야기하려고 하지 않을 수 있다. 만일 어떤 사람이 현실성이 전혀 없는 방안을 제시하였다 하더라도 나중에 다른 사항들이 보완된다면 매우 의미 있는 해결 방안이 될 수도 있다. 그런데 그 당시 바로 다른 사항을 보완할 수 있는 방안을 생각하지 못하였다고 폐기된다면 안타까운 일이다. 조금 더 시간을 두고 생각해 보면 충분히 극복할 수 있기 때문이다. 우선은 다양한 의견들이 많이 창출되고 제시되는 것이 무엇보다 중요하다. 브레인스토밍의 첫 단계에서는 새로운 아이디어의 질보다는 양을 강조하고, 그 아이디어는 언제든 재활용할 수 있어야 한다.

브레인스토밍 방법에 대한 구체적인 설명은 여기서 논의하지 않으나 큰 흐름을 간략히 살펴보면 3단계로 나누어 볼 수 있다. 먼저 아이디어를 생성하는 단계(대략 300여 개 정도)와 생성된 아이디어로부터 유사한 것끼리 그룹핑을 하고 유사한 그룹 내의 것들을 구조화시켜 네이밍한 다음, 일부 아이디어를 수정하거나 또는 결합함으로써 수많은 아이디어를 적은 양으로 줄인다. 마지막 단계로 결정을 내리는 기준을 마련하여 제안된 해결 방안 중에서 2~3개 정도를 합리적인 방법으로 선택하는 단계를 거쳐 창의적인 해결 방안을 수립하는 것이다. 브레인스토밍 방법 외에도 다른 방법들이 여러 가지 있다.

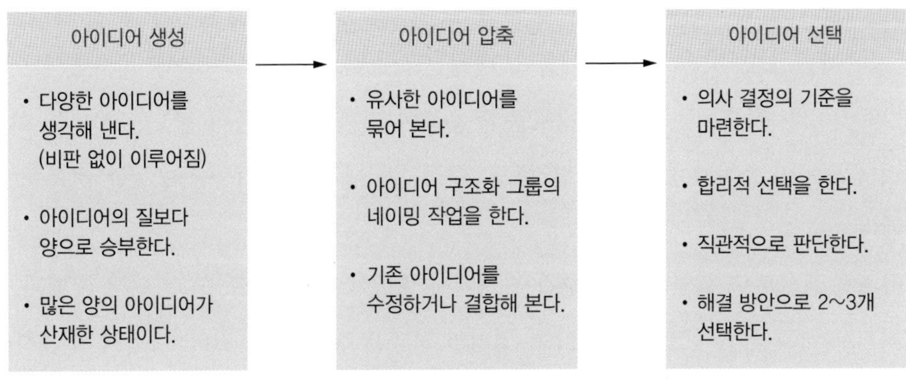

그림 6-3 브레인스토밍 작업의 순차적 단계

3. 아이디어를 연결하고 융합을 통해 재구성하라

아이폰이나 카카오톡이 추구하는 세상을 보면 기기 하나로, 또는 소프트웨어 프로그램으로 많은 행위들을 연결 짓기도 하고 융합해 나가면서 새로운 영역을 창출하는 것을 많이 경험하게 된다. 아마존의 경우 초기에는 도서를 인터넷으로 판매하는 사업을 하였다. 전 세계 많은 독자들이 싼 가격에 도서를 구입하게 되면서 독자와 아마존 회사를 연결해 주는 네트워크를 공고히 할 수 있었다. 이것은 도서를 구입한 사람에게만 한정된 것이 아니었다. 모든 사람에게로 그 영역을 확대할 수 있었다. 도서를 세계 곳곳으로 배달하는 데에는 2~3주 정도의 시간이 소요되었는데, 보다 빠르게 책을 접하고 싶어 하는 사람들의 만족도를 높이기 위하여 전자책을 이메일로 송부하여 주문과 동시에 바로 읽을 수 있는 사업으로 확장하였다. 종이로 된 것만이 아니라 디지털화된 책도 매우 유용하며, 전자책을 어디서든 볼 수 있는 전자책 단말기를 개발할 필요성도 있었다. 물론 회사마다 각기 다른 형태의 전자책 단말기가 소개되기도 하였다. 책을 파는 데서 출발하였으나 '우리가 꼭 책만을 팔아야 되는가?'라는 질문을 던지면서 다른 분야와 접목, 융합하여 각종 생활용품을 취급하게 되었고, 최근에는 유기농 식품 회사를 인수하여 식품 시장에까지 진출하기에 이르렀다.

이렇듯 아이디어에서 출발한 아이템들을 융합하다 보니 거의 모든 제품에 이르기까지 다양한 제품을 인터넷으로 판매하는 대형 회사로 변모하게 되었다. 또한 이렇게 변모를 거듭하는 중간 중간 다양한 업무 또는 회사를 연결하고 융합시키는 새로운 모델을 창출하면서 또 다른 형태의 제품을 택배 서비스까지 제공하는 판매 회사로 변모하게 된 것이다. 향후에는 고객의 정보를 활용하여 고객에게 상품이 필요한 시기를 미리 알려 줌으로써 소비자에게 더욱 편리하고 친근하게 다가가는 업무를 수행할 것으로 예상된다.

이처럼 상품이나 사업 모델이 중간 과정에서 변형이 일어나기도 하고, 다른 모델과 연결되기도 하고 융합되면서 전혀 다른 형태의 모델을 창출할 수 있다. 다음에 소개하는 모델은 전화 상담 서비스에서 출발한 기업이 오늘날 대규모의 판매 서비스 모델로 변화되어 가는 과정을 예를 들어 설명한 것이다(그림 6-4).

'티켓 판매 플랫폼'으로 시작한 전화 상담 서비스 사업은 매출이 적어 사업 확대를

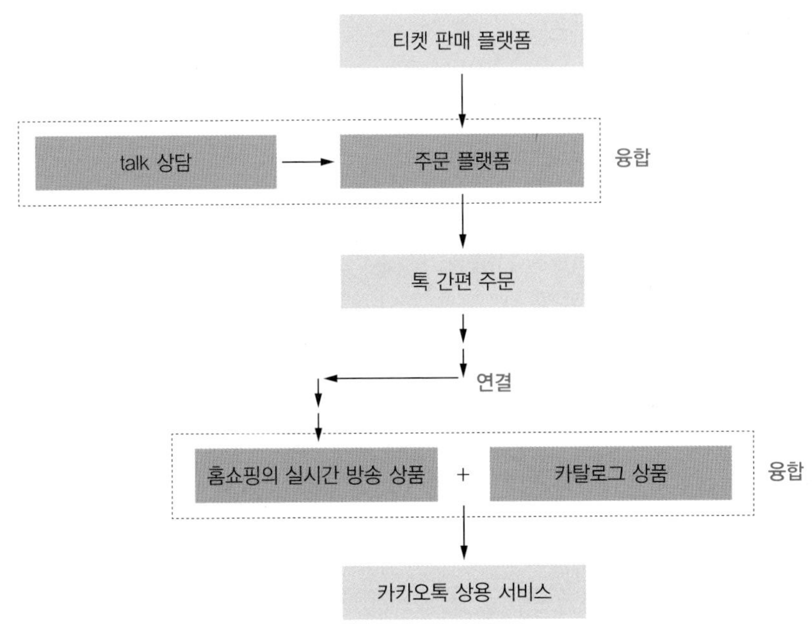

그림 6-4 아이디어를 연결하고 융합하여 새로운 상품 서비스를 개발한 사례

통한 새로운 사업을 고민하던 중 아이디어를 변형하여 '주문 플랫폼' 서비스 사업으로 전환하게 되었다. 그리고 이것과는 다른 별도의 사업인 'Talk 상담' 서비스 모델을 논의하던 중 '주문 플랫폼'과 융합한 새로운 서비스 모델인 '톡 간편 주문'을 생각하게 되었다. 여러 연결 과정을 거치면서 최근 방송을 통해 많이 소개된 사업 모델인 홈쇼핑 방송으로 판매하는 모델과 방송에서 다루어진 광고 효과를 최대한 활용하여 카탈로그 상품으로 판매하는 새로운 사업을 창출하게 되었는데 최종적으로 이 두 가지 서비스 모델을 융합하여 카카오톡으로 주문할 수 있는 상용 서비스를 만들게 되었다. 최종 서비스 모델이 태어나기까지 서로 다른 사업 모델을 융합시키기도 하고, 경우에 따라서는 새로운 비즈니스 모델을 만들어 새 사업을 시도하는 등 다른 사람들과 연결하는 창업을 통해서 당초 시작하였던 서비스 사업을 한층 더 발전되고 편리한 서비스 모델로 만들어 낼 수 있었다.

이처럼 어느 날 갑자기 새로운 신제품이 등장하는 것이 아니라 기존의 제품이 조금씩 변화되고, 또 다른 사업 모델과 융합하면서 조금씩 다른 특성을 가진 신제품으로 개발되는데 이러한 변화를 주도하는 것이 바로 창의적 사고이다.

4. 마음을 열고 협력하라

창의적 사고를 통해 문제를 해결하기 위해서는 마음을 열고 협력하려는 자세가 필요하다. 아무리 유능한 사람이 좋은 해결 방안을 내놓는다 하더라도 한 사람이 모든 문제에 대하여 해결 방안을 알기는 어렵고 수많은 아이디어를 만드는 것도 현실적으로 불가능하다. 물론 다른 사람보다 능력이 출중하여 남에게 맡기지 않고 혼자서 일하는 동료를 볼 수도 있다. 그러나 혼자서 이루어 낸 것보다는 여럿이 함께 생각하고 고민하여 내놓은 해결 방법이 우수한 경우가 더 많다. 그렇다면 여러 사람이 함께 의견을 주고받아야 하는데 주관이 너무 강한 사람이 자기중심적으로 이끌어 나가면 곤란하다. 그래서 의견을 제시하고 말하는 시간에 제한을 두는 경우도 있다.

무엇보다도 중요한 것은 남을 배려하는 자세이다. 나의 주장이 중요하다고 생각하는 것처럼 다른 사람의 주장이나 생각도 중요한 의미를 갖는다. 뿐만 아니라 나 혼자 다양한 생각을 하는 것보다 여러 사람이 서로 다른 생각을 표출하는 것이 좀 더 효과적이고, 다양한 해결 방법의 동기를 찾을 수 있다. 자신이 미처 생각하지 못한 다른 생각을 바탕으로 더 좋은 해결 방안의 연결 고리를 찾을 수도 있기 때문이다. 따라서 남의 의견에 귀를 기울이고 더 좋은 의견이라면 적극 지지하여 그런 생각이 보다 더 발전된 해결책으로 드러날 수 있도록 협력하는 자세가 매우 중요하다.

아울러 요즘 같은 융합의 시대에는 자신이 속해 있는 분야 외에 다른 분야의 소견을 경청할 필요가 있다. 이러한 자세는 마음의 문을 열고 과감히 다른 영역, 다른 생각을 받아들일 수 있게 하며, 창의적인 아이디어는 그야말로 전혀 다른 분야에서 그 해법을 찾을 수도 있기 때문에 경계가 모호한 또 다른 영역의 목소리에 귀를 기울일 필요가 있다.

캘리포니아의 와이너리를 방문해 보면 좋은 와인의 맛과 향을 테스트해 볼 수 있다. 맛을 보는 장소 주변에는 훌륭한 예술작품들이 즐비하게 전시되어 있어 처음 방문하는 사람은 갤러리가 아닌가 하는 착각이 들 수도 있다. 맛을 본다는 것은 주변의 환경에 의해서도 영향을 받는다. 좋은 분위기, 좋은 음악 속에서 이루어지는 맛에 대한 평가는 긍정적일 수밖에 없다. 자신들이 만든 포도주가 우수한 품질의 맛과 향을 지녔다는 것을 알리려는 것인데 나름 효과적인 접근 방법이라는 생각이 든다. 이런 분위기를 더욱 확장하여 웨딩 행사도 할 수 있도록 운영하는 것을 보면 여러 분야 또는 사업이 서로

그림 6-5 캘리포니아의 와이너리 The Hess Collection에서의 와인 테스팅과 주변 분위기

컬래버레이션을 통해 상승효과를 가져온다고 할 수 있으며, 이런 접근은 오픈 마인드가 아니면 하기 어려운 일이다.

5. 문제 해결의 다양한 사례

다음에서 언급하는 사례는 각 기업에서 발생한 실제적인 문제를 일부 수정하거나 재구성한 것이다. 먼저 문제를 제시한 후에 다양한 관점에서 고려해 볼 요소를 언급하였으며, 이어 원인을 분석하고 해결 방안을 제시하였다. 마지막으로 본 문제를 접하면서 생각해 보아야 할 시사점이 무엇인지도 재점검해 보도록 하였다.

1) 쌀 음료 제품에서 유화 안정성 측정 방법 개선

문제 쌀 음료 제품은 통상적으로 맛의 풍미를 향상시키기 위해 식물성 크림을 주요 원료로 사용한다. 이때 식물성 크림 중 유지(油脂, oil) 성분을 안정화시키는 것이 중요하다. 이는 제조 혹은 유통 중 분리가 일어나 오일링(oil ring)이 형성될 수 있기 때문이다. 실제로 충전 후 레토르트 살균을 하는 제품의 경우 제조 한 달 만에 층 분리가 일어나기도 한다. 따라서 유화 안정성 측정 방법이 중요한데 확실한 검증 방법은 저장성 실험을 통해서 얻을 수 있으므로 시간이 많이 필요한 문제가 있어 효율적인 개발에 많은 지장을 준다. 신속한 분석법을 개발한다면 개발 기간을 줄여 제품 출시를 앞당길 수 있을 뿐 아니라 품질 관리 측면에서도 많은 시간과 경비를 줄일 수 있다. 어떻게 하면 이 문제를 해결할 수 있을까?

문제 해결 목표

유화 안정성을 측정할 수 있는 확실한 검증 방법의 확보

고려할 사항

① 시중에 나와 있는 쌀 음료 제품의 주요 원료가 무엇인지 살펴본다.

② 유화가 필요한 음료 제품에는 어떤 종류가 있는지 알아본다.

③ 유화 안정성에 영향을 주는 요소는 무엇인지, 반대로 유화 안정성을 저해하는 요인은 무엇인지 파악한다.

④ 통상적인 유화 안정성 측정 방법은 무엇인지, 음료 이외의 다른 제품에서의 측정 방법에는 어떠한 것이 있는지 조사한다.

원인 분석

기본적으로 쌀 음료에서 유화 안정성이 중요한 이유는 식물성 크림을 사용하기 때문이다. 따라서 불가피하게 다양한 유화제를 활용, 조합하여 제품 내에서의 안정성을 높이는 것이 필수 사항이다. 즉 유화 시스템을 어떻게 구성하는가가 관건이다. 사용하는 유화제의 종류, 첨가량, 첨가 방식에서의 최적점을 찾아야 하고, 맛과 풍미에 미치는 영향 또한 고려하여야 한다. 제조 후 저장성을 위해 레토르트 살균을 하게 되는데 이 과정으로 인해 액상 내 유화력이 떨어져서 유지 입자끼리 빠르게 응집하는 현상이 일어나므로 저장 테스트를 하게 되면 제품에서 오일링이 형성되는 문제가 일어나게 된다. 그런데 오일링 형성을 알아보려면 통상적으로 저장성 실험을 통해 확인해야 하므로 시간이 많이 소요되는 문제가 있다. 따라서 신속하고도 유의미한 측정법을 찾는 것이 제품 개발에 있어 중요한 요소가 된다.

해결 방법

유화제 선택 및 첨가량 등에 관한 다양한 조합 실험을 수행한 후 빠르게 확인할 수 있는 방법으로 원심분리법을 적용한다. 이 방법은 유화 안정화된 액상을 원심력을 이용하여 유상(油狀)과 수상(水狀)으로 강제 분리하는 방법이다. 원심분리법을 이용하여 짧은

연구 기간 내에 제품의 유화 안정성을 확보하면서 완성도 높은 제품을 개발할 수 있는 방안을 확보한다.

시사점 및 생각해 볼 문제

① 유화를 통해 제조되는 대표적인 소스류인 마요네즈의 경우에도 유화 안정성이 매우 중요하다. 이때 냉동 테스트를 통해 유화 안정성을 측정하는 방법을 사용하기도 한다. 구체적으로 어떻게 진행되는지 살펴보는 것도 중요한 참고 사항이 될 수 있을 것이다.

② 제품 개발과 관련하여 통상적으로 주어지는 실제 제품 개발 기간이 어떻게 구성되는지 살펴보는 것도 의미가 있다. 제품 개발 프로세스를 단계별로 구체적으로 나누어 보고 어떤 단계가 필요한지, 각 단계별로 소요되는 기간은 어떻게 되는지를 알아보는 것도 의미가 있을 것이다.

2) 누룽지 음료 제조 시 추출법 개선

문제 누룽지 음료는 구수한 맛을 지니는 전통 음료 제품으로 성인을 중심으로 선호도가 높다. 제조상 필수적으로 추출 공정이 필요한데 고온에서 추출하여 냉각한 후 여과 과정을 수행하게 된다. 이어서 감미료 및 기타 첨가물을 넣어 최종 완성한다. 그런데 제조 시 문제로 두 가지 정도를 생각해 볼 수 있다. 첫 번째는 추출 시 시간이 많이 소요되어 생산 효율이 감소하는 문제이고, 두 번째는 여과된 누룽지 액에서의 일반 미생물 증식에 의한 제품 변질 가능성이 증대하는 문제이다. 제조 공정을 개선하여 이러한 문제를 해결하고자 할 때 어떠한 방법으로 접근하는 것이 좋을까?

문제 해결의 기준/목표

생산 효율을 높이면서 미생물로부터 안전한 품질의 누룽지 음료 개발

고려할 사항

① 추출 공정이 특별히 중요한 제품에는 어떠한 것이 있는지 살펴본다.

② 추출에 관련된 주요 인자는 무엇인지 알아본다.

③ 누룽지를 열수(熱水)로 추출하면 어떤 물질이 용출될지 예측해 본 후 실제 자료를 찾아 이에 대한 내용을 확인해 본다.

④ 누룽지 음료의 제품 유형을 살펴보고 제조 공정 및 법적 기준 규격에 대해 이해한다.

원인 분석

추출 공정도 중요하지만 이후 과정인 냉각 과정 또한 중요하다. 40~50℃ 수준으로 냉각하고 여과를 진행하는 것이 기존 공정이다. 누룽지의 속성상 전분질 용출이 불가피한데 이에 따라 여과망이 막히는 문제가 자주 발생하고, 따라서 교체에 따른 시간 소요 및 비용 발생의 문제점이 같이 일어난다. 아울러 시간이 지체되면서 자연스럽게 미생물이 증식하는 문제가 발생하고, 이는 제품 전체의 안전성에 심각한 위협 요인이 될 수 있다. 따라서 통합적 관점에서 제조 공정을 재점검할 필요가 있는데 추출, 냉각, 여과와 같이 각 단계별로 공정을 나누어 보는 것과 각 공정별 주요 인자가 무엇인지를 살피는 것이다.

해결 방법

다양한 접근 방식이 있을 수 있으나 품질 관리 기법이기도 한 PDCA〔Plan(계획)－Do(실행)－Check(점검)－Action(조치)〕 방법론을 고민해 보기로 한다.

먼저 Plan 단계에서 과제 계획을 수립한다. Do에서는 내부 의사를 결정한 후 실행한다. Do의 단계를 보다 세부적으로 살펴보면 다음과 같다. ① 추출한 다음 누룽지 액의 변화 관찰(추출 시간, 냉각 온도, 정체 시간 등의 변수 고려), ② 생산 설비가 유사한 실험실용 저장 탱크 제작 의뢰, ③ 기타 실험 진행으로 결과물 수집 및 결론 도출이 해당된다. 다음 Check 단계에서는 실험 결과물에 대한 최종 점검이 이어지고, 마지막으로 Action에서는 생산 현장에서의 개선된 방법으로 추출 탱크 개조 및 현장 적용을 시행한다.

결과적으로 종합해서 얻어 낸 결론을 살펴보면, ① 추출 시간은 동일하게 유지하지만 냉각 온도를 기존 40~50℃ 수준에서 30℃ 이하로 낮추어 미생물에 대한 안전성을 확보하도록 하고, ② 여과 방식을 기존의 직접 배출(액과 침전물을 같이 배출함) 방식에서 상등액만 배출하는 방법으로 변경하여 여과망 교체 주기를 늦추는 것을 채택하였다. 이를 통해 생산성 향상이 자동적으로 올라가고, 동시에 추출액의 미생물 증식도 억제되어 제품의 전반적인 안전성이 향상되는 좋은 결과를 얻었다.

시사점 및 생각해 볼 문제

① 위에서 제시한 해결 방법을 자세히 고찰해 보면 추출 시간 및 온도는 변경하지 않고 다른 조건에 대한 조정을 통한 해결 방법을 제시하고 있다. 이에 대해 자신의 생각을 정리해서 상호 이야기해 보고 문제 해결에 대한 각자의 입장을 정리해 보도록 한다.

② PDCA cycle이 무엇인지 탄생한 배경 및 실질적인 유용성에 대해 조사해 보고, 제품 개발 측면과 실제 제조 공정 측면에서의 적용에 관해 살펴보도록 한다.

3) 여름철 초콜릿 코팅 제품 표면의 흰색 반점 발생

문제 초콜릿은 대다수 소비자들이 선호하는 기호식품으로 제과, 제빵, 음료 등 다양한 제품에 활용된다. 다양한 응용 제품 중에는 초콜릿을 코팅하여 완성하는 경우가 종종 있는데 특히 제과 제품에서 흔히 볼 수 있다. 통상적으로 기온이 높지 않은 계절에는 제품의 안정성에 별문제가 없으나 기온이 올라가는 여름철이 되면 초콜릿이 녹아내리는 문제가 생기기도 하고, 제품 표면에 흰색 반점이 형성되는 경우가 종종 발생하여 소비자의 클레임 요인이 되기도 한다. 흰색 반점이 생기면 식용에는 별문제가 없지만 외관상 불쾌한 느낌을 가지게 되고, 물성도 일부 변하게 되어 제품으로서의 가치가 떨어지게 된다. 이와 같은 문제의 원인은 무엇인지, 그리고 어떠한 해결 방안이 있는지 알아보도록 하자.

문제 해결의 기준/목표

여름철 온도 조건에서도 초콜릿이 녹아내리지 않으며, 제품 표면에 흰색 반점이 형성되지 않는 제품의 품질 유지

고려할 사항

① 초콜릿 제조 공정을 살펴보고 주요한 용어에 대해 알아본다.

② 천연 코코아버터를 이용한 리얼(real) 초콜릿 제품 이외에도 이미테이션(imitation) 제품들도 여러 가지 있다. CBE(cocoa butter equivalent), CBS(cocoa butter substitute), CBR(cocoa butter replacer) 등이 해당되는데 각각 어떠한 원료인지 조사해 본다.

③ 기존에 알고 있는 식품 가공 및 식품 화학적 지식을 활용하여 흰색 반점이 형성되는 원인이 무엇인지 유추해 본다.

④ 패트 블루밍(fat blooming) 현상이 무엇인지 조사해 보고 이를 정리해 본다.

원인 분석

크게 두 가지 방향에서 추측해 볼 수 있다.

① 전형적인 초콜릿의 블루밍(blooming) 현상으로 추정된다.

- 상대적으로 날씨가 더운 하절기에는 비스킷 배합 및 스프레이용 유지의 용융에

따라 초콜릿 쪽으로 유지 이동(fat migration) 현상이 발생한다.

- 유지 이동에 의해 초콜릿용 유지(코코아버터, 대용지)보다 융점이 낮은 유지들이 초콜릿으로 이동하게 되고, 결국 초콜릿의 융점이 낮아진다.
- 낮은 융점으로 인해 하절기 열화(heat damage)를 입어 부분적으로 초콜릿이 녹고 굳음을 반복하면서 유지의 결정이 커져 패트 블루밍이 발생한다(그림 6-6).

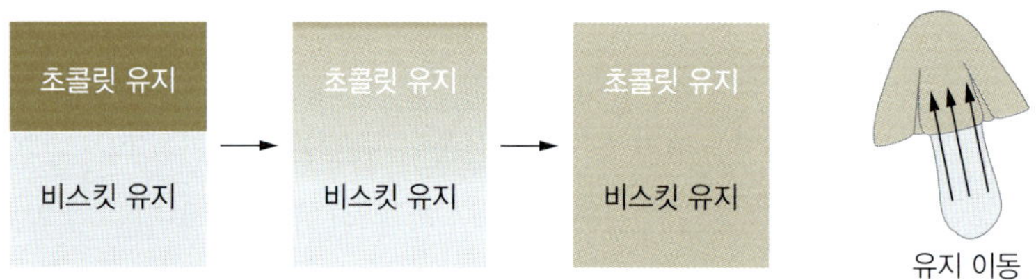

그림 6-6 패트 블루밍 현상의 발생 단계

② 비스킷에 스프레이되는 유지의 포화지방 함량이 유지 이동 현상에 미치는 영향 평가 : 스프레이 유지의 포화지방 함량(25~70%)에 따라 블루밍 현상의 발생 정도를 파악한다(그림 6-7).

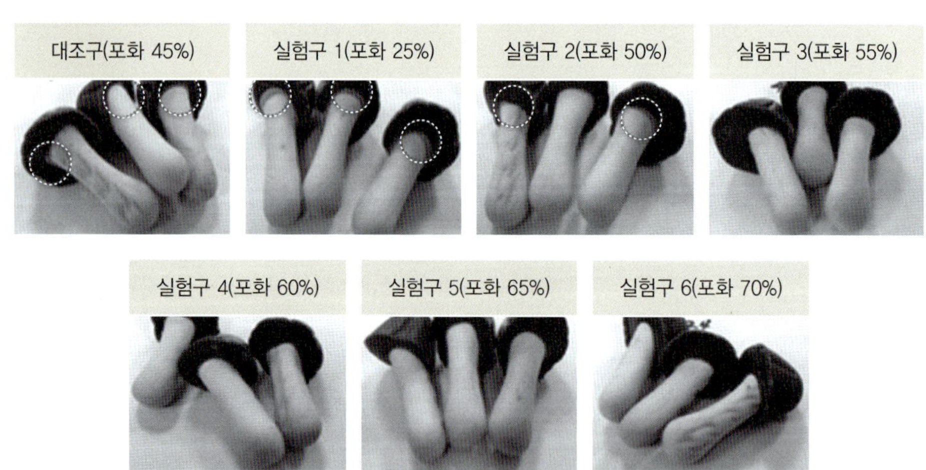

그림 6-7 유지 포화지방 함량에 따른 블루밍 현상 발생 정도

해결 방법

① 비스킷용 유지의 포화지방 함량을 높이는 방법

- 비스킷용 유지(배합용, 스프레이용)를 사용하는 데 있어 하절기에도 녹지 않는 융점이 높은 포화지방 함량이 높은 유지를 사용하여 개선하도록 한다.
- 초콜릿용 유지의 포화지방은 약 65% 수준으로, 비스킷에서 초콜릿 쪽으로 유지 이동이 일어나지 않게 하기 위해서는 적어도 포화지방이 65% 수준 이상의 유지여야 한다.

② 비스킷용으로 초콜릿용 유지와 유사한 트라이글리세라이드(triglyceride)를 가진 유지를 사용하는 방법 : CBE나 코코아버터를 비스킷용 유지로 사용하면 제품에 구성된 트라이글리세라이드의 조성이 유사하여 이동을 억제할 수 있다.

시사점 및 생각해 볼 문제

① 초콜릿 안전성과 관련해서 유지 이동 이외에 다른 요인으로 어떤 것이 있는지 고찰해 보도록 한다. 대표적으로 첨가된 당이 저장 중 분리되거나 석출되는 문제가 발생하기도 하므로 다양한 측면에서 생각해 보는 것이 의미가 있다.

② 주요한 초콜릿 코팅 제품에 사용되는 원료는 대부분 코코아버터가 아닌 대체품이다. 실제로 어떻게 활용되고 있는지 조사해 보면 다양한 초콜릿 가공품에 대해 이해할 수 있는 좋은 기회가 될 것이다.

4) 슈 제품에서의 불량 발생 문제 해결

문제 슈크림은 일반적으로 슈(chou)에 커스터드 크림이 들어 있는 제품을 말한다. 전통적인 제품은 달걀과 박력분을 혼합하여 섞고 짧은 시간 동안 끓여서 글루텐이 형성되지 않도록 반죽을 만든 다음 얇고 바삭하게 부풀린 후 커스터드 크림을 충전하여 만든다. 제품의 특성상 슈가 잘 부풀어서 풍성한 형태의 모양이 나옴과 동시에 쉽게 찌그러지지 않는 속성을 지니는 것이 중요하다. 제품을 구현하기 위해서 사용하는 주요 원료 중에 마가린이 있는데 이를 제조하여 납품하는 A사에서 다음과 같은 문제가 발생하였다.

문제 상황

슈를 제조하기 위해 반죽을 만들었을 때 너무 물러서(즉, 낮아서) 퍼핑(puffing)이 잘 되지 않는 문제가 발생했다. 이로 인해 A사에서 납품하던 마가린이 타사 제품으로 대체되었다. 반죽의 점도를 측정한 결과를 보면 상당한 차이가 있음을 알 수 있다.

- 점도 측정 : Brookfield LVDV-IIIU (Spindle No.1, 10 rpm, 35°C)
- 점도 결과 : A사 77,000 cp   경쟁사 159,000 cp

슈의 단면을 촬영한 결과는 그림 6-8과 같다.

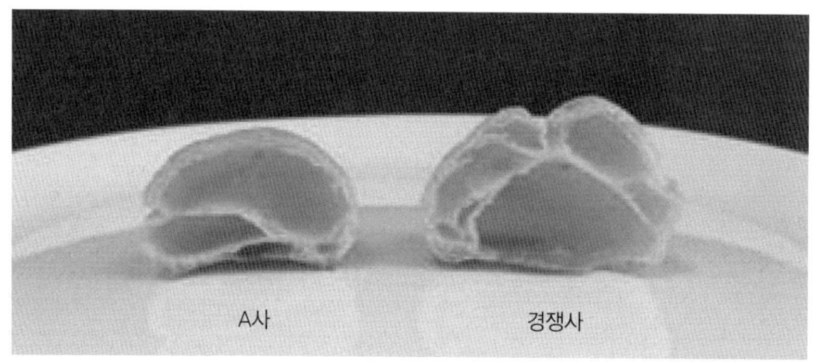

그림 6-8 제조된 슈의 절단면 비교

문제 해결의 기준/목표

슈가 잘 부풀어서 풍성한 형태의 모양이 나옴.

고려할 사항

① 마가린은 처음에 버터의 대용품으로 개발되었다. 두 제품의 주요한 차이가 무엇인지 알아보도록 한다.

② 마가린과 버터의 제조 공정에 대하여 이해한다.

③ 마가린에 사용되는 원료에는 어떤 것이 있는지 조사해 본다.

④ 버터와 비교하여 마가린을 사용할 때의 장점에는 어떤 것들이 있는지 살펴보도록 한다.

원인 분석

마가린이 슈가 제대로 부풀지 않는 주된 요인으로 파악되므로 우선 이에 대한 품질 분석을 수행해 보기로 한다. 경쟁사 제품과의 차이가 어떠한지 알아보는 것이 가장 중요할 것이다. 다음과 같은 분석 항목을 고려해 볼 수 있다.

① 온도별 고체 지방 함량의 변화

② 융점

③ 지방산 조성을 통한 유종 추정

④ 요오드가(이중결합 정도 측정 지표, 불포화도를 알 수 있음)

⑤ 수분 함량

⑥ 마가린 해유화(de-emulsification) 실험 : 70℃ 오븐에서 3시간 동안 가열하여 기름층과 물층의 분리 정도 파악

실제 분석 결과

실제 수행한 주요 분석 결과는 표 6-1과 같았다.

표 6-1 마가린 특성 비교 결과

항목		A사	경쟁사
SFC(%)	10.0℃	45	43
	21.1℃	22	20
	26.7℃	14	13
	33.3℃	8	7
	37.8℃	4	4
지방산(%)	C12:0(lauric acid)	0.2	0.2
	C14:0(myristic acid)	0.9	0.8
	C16:0(palmitic acid)	37.5	36.3
	C18:0(stearic acid)	7.3	8.0
	C18:1(oleic acid)	45.9	46.4
	C18:2(linoleic acid)	8.4	8.2
	포화지방산	45.7	45.4
	불포화지방산	54.3	54.6
수분(%)		17.6	16.1

해결 방법을 위한 문제 제기

다음과 같은 방향에서 개선점을 도출해 보도록 한다.

① 마가린 수분 함량의 차이 : 수치적으로 1.5% 정도 차이가 나는데 이것이 어떤 의미를 가질지 고찰해 본다.

그림 6-9 마가린 해유화 실험 결과

② 마가린 해유화 실험 결과 : 상대적으로 분리되는 정도에서 차이를 보였는데 어떤 것이 주요 원인일지 고민해 본다.

③ 경쟁사 대비 반죽 점도가 낮게 측정된 것 : 궁극적으로 어떤 차이에 기인한 것일까? 단순히 마가린의 수분 함량 차이로 볼 수 있을까?

해결을 위한 노력

다음에 소개하는 부분은 실제 업체에서 진행한 해결 방법 과정을 약간 수정하여 정리한 것이다.

① 마가린 품질 비교 테스트를 통해 주요 요소(factor) 선정
- 경쟁사 마가린 제품과 A사 제품의 품질 비교 실험 진행
- 항목 : 지방산 조성, 요오드가, 융점, 수분 함량, 해유화 실험

② 차이점을 분석하여 영향을 준 요소에 대해 가설을 세움 : 수분 함량, 유화제 함량

③ 수분 함량, 유화제 함량을 2가지 요소로 정하여 실험계획법(혼합물 분석)을 통해 적합한 마가린 배합비 선정 : 반죽 점도, 제품 품질(부피, 슈 모양 등) 측정

시사점 및 생각해 볼 문제

① 본인이 생각하는 문제 해결 방법과 실제 A사가 수행한 내용을 비교해 보고 어떤 차이가 있는지 분석해 본다.

② 만약 나에게 위와 같은 개선 과제가 주어졌다면 어떤 과정을 거칠지 예상해 보고 이를 도식화해서 표현해 본다.

③ 각자 생각한 내용을 동료들과 비교해 보고, 이를 통해 주요한 시사점을 얻는다.

5) 쌀 면에서의 전분 용출 감소 방안

문제 쌀은 오랜 기간 우리의 주식에 해당되는 것으로 근래 들어 소비량이 감소하고 있기는 하나 여전히 가장 중요한 곡물에 해당된다. 밥의 형태로 소비되는 것이 가장 주가 되기는 하지만 술의 원료(酒類)나 떡과 같은 가공용으로도 활용된다. 최근에는 과자, 제빵 분야뿐만 아니라 즉석 가공밥 형태로 가공되면서 점차 그 영역이 확장되고 있다. 이 중에서 면으로 가공되어 제품화되는 경우도 종종 있는데 밀가루로 만든 라면과 비교하여 쌀로 만든 면은 조리 후 전분 용출이 많아 국물이 탁해지고, 끈적끈적한 텍스처를 가지는 문제가 발생하여 고급스런 품질을 유지하지 못한다. 어떻게 하면 이러한 문제를 해결할 수 있을지 함께 고민해 보도록 하자.

문제 해결의 기준/목표

조리 후 전분 용출이 많지 않고 국물이 맑은 상태의 품질을 유지할 수 있는 쌀 면 제품

고려할 사항

① 가공용 쌀의 주된 용도에는 어떠한 것이 있으며 실제 비중이 어떻게 되는지 조사해 본다.

② 전통적으로 밀의 영역인 제과, 제빵, 제면 분야에서 쌀의 활용은 끊임없이 시도되고 있다. 어떠한 점에서 한계를 가지는지, 극복할 수 있는 방안은 무엇인지 생각해 본다.

③ 최근 들어 급성장하고 있는 가공밥(즉석 편의식, 냉동밥 등) 시장 현황을 살펴보고, 향후 어떤 방향으로 성장할 것인지 유추해 본다.

④ 면을 삶을 때 전분 용출은 중요한 품질 저하의 요인이 된다. 어떤 점에서 제어가 가능할지 정리해 본다.

원인 분석

밀가루를 사용하는 라면은 반죽 후 롤러(roller) 사이를 통과시키고 세절하는 압연 방식으로 제조된다. 반면 쌀 면의 경우에는 일반적으로 스파게티와 같이 다이(die)를 통해서 밀어내는 압출 방식으로 제조된다. 라면은 글루텐(gluten)에 의해 생성된 입체 구조 안에 전분 등이 위치하고 있지만, 쌀가루는 글루텐을 함유하고 있지 않아 압출 공정 중 호화된 전분이 서로 결합하여 면대를 형성하게 된다. 따라서 조리 과정 중 호화된 전분이 용출되어 국물이 탁해지고 이에 따라 끈적끈적한 텍스처의 면이 되는 문제를 지니게 된다(그림 6-10).

압연 방식

압출 방식

그림 6-10 면의 제조 방식

해결 방법

매우 다양한 방식으로 해결 방법을 시도해 볼 수 있다. 이는 어느 한 가지 방법으로 완전히 해결할 수 없다는 어려움이 있으므로 불가피하게 조합하여 해결 방법을 시도해 보아야 하기 때문이다.

실질적인 방안 몇 가지를 소개하면 다음과 같다.

① 배합할 때 글루텐을 추가하여 넣어 주면, 글루텐에 의한 면대 형성이 가능하여 전분 용출이 저감화된다.

② 압출 공정 중 호화된 전분에 의해 면대가 형성되기 때문에 전분이 충분히 호화될 수 있도록 압출기 온도를 제어한다.

③ 아밀로스(amylose) 함량이 많을 경우 좀 더 단단한 젤 구조를 형성할 수 있으므로 아밀로스 함량이 높은 품종의 쌀가루를 사용한다.

④ 하이드로콜로이드(hydrocolloid)를 배합에 추가하여 넣어 주면, 이들에 의한 면대 구조 강화로 전분 용출을 저감화할 수 있다.

시사점 및 생각해 볼 문제

① 밀의 가장 주요한 특징인 글루텐에 대해 다시 한 번 생각해 보도록 한다. 형성 과정, 제빵, 제면에서의 역할 등을 고찰해 보면 곡물 가공의 주요한 개념을 알 수 있을 것이다.

② 하이드로콜로이드의 정의, 주요한 종류 및 첨가 시 어떠한 방식으로 면의 구조를 강화할 수 있는지에 대한 이론적 배경을 살펴보는 것도 중요한 의미가 있을 것이다.

6) 살균을 통한 순대 제품의 유통기한 연장

문제 순대는 대부분의 소비자가 선호하는 식품으로 삶은 형태로 간단히 소금에 찍어서 먹기도 하며, 전골이나 국에 들어가는 주재료로도 소비가 많은 제품이다. 길거리 음식으로도 선호도가 높아서 떡볶이, 오뎅, 튀김, 호떡 등과 더불어 전 국민의 사랑을 받고 있다. 순대를 가공식품화하는 것은 오래전부터 시도되어 왔으며, 대부분 진공포장 형태로 냉장 유통된다. 하지만 제품의 특성상 미생물이 10^6 정도로, 15℃ 조건에서 유통기한이 10일 정도로 짧은 단점이 있다. 이에 따라 가열 살균을 하는 경우도 있으나 제품의 품질 수준이 많이 떨어져 소비자들의 불만이 높다. 제품의 품질 손실을 최소로 하면서 유통기한을 기존 10일에서 20일 정도로 연장하고자 한다면 어떠한 방법으로 접근하는 것이 좋을까? 각자 실험에 대한 방법적 측면을 고민해 보고, 서로 의견을 나누면서 해결 방법을 찾아보기로 한다.

문제 해결의 기준/목표

순대의 유통기한을 20일까지 연장시키는 것

고려할 사항

① 가공식품으로 개발된 순대 제품에 대한 취식 경험이 있는지 서로 이야기를 나누어 보고, 품질 측면에서 개선할 점을 논의해 본다.

② 만약 순대 제품을 냉동으로 유통한다면 어떤 일이 생길지 생각해 보고, 맛과 물성적 측면에서의 특성을 정리해 본다.

③ 기업 입장에서 냉장 유통기한 10일과 20일은 어떤 의미가 있을지 고려해 본다.

④ 냉장 유통이면서 유통기한이 1달 이내인 제품에는 어떤 것이 있는지 리스트를 만들어 보고, 만약 이러한 제품들을 냉동 혹은 상온 유통으로 바꾸어 출시한다면 제품의 품질은 어떻게 변할지 생각해 보고 의견을 나누도록 한다.

해결에 대한 접근

가열 제품에서의 품질 저하는 모든 식품에서 일어나는 공통적인 현상이다. 이미 혹은 이취 발생에 따른 맛 품질 저하, 물성 변화로 인한 특유의 조직감 상실, 갈변 등에 의한 색상의 변화, 지방 산화에 따른 향 변화 등이 대표적이다.

다음과 같은 조건으로 실험을 수행(OO회사에서 실제 실험한 사례임)했을 때 어떠한 일이 발생할지 먼저 생각해 보고 결과를 고찰해 보도록 한다.

① 기존 제품(95℃ 40분 열탕 살균, 후살균 없음)

② 샘플 1(기존 제품에 95℃, 40분 레토르트 후살균)

③ 샘플 2(기존 제품에 105℃, 20분 레토르트 후살균)

④ 샘플 3(기존 제품에 105℃, 40분 레토르트 후살균)

예상 결과 유추

먼저 기존 제품의 수준은 다음과 같다.

① 미생물 : 대장균군 10^1, 일반 세균 10^3

② 관능적 특성 : 쫀득하고 탱탱함.

③ 제품 상태 : 정갈하고 깨끗한 포장 상태와 외관, 순대 껍질이 정돈되어 있음.
제품 개봉 시 순대가 낱개로 잘 분리됨.

위의 내용을 바탕으로 샘플 1, 2, 3을 미생물, 관능적 특성, 제품 상태로 나누어 각각의 결과를 유추해 보도록 한다.

실험 결과

① 실제 실험 결과를 정리해 보면 표 6-2와 같다.

표 6-2 살균 방식에 따른 제품의 미생물 및 관능적 특성

	기존 제품 95℃, 40분, 냉장	샘플 1 95℃, 40분, 냉장	샘플 2 105℃, 20분, 냉장	샘플 3 105℃, 40분, 냉장
외관		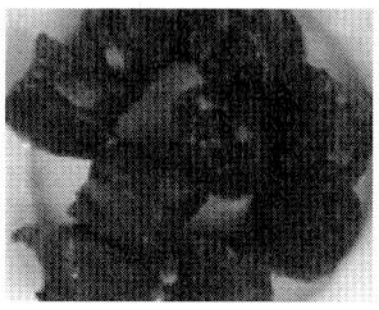		
미생물 수준	대장균군 10^1 일반 세균 10^3	대장균/군 10 미만 일반 세균 10^1	대장균/군 10 미만 일반 세균 10 미만	대장균/군 10 미만 일반 세균 10 미만
관능적 특징	쫀득하고 탱탱함.	쫄깃한 정도가 기존 제품과 비슷	덜 쫄깃하고 질김.	당면이 불어 있음. 식감이 약하고 질김.

② 종합적으로 결과를 정리해 보면 샘플 1의 살균 수준이 품질적 측면에서 볼 때 기존 제품과 유사하면서 유통기한은 기존 10일에서 20일로 연장이 가능함을 확인할 수

있었다. 따라서 가장 적절한 수준의 살균 조건임을 판단할 수 있었다.

생각해 볼 문제

① 샘플 1보다 낮은 수준으로 살균을 한다면 어떤 일이 발생할지 유추해 보자. 왜 그런 생각이 들었는지 상호 논의해 보도록 한다.

② 샘플 1의 살균 수준은 기존에 알던 레토르트 조건보다는 약한 조건에 해당된다. 그럼에도 불구하고 레토르트 살균의 한 유형으로 볼 수 있는지 생각해 본다.

③ 기존 레토르트 대신에 반(半)레토르트(semi-retort)라는 말을 쓰기도 한다. 실제로 어떤 의미가 있는지 고찰해 보도록 한다.

④ 처음에 제시되었던 유통기한의 관점에서 기존 10일을 20일로 늘리는 것이 기업의 관점에서 어떤 유용성이 있을지 살펴보도록 한다.

7) 전통주인 막걸리의 글로벌화

문제 다양한 국가나 민족의 식문화를 연구할 때 빼놓을 수 없는 것 중의 하나가 술이다. 음식과 더불어 술은 해당 국가나 민족의 문화를 나타내는 데 매우 중요한 의미를 지닌다. 아울러 다양한 이야깃거리를 제공하는 보물 창고와도 같다. 이러한 점에 비추어 대한민국을 대표할 전통주를 논하라고 하면 대부분 막걸리를 떠올릴 것이다. 하지만 안타깝게도 막걸리는 소주에 밀리고 맥주에 치이면서 그 위치와 위상을 잃어가고 있는 실정이다. 사정이 이렇다 보니 해외시장으로의 진출 및 글로벌화에도 많은 제약이 있는 실정이다. 자, 그럼 막걸리가 가지는 주류로서의 한계점을 생각해 보고, 어떻게 하면 이를 극복할 수 있을지 함께 고민해 보기로 하자.

문제 해결의 기준/목표

고품질의 막걸리 제조와 유통기한의 연장

고려할 사항

① 전 세계적으로 유명한 술은 어떠한 것이 있으며, 어떤 요인이 이러한 위상을 가능하게 했는지 생각해 보도록 한다.

② 와인의 경우 다양한 스토리를 가지고 있는 것으로 알려져 있다. 개인적으로 알고 있는 내용을 공유하거나, 자료를 통해 다양한 사례를 알아보도록 한다.

③ 우리나라의 술은 이웃나라인 일본, 중국과 어떻게 다르게 변천되고 발전해 왔는지

살펴보도록 한다.

④ 술과 음식의 궁합에는 어떠한 요소가 있는지 개인적인 경험담을 나누어 보도록 한다.

원인 분석

막걸리는 전통주이면서 오늘날 그 위상이 많이 약화되어 있다. 다른 주류와 비교하여 어떠한 점에서 이러한 요인이 발생했는지를 다각적으로 고찰해 보도록 한다.

① 맛의 측면 : 다른 주류와 비교 시 독특성, 차별적 요인을 생각해 본다. 단맛, 신맛, 쓴맛, 탄산미 등으로 나누어 고찰해 보면 더욱 좋다.

② 탁도의 문제 : 탁하고 뿌연 외관은 타 주류와는 매우 다른 속성이다. 이러한 부분이 긍정적으로 혹은 부정적으로 작용하는 요소를 고찰해 본다.

③ 저장성 문제 : 생막걸리는 맛은 좋지만 유통기한이 짧고, 살균 막걸리는 유통기한은 확보할 수 있지만 맛이 떨어지는 문제가 있다. 안정적인 유통기한을 확보하면서 맛도 지킬 수 있는 방법은 없을까?

④ 합성감미료 문제 : 대부분 아스파탐을 첨가하는데 합성감미료라 인식이 좋지 않다. 다른 방법은 없는 것일까?

⑤ 정체성의 문제 : 수입용 쌀을 사용하고 일본식 발효 방법을 도입하여 제조하는 막걸리를 우리의 전통주라 할 수 있을까?

해결 방법

우선 위에서 제시한 5가지 문제에 대해 내용을 좀 더 깊이 있게 구체적으로 고찰해 보도록 한다. 각자가 생각하는 방안을 자유롭게 제시해 보면 좋을 것이다. 또한 5가지 이외에 다른 각도에서의 문제를 제안해 보는 것도 좋겠다.

이 문제는 특정한 시각으로 해결책을 정리하는 것보다 의견을 제시하면서 상호 토론해 보는 것이 더욱 좋다. 따라서 막걸리를 와인, 맥주, 소주, 사케 등과 비교 분석하면서 장단점을 이끌어 내는 것도 좋을 것으로 생각된다. 이를 통해 우리의 전통주를 어떻게 계승하고 발전시킬 수 있을지 그 방안을 모색해 보는 것에 중요한 의미를 둘 수 있을 것으로 판단된다.

시사점 및 생각해 볼 문제

① 그동안 별로 관심을 가지지 않았던 전통주에 대한 새로운 시각을 가져보는 것이 어

떠한 의미가 있는지 생각해 본다.

② 전통주뿐만 아니라 전통 식품의 글로벌화 또한 여전히 어려운 숙제이다. 우리 음식의 글로벌화가 어려운 이유를 고찰해 보고 해결책을 같이 고민해 본다.

8) 막걸리 포장 기술

문제 막걸리는 대부분 PET 용기에 담겨서 판매되는 경우가 일반적이다. 일부 고급화된 제품은 유리병에 담겨 유통되기도 하며 금속 캔 제품 등 다양한 형태가 존재한다. 단순히 포장 재질 측면으로 구분해 볼 수도 있지만 좀 더 다른 시각으로 보면 분명한 경향이 존재함을 알 수 있다. 생(生)막걸리 용기는 거의 예외 없이 PET 재질을 사용하면서 캡(cap)이 씌워져 있다면 유리병이나 금속 캔 용기를 사용한 제품은 생막걸리가 아닌 살균 막걸리인 것을 알 수 있다. 이제 시야를 좁혀서 생막걸리를 좀 더 상세히 살펴보면 플라스틱 캡이 완전히 밀봉된 것이 아니라 공기가 통하는 구조로 되어 있는 것을 알 수 있는데, 생막걸리의 병을 눕혀 놓고 시간이 경과하면 내용물이 조금씩 밖으로 흘러나오는 것을 관찰할 수 있다. 여기서 우리는 몇 가지 의구심을 가지게 된다.

① 왜 생막걸리는 밀폐 구조가 아닌 개방형 구조를 지니는 캡을 사용할까?

② 생막걸리가 살균 막걸리에 비해 가지는 장점은 무엇인가?

③ 국순당 생막걸리는 효모가 살아 있는 제품이면서 밀폐형 캡을 사용하여 포장되어 있다. 과연 어떤 기술이 활용되었을까?

④ 생막걸리의 장점을 살리면서 내용물이 새지 않도록 밀폐형 제품으로 포장하는 또 다른 방법에는 무엇이 있을까?

문제 해결의 기준/목표

막걸리 품질의 고급화 및 포장재 개선

고려할 사항

① 실제 막걸리의 제조 과정은 어떻게 되는지 알아보자. 아울러 다른 주요한 주류인 와인, 맥주와 상호 비교해 보도록 한다.

② 생막걸리의 유통기한은 냉장으로 보관해도 대부분 한 달을 넘지 못한다. 이를 극복할 수 있는 방안은 무엇인지 상호 논의해 보도록 한다.

③ 갓 제조된 막걸리가 유통 중 맛과 특성이 어떻게 변하는지 다음과 같은 관점에서 생

각해 보도록 한다.

○ 단맛, 쓴맛, 신맛, 알코올 함량, 탄산미

④ 생막걸리와 살균 막걸리는 모두 탄산에 의한 청량감을 지닌다. 각각의 경우에 탄산의 생성 경로는 어떻게 다른지 고찰해 본다.

원인 분석

위에서 제시된 각 문제에 대하여 다음과 같이 원인을 분석해 보기로 한다.

① 생막걸리가 가지는 기본적인 속성을 다시 한번 생각해 보도록 한다. 생(生), 무엇이 살아 있는지를 생각해 보면 비교적 쉽게 문제의 해답에 접근할 수 있을 것이다.

② 유통기한이 짧고 맛과 품질의 변화가 지속적으로 일어나는 단점에도 불구하고 생막걸리를 선호하는 가장 큰 이유가 무엇일지 생각해 본다. 이는 일반 식품뿐 아니라 모든 음식에도 공통적으로 해당되는 사항이라고 보면 쉽게 유추할 수 있다.

③ 특정 회사인 국순당을 거론한 이유는 특별한 제조 방법으로 생막걸리를 밀폐형 캡으로 포장한 제품을 생산하고 있기 때문이다. 자료를 검색하여 방법을 찾지 말고 반드시 상호 토론과 고민을 통해 제조 방법을 추정해 보길 권한다. 기존에 알고 있는 식품공학적 지식을 활용하면 충분히 답을 알아낼 수 있을 것이다. 상호 활발한 의견을 교환하다 보면 보다 효과적인 접근이 이루어질 것이다.

④ 실제 자료를 찾아서 국순당이 수행한 방법을 파악한 후 또 다르게 접근할 수 있는, 그리고 논리적으로 합당한 다른 방법을 모색해 보면 좋을 것이다. 다소 현실성이 없더라도 기발하고 창의적인 생각을 해 보는 것에 더 큰 의미를 두면 좋을 것으로 보인다.

해결 방법

본 문제는 단순히 답을 찾아가는 것에 의미를 두기보다 과정을 즐기고 상호 활발한 의견을 교환하는 것에 더 큰 목표를 두었으면 한다. 전 세계적으로도 유례를 찾기 힘든 매우 독특한 형태의 주류인 막걸리를 현대적 의미에서 재해석해 보는 것에 그 가치를 두면 좋을 것이다.

또한 탄산미를 즐기는 대표적인 주류인 맥주와 비교하면서 장단점을 분석해 보는 것도 유용할 것이다. 제조 방법에서부터 유통 조건 및 음용하는 상황을 연계해 보면 색다른 관점에서 아이디어를 찾아낼 수 있다. 아울러 막걸리의 글로벌화가 어떤 관점에서 가능할 수 있을지 대안을 제시할 수도 있을 것이다.

시사점 및 생각해 볼 문제

① 막걸리와 청주는 어떤 점에서 같고 어떤 점에서 다른지 자료를 통해 파악해 보도록 한다.

② 젊은 세대에게 우리의 술은 어떤 의미가 있는지 서로 기존에 가지고 있었던 생각을 나누어 보도록 한다.

9) 다이어트 식용유 개발

문제 지방은 비만의 주요한 원인으로 언급된다. 따라서 상당수의 소비자들이 섭취를 꺼리게 되는데 특히 동물성 지방에 대해서는 그 민감도가 더욱 높은 실정이다. 식물성 지방에 대해서는 조금 관대한 편이기는 하나 과도한 섭취는 여전히 조심스럽게 생각한다. 식물성 기름을 사용한 튀김류 제품은 맛이 뛰어나 식욕을 자극하지만 건강을 고려할 때 섭취를 주저하는 것이 현실이다.

이에 따라 지방을 대체할 다른 소재의 개발이 오래전부터 다양한 각도에서 진행되어 왔다. 합성을 통해 지방과 유사한 물성을 지니지만 소화 흡수되지 않은 대체품을 개발하기도 하였고, 탄수화물 소재를 활용해 칼로리를 낮추는 방안(예를 들면 저칼로리 마요네즈, 드레싱 등)으로 접근해 보기도 하였다. 하지만 대부분 상용화에 실패했거나 제품에 적용되었다 하더라도 맛과 물성 측면에서 부족함이 있어 소비자의 외면을 받는 경우가 많았다.

이런 점에서 현재는 판매가 중단되었지만 일본의 KAO(花王)에서 출시하여 선풍적인 인기를 끌었던 에코나 오일(ECONA oil)은 시사할 점이 많다. 당시 이 회사가 접근한 방법론적 측면과 이를 상업화하기까지 극복한 기술적 난제들을 고찰해 본다. 또한 식품 안전성 이슈가 제품에 어떤 영향을 주었는지 살펴보도록 한다. 이를 통해 성공과 실패를 오간 극적 사례의 한 단면을 보게 될 것이다. 또한 앞으로 개발될 기능성을 표방한 다양한 식품 혹은 소재의 미래를 점검해 보는 역할을 할 것이다.

고려할 사항

① 대체 유지 연구 개발의 역사를 간단히 살펴보고 산업적으로 성공하지 못한 주요한 원인이 무엇인지 분석해 보도록 한다.

② 대체 감미료에는 어떠한 것들이 있는지, 그리고 각 소재별로 어떤 기능성이 있는지 조사해 보도록 한다.

③ 최근 연구되어 산업화된 2가지 신규 감미료인 타가토스(tagatose)와 알룰로스(allulose)의 특징을 살펴보도록 한다. 아울러 기존의 대체 감미료와 어떤 차별적 요소가 있는지 알아보도록 한다.

고찰해 볼 사항

① KAO(花王) 에코나 오일의 핵심 아이디어는 무엇이었나?

② 제품의 주요한 기능성은 어떤 것인가?

③ 특허 내용을 찾아보고 어떤 방법으로 기술적 차별을 구축했는지 살펴본다.

④ 국내의 유사한 개발 및 제품화 사례를 조사해 본다.

⑤ 제품이 단종된 결정적 요인이 무엇인지 알아보도록 한다.

시사점 및 생각해 볼 문제

① 핵심 성분인 DG, DAG(diglyceride, diacylglycerol)는 어떤 물질인가? 원래 식용유지의 한 성분인가?

② DG를 주성분으로 한 식용유는 열 안정성 혹은 저온 안정성에서 기존 식용유 대비 어떤 문제가 있는가?

③ ②번의 문제를 해결하기 위한 방법은 무엇인가?

④ DG는 국내 건강식품 원료로 등재되어 있다. 내역을 조사하고 시사점을 살펴본다.

⑤ DG 오일의 제조 공정을 살펴본다.

⑥ 해외 식용유 제품 중에는 또 다른 기능성을 표방한 제품들이 여러 가지 있다. 어떠한 것들이 있는지 조사해 본다.

⑦ DG, DAG의 다이어트 효과는 어떤 메커니즘에 의한 것인지 살펴보고, 기존의 다른 다이어트 소재와는 어떤 차이점이 있는지 생각해 본다.

CHAPTER **7**

문제 해결자의 자세

1. 강한 집념
2. 리스크 감당
3. 도전 의식
4. 포기와 버리기
5. 작은 일도 소중히
6. 핵심을 보는 능력
7. 강점의 활용
8. 협력
9. 문제 해결의 다양한 사례

문제를 잘 해결할 수 있었던 사람들의 자세를 보면 확실히 보통 사람과는 다른 면들이 있다. 그들이 가지고 있었던 특징적인 자세야말로 문제를 해결할 수 있는 비밀 병기라고 말할 수 있다. 문제 해결 방식을 배우는 것도 중요하지만 무엇보다도 어떤 자세로 문제의 상황에 임해야 하는지가 더 중요하다. 문제를 해결하기에 앞서 우리 자신은 어떤 자세를 가지고 있는지 살펴보고 문제 해결에 도전하는 것이 바람직하다.

1. 강한 집념

문제를 해결하기 위해서는 많은 지식이 중요한 것이 아니라 문제를 해결하고야 말겠다는 강한 집념이 있어야 한다.

얼마 전 중국 칭다오를 방문하여 조정래의 『정글 만리』에 나오는 주인공들과 이야기를 나눈 적이 있다. 그들이 오늘날 나름대로 성공할 수 있었고 어려운 문제들을 하나하나 해결할 수 있었던 것은 중국이라는 큰 시장이 있었기 때문이 아니라, 외국 땅에 와서 사업을 하며 여기서 실패하면 더 이상 갈 곳이 없다고 생각하고 죽기 아니면 까무러치기라는 정신으로 성공하고야 말겠다는 강한 집념이 있었기 때문이라고 하였다.

많이 배운 사람이 문제를 잘 해결하는 것이 아니다. 문제를 해결하고자 하는 강한 집념이 없으면 일을 하다가 중도에 포기하기 쉽고, 그렇게 되면 문제를 해결할 수가 없다. 배운 것이 부족하고 문제를 해결하는 데 다소 부족함이 있더라도 끝까지 문제점을 찾고, 또 그것에 대한 해결 방안을 찾아내려는 자세가 있는 사람만이 문제 해결의 기쁨을 누릴 수 있다.

2. 리스크 감당

문제를 해결하려고 여러 가지 시도를 하다 보면 경우에 따라서는 또 다른 어려움에 봉착할 수가 있다. 다른 사람들의 지지를 얻어 내지 못하여 조직 내에서 어느 누구도 자신의 생각이나 해결 방안에 동조하지 않아 외톨이가 될 수도 있다. 또 경제적인 문제로 약간의 자금이 지원되면 해결할 수 있을 것 같은데 당장 자금을 마련하기 어려운 상황에 부딪힐 수도 있다.

문제를 해결하는 과정에서는 이처럼 여러 문제를 접하게 될 가능성을 인지하고 있어야 하며, 또한 그 위험을 내가 떠안고 나갈 수 있는 배짱이 필요하다. 좋은 것이 좋다고 생각하고 서로 간의 화합만 유지하면 된다는 생각으로 더 큰 문제를 극복하려 하지 않는다면 문제를 해결할 자격이 없다. 새롭게 부딪히는 리스크를 떠안아야 한다는 명제에 대해 실로 선택의 기로에서 고민하고 또 고민하여 결정하여야 한다. 한마디로 나에게 다가오는 시련을 감당할 자신감이 있어야 한다는 말이다.

3. 도전 의식

모든 경우가 다 그런 것은 아니지만 남들이 모두 풀어내지 못한 처음 접하는 문제라면 이제까지 사람들이 시도하였던 방법으로는 해결의 실마리를 찾을 수 없다. 따라서 아무도 시도하지 않은 방법을 선택하여 도전해야 한다. 6.25 전쟁 때 맥아더 장군이 인천상륙작전을 시도했던 일이나 우리나라에 고속도로를 처음 깔기로 결정한 일, 고 정주영 회장이 조선소 하나 없는 나라임에도 영국에 가서 배를 3척이나 수주하고 아무 경험도 없이 중동 건설에 희망을 가진 것, 반도체 왕국으로 발돋움하기 위해 많은 어려운 과정을 극복해 나간 것 등은 하나같이 감히 해보지도 않은 일들에 도전한 경우이다.

남들이 가지 않은 힘든 길을 과감히 선택하여 문제를 하나하나 해결하였던 것처럼 그런 자세를 갖추어야 한다.

4. 포기와 버리기

포기하거나 버리는 것이 결코 잃어버리는 것만은 아니다. 문제를 해결하기 위해 때로는 많은 것을 버려야 하며, 포기해야 하는 일들도 생긴다. 하지만 자기가 가지고 있는 것들에 대한 집착이 커지면 결코 이러한 것들을 내던져 버리기가 어렵다. 그러나 버릴 줄 아는 사람만이 새로운 것을 얻을 수가 있다.

'지금까지 내가 여기에 투자한 것이 얼마나 되는데……'라고 생각하면 도저히 버릴 수가 없다. 양손에 모든 것을 들 수 없다면 과감히 한쪽을 버려야 한다. 그런 결단의 자세가 매우 중요하다. 바둑을 두는 사람이 서로 자기 집만을 구축하려고 나선다면 제대로 집을 지을 수가 없다. 내가 버릴 것이 있어야 상대방도 양보를 해줄 수 있으며, 그런 가운데 더 큰 것을 얻어 낼 수가 있다.

무엇을 버린다는 것은 어떤 의미에서는 새로운 시작을 알리는 것이다. 새로운 시작을 향해 이제까지 아껴왔던 것들을 버릴 수 있는 사람은 미래에 대한 확신과 자신감, 그리고 새로운 것을 얻어 낼 수 있다는 비전을 가진 사람이기 때문이다.

5. 작은 일도 소중히

문제 해결을 위한 선견지명의 비책과 같은 해결책이 늘 자신의 주변에 맴도는 것은 아니다. 바보 같은 생각이나 가볍게 스치는 영감, 그리고 내부에서 느껴지는 어떤 예감 등을 소중하게 다룰 수 있어야 한다. 경우에 따라서 이런 것들은 그때그때 기록으로 남겨 두면 좋다. 이런 것들이 모아져서 어느 순간에 놀랄 만한 혁신적인 해결 방법이 탄생할 수도 있다. 우리가 보통 말하는 "선견지명이 있으시네요!"라는 말도 애초부터 선견지명이 있는 것이 아니라 작은 일들이 끊임없이 쌓이고 쌓여서 이룩되는 것이다. 그러므로 평소 자신의 주변을 맴도는 조그만 생각이나 일들을 잘 기록해 두는 습관이 중요하다.

6. 핵심을 보는 능력

일을 처리하다 보면 많은 일들이 얽히고설켜 어디서부터 풀어가야 할지 모를 때가 있고, 또 여러 가지 일을 동시에 수행해야 하는 경우도 있다. 이런 상황에서 문제를 해결하기는 매우 어렵다. 하지만 복잡한 상황에서 핵심을 빠르게 간파할 수 있다면 무엇이 중요한 것인지를 판단하기가 용이하다. 따라서 핵심을 보는 능력을 갖추어야 문제 해결의 실마리를 빠르게 진단할 수가 있다. 조그만 일들에 연연하지 말고 핵심적이고 보다 큰 문제를 생각해야 한다. 자기에게 맡겨진 일 중에서 가장 중요한 핵심이 무엇인지 항상 고민하고 생각하여 전체적인 상황에서 핵심을 간파할 수 있는 능력을 키워야 한다.

7. 강점의 활용

사람은 누구나 장단점이 있다. 많은 사람들은 자신의 부족한 점을 보완하기 위해 노력하지만 단점을 보완하여 성과를 달성하기는 결코 쉽지 않다. 혹여 성과를 낸다고 하더라도 그것은 미미한 성과에 불과할 것이다. 하지만 강력한 강점을 잘 활용할 수 있다면 오히려 커다란 성과를 도출할 수가 있다. 그래서 자신의 약점을 보완하기보다는 자신이 가장 잘 할 수 있는 장점을 살려 나가는 방향으로 능력을 발휘하는 것이 바람직하다. 자신의 내면을 냉철하게 들여다 보고 무엇이 나의 강점인가를 찾고, 그 강점을 잘 활용할 수 있을 때 문제를 보다 쉽게 해결할 수 있다.

8. 협력

다른 사람과 자신의 생각이 다르다고 느껴 화합하지 못하는 사람들이 있다. 그렇다고 '내가 혼자 다 알아서 할 테야.' 하고 풀어 나가는 방식은 바람직하지 못하다. 다른 사람들과 이야기를 나누고 의견을 교환하다 보면 미처 생각하지 못한 또 다른 변수를 발견하게 되어 위험 요인을 최소화할 수 있고, 효율적인 방안들이 제안될 수도 있다. 혼자보다는 함께 해결해 나감으로써 서로에게 주는 도움은 우리가 생각하는 것보다도 훨씬 클 수 있다. 주변 사람들의 도움을 결코 무시해서는 안 되며, 가능한 한 여러 사람들의 목소리에 귀 기울일 줄 알아야 한다. (9장의 '문제 해결을 위한 접근' 참조)

지금까지 살펴본 8가지의 자격 요건을 모두 갖출 수는 없다. 몇 가지만이라도 이런 자세로 임할 때 보다 효율적으로 문제를 해결할 수 있다는 것이 여러 경험자들의 조언이다. 그렇다고 본다면 이런 자세를 갖추려고 노력하는 데에서 앞으로 부딪힐 새로운 문제를 해결할 준비가 시작되는 것이다.

지속적인 요청에 따라 연구 개발 부서에 대한 투자를 매년 증액해 왔지만 증액에 비해 이익 창출에 대한 기여도가 낮다. 여기에 매년 10여억 원의 적자를 안고 있는데 그 원인은 어디에 있으며, 이를 해결할 수 있는 방안은 무엇인가?

9. 문제 해결의 다양한 사례

1) 비비고 만두

※ 다음은 CJ제일제당이 비비고 왕교자를 개발하는 데 제조 공정을 변경하였던 내용의 기사를 토대로 재구성한 것으로 산업체의 의견과는 다소 차이가 있을 수도 있음을 밝힌다.

문제 냉동만두는 '만들기 귀찮아서 사 먹는 값싼 인스턴트 제품'이라는 소비자들의 인식이 잠재되어 있다. 이를 불식시키고, 소비자들이 기존의 일반 만두 제품에서 느끼는 불만 중에서 '씹히는 느낌이 부족하다는 점'에 대하여 '담백하면서도 물리지 않는 만두', '집에서 만든 만두처럼 씹는 느낌이 풍부한 만두'를 만들자는 방향성에 따라 이에 맞는 만두를 만들 수 있는 방법을 해결하고자 한다.

문제 해결 목표

① 씹히는 느낌과 같은 조직감 : 제품 콘셉트의 재정립이 필요하다.

② 물리지 않는 고급 품질 : 소비자 조사 결과를 충족시켜야 한다.

③ 가격의 합리성을 갖춘 인스턴트 식품 : 프리미엄급 제품이라는 방향성을 가져야 한다.

④ 이를 위한 냉동만두 제조 공정이 새롭게 구성되어야 한다.

접근 방법

① 기존의 제조 공정을 토대로 일부만 수정 보완하는 방안과 기존의 만두 제조 공정으로는 근본적인 문제를 해결하기 어렵다고 판단하여 대폭적인 개혁으로 과감하게 새로운 공정을 도입하는 방법이다.

② 새로운 공정에 요구할 사항은 무엇일까? 새로이 추가되는 공정을 토대로 제조 공정의 전체적인 변화까지도 포함하자.

③ 씹는 느낌의 개선을 위해 조직감을 개선하되 기계로 가는(grinding) 공정은 피한다.

④ 값싼 이미지를 탈피하기 위해서는 고급스러워야 하며, 그만큼 소비자 만족도도 최고여야 한다. 제품의 특징으로 고려해야 할 요소는 소비자 조사를 통해 얻은 '외관', '만두피', '만두소', '육즙', '무첨가' 등을 포함한다.

⑤ 해외 시장의 구매자들 의견도 수렴하여 반영하도록 한다.

해결 방법

5가지 제품 특성을 토대로 다음과 같이 시행한다.

• 5가지 제품 특성

① 외관 : 소비자들이 만두를 먹는 습관을 분석한 결과, 입에 꽉 찬 느낌을 선호한다는 점에 착안하여 풍부한 원물감의 만두소 장점을 극대화하기 위해 한 개당 무게를 약 13 g에서 35 g으로 만든다.

② 만두피 : 만두에 사용되는 밀가루는 얇고 쫄깃한 만두피를 구현하기 위해 고가수(高加水) 공법을 적용해 최적의 가수율을 도출하였으며, 만두피에 대한 품질 특성은 조직감 측정기(texture analyzer), 파리노그래프(farinograph), 아밀로그래프(amylograph)를 이용해 관리한다. 제분 기술 노하우를 모두 동원하여 굽고, 찌고, 튀기고, 삶아도 일정한 맛을 유지한다.

③ 만두소 : 고기를 갈아 넣는 방식에서 고기를 크게 썰어 넣는 방식, 즉 고기를 큼직하게 썰어 넣어 원물감, 육즙과 조직감을 모두 확보한다.

④ 육즙 : 촉촉한 육즙을 구현한다.

⑤ 무첨가 : 합성감미료(아스파탐, 아세설팜칼륨), 합성착색료(수용성 안나토), 합생착향료, D-솔비톨액 등 식품첨가물을 사용하지 않는다.

• 공정상의 개선점

① 고기와 채소를 갈아서 만두소를 만들던 기존 공정을 버리고, 칼로 써는 새로운 공정을 도입한다.

② 돼지고기의 육질감을 손상시키지 않고 보존하면서 원물 그대로의 조직감과 육즙을 살려, 씹었을 때 입안에 가득 차는 풍부한 식감을 구현하고자 한다.

③ 전용 밀가루로 만든 반죽을 3,000번 이상 치대고 수 분 동안의 진공 반죽을 통해 쫄깃한 식감과 촉촉함을 살린다. 대부분의 공정을 자동화하며, 사람과의 접촉을 최소화한다.

④ 모양은 수제 형태를 설비화해 해삼 모양을 구현하며, 삼면의 각이 살아 있는 우리나라 고유의 '미만두'(바다의 해삼 모양으로 만든 만두) 형태로 만든다.

⑤ 크기를 늘리면서도 씹을 때 부담을 주지 않도록 하며, 조선시대 임금에게 진상하던 음식인 미만두의 고급스러움을 재현한다.

⑥ 풍부한 원물감의 만두소 장점을 극대화하여 기존 제품의 외형, 식감 등과 차별화하고, 세계 최고 수준의 맛과 품질을 구현한다.

⑦ 전처리와 가공, 포장으로 세분화하여 전처리 공정에서는 원부재료의 이물 선별, 채소 절단, 고기 세절을 거쳐 양념을 넣고 혼합한다. 이때 부추, 대파, 양배추 등 채소에 있을 수 있는 이물질을 검출하기 위해 광학기를 이용하여 선별 작업을 거치고, 고기는 돼지고기를 주로 사용하는데 돼지털, 뼈 등이 들어가지 않도록 선별한 후 알맞게 잘라 원물감을 최대한 유지한다.

⑧ 선별 및 세절된 원료에 양념을 넣고 골고루 섞어 맛과 풍미를 좋게 하는데, 제품별 작업 표준에 준해 투입 순서 및 원료별 투입량을 준수하여 혼합한다. 대량 생산에 따른 또 다른 문제점은 만두소 배합 시 오류가 발생할 수 있다는 것인데 이를 개선하고자 'MES(Manufacturing Execution System, 제조 실행 시스템)'를 도입, 배합에 의한 오류를 최소화한다.

⑨ 가공 공정으로 만두소를 만드는 공정에서는 고기 선별 작업이 이루어지며, 고기는 만두의 육즙을 좌우하는 만큼 무엇보다 품질 좋은 재료를 선택해야 한다.

⑩ 채소 세척기가 자동으로 부추를 씻어 내면 한 번 더 사람의 손을 거쳐서 고기와 원재료를 적절한 배율로 섞어 만두소를 만든 다음 성형 공정으로 옮긴다.

⑪ 제면실은 20℃를 유지하며, 면이 늘어지는 것을 방지하기 위해 저온에서 숙성한다.

⑫ 면대 라인의 밀대를 거칠 때마다 두툼했던 면 반죽은 조금씩 얇아지고 이때 면의 식감을 좋게 하기 위해 진공 믹서를 이용하는데 총 7번의 롤링 과정을 거쳐 두께는 25~30%씩 줄어든다.

⑬ 양념을 한 만두소와 밀가루에 염수를 넣어 만든 만두피를 성형기에 넣으면, 성형기에서 동그란 모양으로 만두피를 잘라 만두소를 채우고 접합하여 만두 모양을 성형한다.

⑭ 성형된 만두는 컨베이어 벨트로 이송되어 증숙(蒸熟)기로 보내지고, 스팀 증숙 과

MES(Manufacturing Execution System)

MES는 생산에 필요한 자재 수급을 파악하기 위한 보텀업(bottom-up) 방식으로 계획과 연계하여 적절한 수급 대책을 수립함으로써, 생산 계획에 적절히 대응하고자 스케줄링 및 실행의 관점에서 작업 현장(shop floor) 환경의 실시간 모니터링, 제어, 물류 및 작업 내역 추적 관리, 상태 파악, 불량 관리 등에 초점을 맞춘 현장 시스템이다. MES의 기능을 살펴보면, 공정 진행 정보 모니터링 및 조정, 설비 제어 및 모니터링, 품질 정보 추적 및 조정, 실적 정보 집계, 창고 운영 관리, 재고품 관리, 자재 투입 관리, 인력 관리, 공무 관리 등 생산 현장에서 발생할 수 있는 모든 정보를 통합 관리한다.

정을 거쳐 100℃의 찜통에서 구워진 뒤 다시 영하 40℃에 가까운 냉동기로 빨려 들어가 18분 동안 급속 동결된다.

⑮ 온탕과 냉탕을 오가는 과정 끝에 완제품이 탄생한다.

⑯ 이때 사용되는 기계들은 고효율·신제형 성형 기술을 도입하여 만든 만두 성형기로 만두 모양은 기존의 반달 형태로 해삼 모양을 구현하고, 고효율 증숙기, 고효율 동결기 등 신설비를 개발·도입해 '생산성 향상'과 '에너지 최적화'를 구축함으로써 글로벌 제조 경쟁력을 확보한다.

⑰ 대량 생산에 따른 가장 큰 문제점인 맛에 대한 편차 부분은 향·식감 등을 분석하는 첨단 분석기기를 통해 '맛·품질 편차'를 관리한다.

⑱ 포장 공정에서는 동결된 제품에 대해 1차 금속 검출을 하고, 각 제품의 특성에 맞게 포장한 후 2차 금속 검출기로 재검사를 실시한다.

⑲ 포장된 완제품은 분석실 품질 검사를 통과한 후 최종 출고한다.

⑳ 포장 작업은 15℃ 미만의 저온에서 이루어지며, 향후 포장 공정도 전면 자동화한다.

• 제품의 국제화

나라마다 고유한 식문화를 가지고 있는데 유럽의 라비올리, 터키의 만트, 남미의 엠파나다 등과 같이 밀가루를 반죽해 고기나 채소를 다져 만든 소를 넣고 빚은 만두 형태의 음식이 세계 곳곳에 존재한다. 이 점에 착안하여 국내의 만두 플랜트 기술을 기반으로 미국과 중국 중심의 글로벌 생산기지를 러시아와 독일, 베트남으로 확대해 대륙별 생산 거점을 확보하고, 한국식 만두의 한식 이미지를 살리면서 해당 국가의 익숙한 식문화를 반영하여 현지인이 선호하는 맛과 향, 재료, 조리법 등을 접목해 현지인의 입맛에 맞는 제품으로 공략하겠다는 전략을 세웠다.

예를 들어 중국인 입맛에 맞추어 중국인들이 좋아하는 옥수수와 배추를 포함한 '비비고 옥수수 왕교자', '비비고 배추 왕교자'로 중국 현지화에 힘쓰는 한편, 베트남에서 인수한 냉동식품 업체 까우제(Cau Tre)를 통해 '비비고 만두'와 동남아식 만두(짜조 등)를 생산하고, 러시아 만두 업체 펠메니(Pelmeni)를 통해 펠메니(러시아), 짜조(베트남) 등 글로벌 현지 만두 제품과 외식형, 스낵형, 편의형 등 미래형 제품을 개발해 차별화된 경쟁력을 갖추고자 하였다.

아울러 제품의 현지화와 생산성 향상을 통한 불량률 감소를 통해 글로벌 제품으로서의 면모를 갖추고자 하였다. 철저한 현지화 전략으로 제품을 개발한 것도 주효했는데 '비비고 만두'는 만두피가 두꺼운 중국식 만두와 달리 만두피가 얇고 채소가 많은 만두소를 강조하며 '건강식'으로 차별화하였다. 한입 크기의 작은 사이즈로 편의성을 극대화하였고, 미국에서는 닭고기를 선호하는 현지 식성을 반영해 '치킨 만두'를 개발하였다. 특유의 향 때문에 한국인에게는 호오(好惡)가 엇갈리는 실란트로(고수)를 재료로 사용하였다. 만두피부터 만두소까지 신선하면서도 맛있고, 다양한 조리가 가능한 '한국식 만두'라는 점을 집중적으로 알렸다.

• **현재 시장 상황**

가격은 비싸지만 맛있고 안심하고 먹을 수 있는 제품을 선호하는 소비 트렌드를 형성하였으며, 글로벌 만두 시장은 연평균 3%대의 성장을 보이고 있어 2020년에는 6조 7000억 원 규모에 달할 것으로 전망된다. 이러한 가운데 CJ제일제당은 완차이페리, 삼전, 스니엔 등 중국의 3개 업체와 일본의 아지노모토에 이어 시장 5위를 차지하고 있으며, 2020년까지 매출 1조 원을 달성하여 세계 만두 시장의 15.2%를 점유하여 1위를 달성하고자 노력하고 있다.

• **성공 요인**

한국식 만두의 특징인 얇고 쫄깃한 피에 현지인들이 선호하는 재료로 만두소를 만드는 등 현지화 제품 개발에 주력하였다는 점이다. 특히 만두는 육류와 채소 등의 재료를 밀가루로 만든 외피로 싸 먹는 음식으로 전 세계의 보편적인 식문화이기 때문에 '비비고 만두'는 익숙한 형태의 새로운 맛을 가진 제품으로 인기를 끌고 있다. 아울러 철저한 현지화 전략이 크게 작용하였다. CJ제일제당은 미국 현지에서 '비비고 만두'를 생산하기 위해 캘리포니아 플러턴 공장과 뉴욕 브루클린 공장을 가동하며, 연간 1만 톤의 물량을 생산할 수 있는 인프라를 구축하였다. 여기에 영업 조직과 플래그십 제품 라인업을 갖추면서 매출이 갑자기 급증할 수 있었던 점도 성공의 중요한 요소 중에 하나이다.

CJ제일제당은 해외 시장 진출에 대한 노하우를 파악하고 있어 이 또한 성공 요인의 하나라고 보여진다. 그들에 따르면 중국 시장은 구체적인 타깃을 정하고 최소 5~10년을 투자해야 한다. 중국의 경우 전체를 하나의 시장으로 보지 말고 구체적인 타깃 시장을 정해 투자해야 하며, 가장 적합한 현지 비즈니스 파트너를 확보하는 것도 매우 중요하다는 점이다. 또 사전 시장 조사 기간은 최소 6개월에서 1년 정도로 철저한 준비가

플래그십(Flagship)이란?

사전적으로 해군의 여러 함정(艦艇)들 중 지휘관이 타고 있는 배, 즉 기함(旗艦)을 의미한다. 전략적으로 가장 중요한 자리를 차지하는 군함으로 시장에서는 이 같은 개념을 바탕으로 브랜드를 대표하는 최상위, 최고급 제품을 표현할 때 쓰이며, 카메라, ICT 제품, 자동차, 의류 등 다양한 분야에 활용되고 있다.

시장에서 인기가 높은 상품을 내세워 마케팅 전략을 구사하는 플래그십 마케팅도 같은 맥락이라고 할 수 있다. 또한 백화점, 쇼핑몰 등에서 볼 수 있는 플래그십 스토어는 시장에서 성공을 거둔 특정 상품을 중심으로 브랜드의 성격과 이미지를 극대화한 매장을 말한다.

필요하며, 한국식 사고방식과 접근법을 중국에 그대로 적용하면 위험하다. 한국 내에서 성공한 제품도 시장 조사나 현지 테스트 등을 다시 거쳐 현지에 맞는 제품으로 탈바꿈하지 않으면 안 된다.

중국의 식품 시장에서 가장 중요한 성공 포인트는 제품 경쟁력을 확보하는 문제이다. 현재 중국에서 일고 있는 건강이나 안전 트렌드 요구에 부합하는 제품 전략과 명확한 타깃팅이 중요하며, 중국 고객에게 신뢰를 줄 수 있는 브랜드를 육성해야 성공할 수 있다.

중국의 내수 시장에서 식품과 외식 산업, 그리고 문화 콘텐츠 분야는 앞으로도 큰 성장이 예상되는 분야로, 한국 기업은 중국 시장 진출 시 브랜드 경쟁력과 자본력에서 열세이기 때문에 유통 단계 진입이 쉽지 않으므로 차별화된 제품 경쟁력의 확보가 최우선시 되어야 한다.

2) 어묵 낙하

※ 다음의 사례는 실제 상황을 머릿속에서 상상해 볼 수 있도록 구체적인 상황 설명을 이야기 형식으로 표현하였다.

(1) 원인 불명 25년, 생각 전환 25분

문제 50명 정도의 종업원과 함께 어묵 공장을 운영하는 공장장이다. 지금은 현장 순찰을 나선 길이다. 여느 때처럼 공장의 출입문을 열고 현장으로 들어서니 생선살로 만든 어묵이 컨베이어 아래 바닥에 몇 개 떨어져 있는 것이 눈에 띈다. 어묵을 손으로 들어 살펴보았더니 표면에는 아무 이상도 발견되지 않았지만 쓰레기통에 넣는다. 이런 일이 반복되고 있다. 이상한 일이다. 어묵이 바닥에 떨어지는 경우가 하루 이틀 일이 아니라 25년째 매일처럼 반복되고 있다. 왜 이런 일이 일어날까?

생선살과 부재료를 혼합하여 반죽을 만들고 공급기에 투입하면, 그 뒤는 무인 자동 시스템으로 운전되어 제품이 만들어진다. 어묵의 형태를 만들고(성형), 고온의 튀김기름이 있는 튀김통을 거쳐 컨베이어 위로 건져 올려진다. 그러면 압력식 롤러 스펀지와 펠트를 이용하여 막 튀겨진 어묵에 포함되어 있는 기름을 짜내는 공정을 두 번 거친 뒤 냉각기로 운반되는, 그다지 복잡하지 않은 설비를 가동하여 자동으로 어묵을 만들고 있다. 이곳은 내 젊은 시절을 모두 보낸 현장이기도 하다.

그림 7-1 어묵 공정 시스템

문제 발견 및 자료 확보

어묵의 형태 중에서 편평하고 넓적한 어묵은 바닥에 떨어져 있는 경우가 여태껏 한 번도 없었으나 단면이 둥근 어묵은 바닥에 떨어져 발견되는 경우가 많았다. 떨어져서 발견되는 수량은 적으면 하루에 수십 개에서 많으면 수백 개 정도로 적다면 적고, 많다면 많다고 할 수 있을 것으로 보인다. 그런데 떨어져 있는 어묵을 형태별로 구분하면, 단면이 둥근 형태 중에서도 어묵의 길이가 길수록 떨어져 있는 양이 적고, 길이가 짧을수록 떨어져 있는 양이 많았다(그림 7-2).

이 어묵 제조 라인을 처음 만들었을 때는 컨베이어와 컨베이어를 가깝게 바짝 붙여 놓은 곳 주변에 많은 어묵이 우수수 떨어졌는데, 이 문제를 해결하기 위해 어묵이 컨베이어를 넘어올 만한 곳은 모두 스테인리스강으로 담장을 쌓듯이 가이드를 만들었다(그림 7-3). 그 후로 추락하는 양은 획기적으로 줄었지만 아직도 계속해서 이송 컨베이어 어딘가로부터 떨어지는 어묵이 존재함에도 아직 원인은 밝히지 못하고 있다.

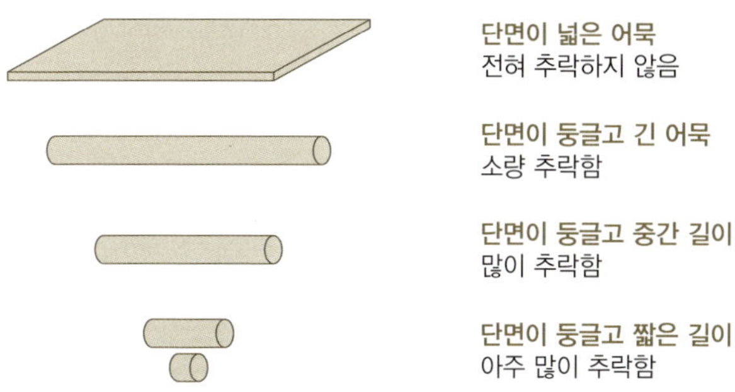

그림 7-2 형태별 발생 빈도 차이

그림 7-3 스테인리스강 가이드 부착

하루에 생산하는 어묵의 숫자에 비하면 바닥에 떨어지는 어묵의 숫자는 얼마 안 된다고 스스로를 위로하며 그렇게 25년이 지나니 이제 떨어져 있는 어묵이 너무나 당연하게 보이기까지 한다.

문제 분석

① 문제 해결 엔지니어와의 조우

어느 날 서울에 있는 모 컨설팅 회사에서 현장 개선을 하는 사람이 회사를 방문하였다. 우리 회사는 HACCP 인증을 받기 위해 우선 현장의 5S[1] 활동부터 시작하기로 결정하였고, 그 활동이 시작된 것이다.

큰 기대를 하지는 않았다. '그까짓 정리, 정돈, 청소 활동을 한다고 현장이 좋아지겠

[1] 일본에서 개념을 정리한 현장 개선의 가장 기본적인 활동으로 정리/정돈/청소/청결/마음가짐의 일본식 발음이 전부 S로 시작된다는 점에 착안하여 5개의 S라는 의미로 5S 활동이라고 하였다.

는가' 하는 생각이 들기도 하였다. 그런데 그 사람은 바로 질문을 하기 시작하였다.

"현장에서 가장 먼저 해결하고 싶은 문제가 무엇인가요? 개선 활동이란 실행을 하면 현장에서 바로 좋아지는 활동을 의미합니다. 우선 제일 먼저 하고 싶은 것부터 하시지요. 개선은 내일 좋아지는 활동이 아니고 오늘 좋아지는 활동입니다."

공장장으로서 그 당시는 현장에 별다른 문제가 있다고는 생각하지 않았던 터라, 오랜 기간 풀리지 않는 의문점을 이야기하기로 하였다. '설마 이 문제를 해결할 수 있겠는가'라는 의심을 가득 품고서 밑져야 본전이라는 마음이었다.

"무인 자동화 라인에서 어묵이 컨베이어를 벗어나 바닥에 떨어져 있는 경우가 종종 있습니다. 컨베이어의 경사진 부분에 어묵이 몰려서 이송되는 시점이 되면, 어묵이 서로 부딪쳐서 튀어나오는 경우가 있는 것으로 생각됩니다. 그리고 그 원인은……"

그는 내가 생각하고 있는 원인에 대해서는 별로 관심이 없는 듯 다음과 같이 말하고는 몇 가지 질문을 하였다.

"우선 문제가 되는 현상부터 짚어 보는 것이 좋겠군요."

② 현상에 관련된 몇 가지 질문

"컨베이어 위에 있어야 할 어묵이 바닥에 있다는 것이군요. 일단 '떨어져 있다'는 표현은 피하는 것이 좋겠습니다. 사실만 있는 그대로 표현한다면 바닥에서 발견된다는 것이지요? 지금부터 문제의 윤곽을 잡기 위하여 몇 가지 질문을 하겠습니다. 첫 번째 질문입니다. 이 현상은 언제부터 시작된 것인가요?"

"설비를 처음 설치할 때부터 이런 현상이 발생하였고, 처음에는 엄청 많이 떨어졌는데 가이드를 여러 군데 설치하고는 획기적으로 줄어 든 상태입니다."

"두 번째 질문입니다. 그 이후에 이런 현상이 증가하였나요, 유지하고 있나요?"

"고만 고만하게 일정한 양이 떨어집니다. 25년 동안 비슷한 추세라고 할 수 있습니다."

25년이라고 설명을 한 이면에는 이것은 쉽게 풀릴 수 없는, 꽤 어려운, 어쩔 수 없는 문제라는 것을 강조하려는 의도가 있었다고 생각한다. 그가 또 물었다.

"세 번째 질문입니다. 생산 로트별로 많이 떨어질 때가 있고 적게 떨어질 때가 있나요?"

"고만 고만하게 일정한 양이 꾸준히 떨어지고 있습니다."

"네 번째 질문입니다. 특별히 많이 떨어지는 종류가 있습니까? 아니면 종류에 관계없

윤곽 정보 수집용 문진 항목

병원에서 종합 검사를 받기 전에 작성하는 문진표(물어서 진단함)와 같은 성격으로 제조 현장의 제반 문제 또는 트러블에 대한 윤곽을 잡기 위하여 하는 인터뷰를 말한다.

크게 문제의 초발 시점/초발 이후의 동향/최근 경향/시간, 공간적 특징 유무로 나눌 수 있다.

항목	윤곽 요인(귀사에 맞는 내용으로 구성하는 것이 바람직)	해당
처음부터	고유 기술의 한계에 해당하는 요소, 요인, 요건	
	제품, 설비의 설계, 제작, 설치, 운영 시 동반된 요소, 요인, 요건	
	작업 표준의 제정, 전달, 준수 시 발생한 인적 트러블	
중간에	Man, Machine, Material, Method의 변경점에 대한 요소, 요인, 요건	
갑자기	상기 4M 사항의 급격한 출현 요소, 요인, 요건의 변경점 출현	
증가	상황이 증가할 수 있는 요소, 요인, 요건(마모, 풀림, 열화, 진동, 변화, 변경 등)	
유지	상황이 유지할 수 있는 요소, 요인과 확률. 듀얼 요소 및 요인, 트러플 요소 및 요인, 멀티 요소 및 요인, 현상과 원인이 시간적 차이가 발생할 수 있는 요소 및 요인과 공범의 존재에 유념	
이유 없는 감소	누적된 요소 및 요인의 일시적인 확산 또는 지속적인 재연 가능성 요소 및 요인	
집중	설비적 집중, 설비 장소적 집중, 제품 집중적 집중, 사람, 시간, 로트 등의 요소 및 요인	
분산	시간적 주기의 유무, 공간적 분산, 공범의 존재에 유념	
들쑥날쑥	사람에 의한 요소 및 요인(본인, 물류 맨, 차량 운전자, 공급처 물류 맨, 공급처 관련자 등)	
것	불량, 트러블 등의 형상, 현상, 정도 등 공간적인 층별	
곳	제품, 설비, 공간, 사람 등 공간적인 층별	
때	계절, 오전 및 오후, 준비 교체 후, 청소 후, PM 후 등 시간적인 층별	

이 비슷한 정도로 떨어집니까?"

이 질문을 받고는 속으로 조금 뜨끔하였다. '이 사람이 어묵을 좀 만들어 본 사람인가' 하는 생각이 들었다. 전혀 모르는 사람이 묻는 질문 같지 않다는 느낌이 들었다. 현실은 이러하였다.

어묵의 단면이 넓은 것은 바닥으로 떨어지는 경우가 없었고,
어묵의 단면이 둥근 원형인 것이 주로 떨어지는데,
단면이 둥근 것 중에서도 길이가 짧은 것이 많이 떨어지고,
길이가 긴 것은 상대적으로 적게 떨어져 있는 것이 사실이다.

그런데 대체 이런 상황이 이 문제와 무슨 연관성이 있는 것일까?

"형태별로, 즉 모델별로 떨어져 있는 수량에 차이가 있습니다." 이렇게 답하였다.

"다섯 번째 질문입니다. 어떤 곳에서 주로 발견되나요?"

"메시 타입[2]의 평면형 컨베이어와 경사형 컨베이어가 서로 겹쳐지는 컨베이어 하부에서 주로 발견됩니다."

"여섯 번째 질문입니다. 어떤 때에 주로 떨어지나요?"

"그건 알 수가 없습니다."

공장장이 말하였다. 그걸 알면 이미 해결을 했을 것이다.

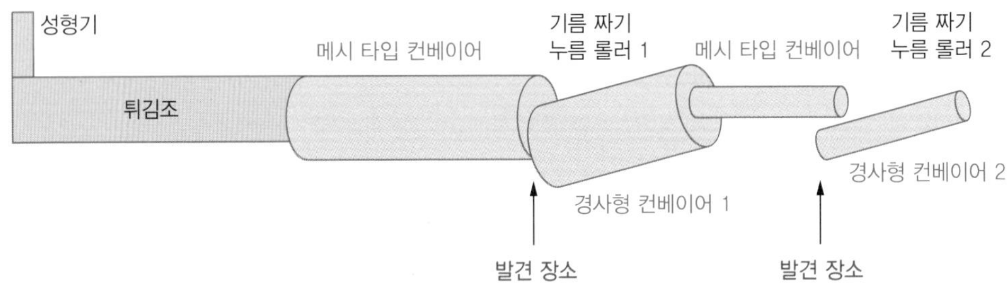

그림 7-4 일체형 컨베이어가 아니라 몇 개의 컨베이어를 세팅하는 방법

접근 방법

"그러면 어떤 때에 어떤 곳으로 떨어지는가 하는 것만 밝히면 되겠군요. 이제 현장에 들어가 봅시다." 하고 그가 말하였다.

그가 한 말은 맞는 말이다. 어떤 때에 어떤 곳으로 떨어지는가를 알면, 본 현상의 원인과 결과 관계가 분명해질 것이다. 그러나 25년 동안 계속되었던 어묵 추락 현상에 대해 지금 당장 원인을 파악하기에는 무리가 있어 보였다.

① 현장에 대한 철저한 관찰과 분석 : 어묵의 형태별로 차이가 있는 새로운 사실에 눈뜸

현장에 함께 들어갔다. 현재는 단면이 둥근 원형이고 길이가 긴 제품이 생산되고 있

[2] 스테인리스강 와이어로 만든 철망 타입의 컨베이어

었다. 이것은 바닥에 잘 떨어지지 않는 어묵 종류에 해당한다. 그는 우선 경사 컨베이어와 평면 컨베이어가 서로 겹치는 곳으로 가 어묵에 어떤 일이 생기는지를 관찰하면서 경사진 곳과 평면인 곳의 차이점(요인)이 반드시 있어야 한다고 설명하였다.

그 점에 대해서는 공장장도 이미 잘 알고 있었다. 높이가 다르므로 그곳에서는 어묵이 그 충격으로 경사 컨베이어에 떨어지고, 어묵이 쌓이면 그 위로 떨어진 어묵이 튕겨져서 컨베이어 밖으로 나가는 것이다.

그는 "어묵이 정상적으로 오른쪽으로 이동하지 못하고 역방향으로 회전하는 것이 보이느냐"며, 공장장이 생각하는 것과 다소 다른 말을 하였다.

대형 마트의 상향 무빙워크에 원통형의 물체를 놓으면 물체는 경사가 시작되는 위치에서 역방향으로 회전을 하게 될 것이다. 그와 같은 현상이 어묵 이송 벨트에서 발생하고 있었다.

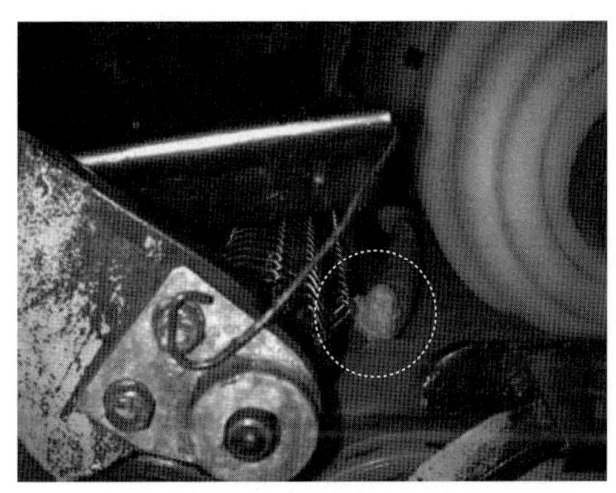

그림 7-5 경사가 시작되는 부분에서 역회전하는 현상 발생

어묵이 이송 컨베이어의 길이 방향으로 떨어지지 못하고, 그림 7-5처럼 직각 방향으로 떨어진 것이 경사 컨베이어를 타고 올라가지 못하여 역방향으로 회전하고 있는 것이 목격되었다. 그러나 그 현상은 자주 발생하는 현상이고, 곧 그 다음에 이송되어 오는 어묵이 길이 방향으로 떨어지면 아래에 있던 어묵을 눌러 줘서, 그림 7-6과 같이 아래에 깔린 어묵과 함께 경사 컨베이어를 타고 올라가게 된다.

그리고 무엇보다도 평면형 메시(철망형) 컨베이어와 경사(천) 컨베이어의 틈새 간격은 어묵 직경의 1/3 수준으로 그 틈 사이로는 절대 떨어질 수 없다고 생각되었다(그림 7-7).

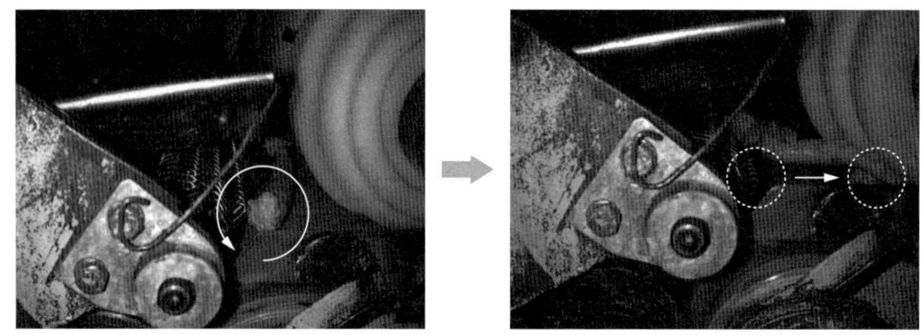

그림 7-6 정체되었던 어묵이 정체가 풀리면 발생하는 현상
단독으로 역방향으로 회전하다가 다음 번 어묵이 눌려 주면 정상 이동한다.

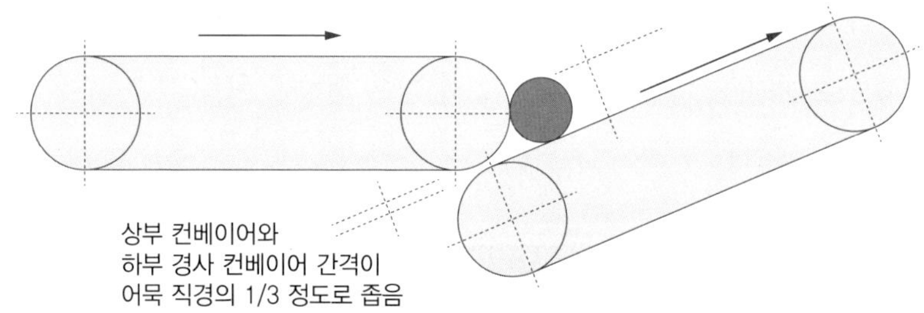

그림 7-7 평면 컨베이어와 경사 컨베이어의 배치

지금 생각하면 틈 사이로 빠질 수도 있다고 생각했어야 했는데, 그 당시는 절대로 그럴 수 없다고 생각하였다.

② 현상에 대한 해석 : 힘과 정체 시간

그가 말을 이어갔다.

"어묵의 길이가 짧고 긴 차이를 이렇게 설명하면 어떨까요? 길이가 긴 어묵은 컨베이어 이송 방향과 직각 방향으로 떨어져서 역회전을 하면서 그곳에 머무르고 있는 시간이 짧지요? 반면 길이가 짧은 어묵의 경우 위에서 떨어지는 어묵은 자기만 튀어서 경사 컨베이어 쪽으로 이동해 버리고, 아래에 있는 어묵을 동반해서 데리고 갈 힘이 부족할 것입니다. 따라서 아래쪽에 있던 어묵이 그 위치에 머무르는 시간이 길어질 수 있을 것으로 생각됩니다.

그리고 더 중요한 것은 길이가 짧은 어묵은 대량으로 이동하며 아래에 위치한 어묵을 누르는 힘을 증가시키는 요인이 될 수 있어서, 뒤쪽의 컨베이어에 의해 끌려 나가게 되는 경우가 많아지고, 길이가 긴 어묵은 끌고 나가는 힘이 많이 필요하거나, 끌고 나가는 포인트가 동시에 여러 군데에 작용해야 합니다. 따라서 그런 경우가 상대적으로 적을 것 같군요."

듣고 보니 그럴듯한 설명이었다. 논리적으로나 물리적으로나 문제가 없었다.

어묵의 길이에 따라 상부 메시 타입의 평면 컨베이어와 하부 경사 컨베이어의 틈새에서 머무는 시간이 차이가 나고, 아래의 어묵이 눌리는 힘이 다를 수 있다는 뜻으로 들린다.

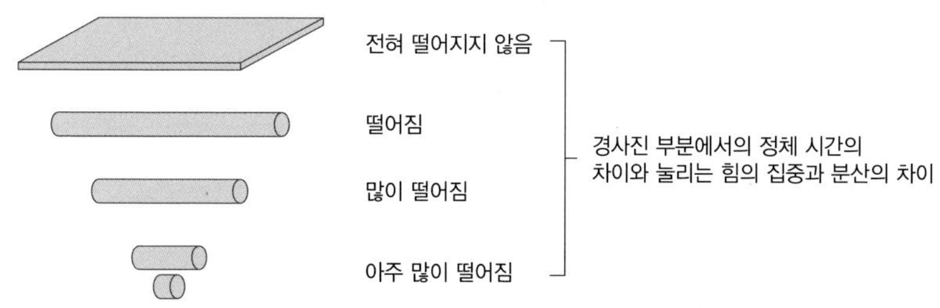

그림 7-8 길이의 차이를 머무는 시간의 차이와 눌리는 힘의 양으로 생각 전환

문제 표현(문제 정의)의 변경

① 어묵이 떨어짐 → 컨베이어에 끌려 나감

그가 단정적으로 말하였다.

"어묵의 이동 경로는 상부 메시 타입 컨베이어와 하부 천 타입 컨베이어 틈새이며, 떨어지거나 빠져나간 것이 아니라 끌려 나간 것으로 봐야 하겠군요."

결국 어묵의 이동 경로는 그림 7-9와 같은 경로가 되는 것이라는 설명이다. 그럴 리가 없다고 생각한 바로 그곳이었다.

나는 어묵이 컨베이어의 틈 사이로 끌려 나올 것이라는 것을 어느 시점부터 알았는지 물어봤다. 그는 내가 말하는 것을 듣고 컨베이어 외측으로 떨어지는 메커니즘은 아니라고 판단했다고 한다. 왜 그렇게 생각하게 된 것일까?

문제 해결

① 물리적인 생각 : 어묵은 탄성체

"어묵이라고 하는 요소가 가진 성질, 즉 요인 중에는 탄성이라고 하는 것이 있습니다. 컨베이어의 벽을 뛰어넘어 바닥에 떨어졌다고 한다면, 떨어진 지점을 중심으로 어딘가

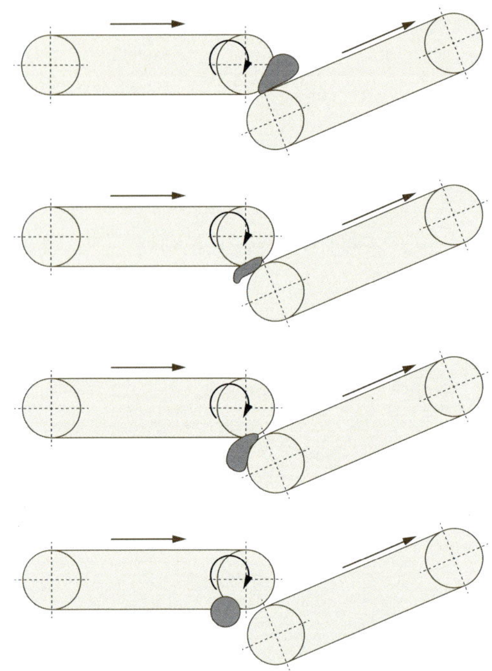

그림 7-9 어묵의 이동 경로와 탄성 요인

로 튀게 된다고 보아야 합니다.

이런 현상이 반복되면 컨베이어의 양쪽 외측 선을 기준으로 원을 그리듯이 균등하게, 일정한 범위에 떨어져 있어야 할 것입니다. 그런데 컨베이어 하부에서 주로 발견된다는 사실은 외측으로 튀어나간 것은 아니라고 해석할 수 있지 않을까요? 관련성이 없는 요인은 지워 버리고, 현장을 예리하게 보는 눈을 기르는 것이 바람직할 것입니다."

"……"

"예리하게 본다는 것을 포커싱, 즉 생각의 초점을 좁히는 것이라고 할 수 있습니다."

그는 "어묵에 흔적을 남기지 않고 좁은 공간에 끌려 나간 것도 어묵이 가진 요인인 탄성 때문이고, 메시 컨베이어에 걸려서 컨베이어 사이로 끌려 뒤로 나가게 되는 것도 탄성이 작용했다고 봐야 되지 않을까요?"라고 설명을 이어갔다.

그림 7-10 (A)와 같은 방향으로 어묵이 튀어 나갔다면 컨베이어 하부의 점선의 범위에 어묵이 발견될 것이다. 그러나 그림 7-10 (B)와 같은 현상으로 어묵이 바닥에서 발견되었다고 한다면 그림 7-10 (B)와 같은 경우는 배제를 해도 무방할 것이라는 것이 그의

말이었다. 듣고 보니 참으로 간단하다고 느껴진다. 추락 지점과 발견되는 지점의 상관관계를 해석한 것이다.

그가 말한 "문제가 안 풀리는 것이 아니라 생각이 풀리지 않는 것이다."라는 말이 무슨 말인지 느껴진다.

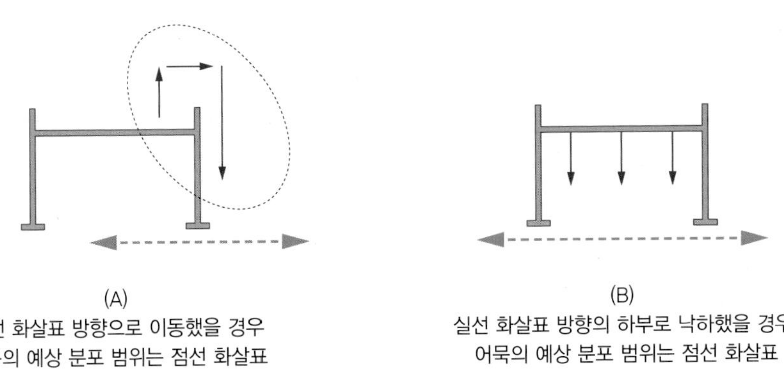

그림 7-10 어묵의 예상 이동 분포 범위

② 문제가 풀리지 않는 것이 아니라 생각이 풀리지 않는 것이다.

위의 결론을 내리는 데까지 약 25분이 소요된 것 같다. 25분간만 생각을 잘 했다면 정확히 알 수 있었을 원인을 그런 생각을 하지 못하여 25년 동안이나 허리를 굽혀 어묵을 집어 올리고 있었던 것이다.

25분과 25년은 시간의 단위가 너무나도 크게 느껴진다.

공장장은 좀 억울한 느낌이 들었다. 그리고 창피한 생각도 함께 들었다. 지금이라도 조금이나마 만회를 하고 싶었다. 내일 아침 그가 나오기 전에 다음과 같이 조처해 놓기로 마음먹고 실행에 옮겼다.

③ 최단순 대책 수립을 목표로

다음날, 그와 함께 현장으로 들어갔다. 그리고 그는 내가 예상했던 반응을 보였다.

"대책이 훌륭하군요."

"돈도, 시간도 별로 들이지 않고 어젯밤에 해결했어요."

그는 이런 대책까지는 수립하지 못한 것 같다. 역시 현장은 내가 한 수 위라는 것을 보여 준 것 같다.

이런 문제를 접하게 되는 경우 다음에 적혀 있는 대책을 읽기 전에, 어떤 대책을 세우는 것이 가장 간단한 방법이 될 수 있을지 각자 생각해 보기를 권한다.

공장장이 실시한 대책은 스테인리스강 와이어(또는 가느다란 파이프도 무방)를 컨베이어 폭 방향으로 설치하여, 하부 컨베이어에 이송된 어묵이 상부 컨베이어에 닿지 않도록 한 것이다. 어묵이 역방향으로 회전하면서 상부 컨베이어의 메시의 어떤 부분에 눌려서 뒤로 끌려 나가는 현상을 막기 위한 최단순 대책이라고 생각하였다(그림 7-11).

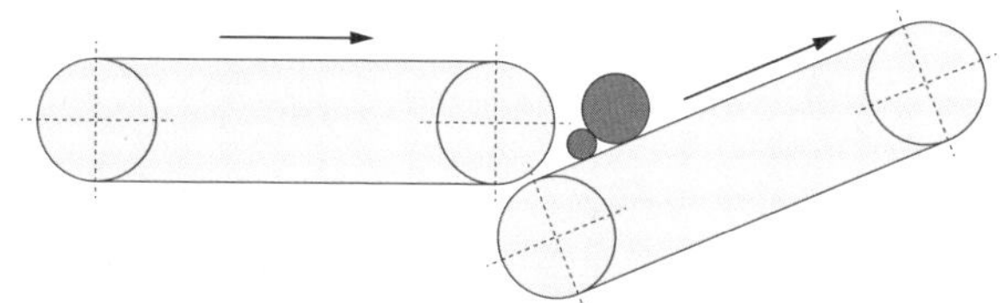

그림 7-11 어묵과 컨베이어 사이에 간섭물 설치

그는 대책을 잘 세웠다고 인정하며, 대책이 훌륭하다고 생각되는 근거를 설명하였다.

"어묵이 끌려 내려오는 현상이 성립되기 위해서는 어묵이 역회전하면서 정체하는 현상이 필요하고, 위에서 다른 어묵이 누르는 힘을 받아야 하며, 상부의 메시 타입 컨베이어와의 접촉이라는 3가지 요인이 반드시 필요합니다. 이 3가지 요인 중에 한 가지만 없애면 이러한 현상은 성립이 안 되겠지요. 따라서 대책의 방향은 ① 어묵이 정체하지 않도록 하거나 ② 다른 어묵이 누르지 않도록 하거나 ③ 메시 타입의 컨베이어와 역방향 회전 부위가 접촉하지 않으면 될 것입니다.

이렇게 방향을 설정하고 난 다음, 가능한 한 적은 비용으로 목적을 달성할 수 있는 대책을 도출하는 것입니다."

또 다른 방안으로는 와이어를 사용하지 않고도 컨베이어의 속도차를 이용하여 낙하된 어묵이 보다 빠르게 빠져나가게 하여 정체를 없애는 방안도 있을 것으로 보이나 현실적으로는 모터의 용량 및 변동 가능성 등을 확인해 봐야 한다. 또한 메시 타입 컨베이어와 천 타입 컨베이어의 거리를 좀 더 멀리 하면서 두 컨베이어의 간격을 더욱 좁게 세팅할 수 있다면 스테인리스강 와이어를 사용하지 않아도 될 수 있을 것이다.

"Simple is best!

답은 간단할수록 좋다는 의미입니다. 설비에 뭔가 자꾸 갖다 붙이려고 하지 말고, 간단한 방법으로 실행할 수 있는 것이 가장 바람직한 것입니다. 수고 많으셨습니다."

그의 마지막 설명이었다.

마무리

개선을 하면 내가 좋아지는 것이라는 것과 개선은 오늘 좋아지기 위해서 하는 것이라는 것. 현장의 무엇을 볼 것인가를 정하고, 그곳을 예리한 눈으로 바라보라는 것, 그리고 문제가 풀리지 않는 것이 아니라 생각이 풀리지 않는 것이라는 말이 머릿속에 계속 맴돈다. 25년간 앓던 이가 쏙 빠진 느낌이다. 25년이 마치 25분처럼 느껴진다.

3) 머리 충돌 방정식

(1) 하루 한 번 머리 충돌, 4년간 천 번 충돌

문제 나는 이 현장에서 근무하는 것이 짜증난다. 현장에 천장이 낮은 구간이 있는데, 원래는 들어갈 필요가 없는 곳이다. 그런데 일을 하다가 급한 경우가 발생하게 되면 어쩔 수 없이 들어갔다 나와야 하는 것이 현실이다.

내 업무는 현장의 대형 솥에 곡물을 삶는 업무이다. 그것도 여러 개의 대형 솥에 한꺼번에 곡물을 삶아야 해서 증기와 열기로 정신이 없을 때도 있다. 더욱 중요한 것은

그림 7-12 작업 현장의 문제 상황

열기와 증기가 심해지면 화력의 미세한 조정이 어려울 때가 있다. 그러면 어쩔 수 없이 그림 7-12에 보이는 좁은 문을 열고 안으로 들어가서 설비의 조건을 조정하고 나와야 한다. 그런 경우가 하루에 약 10회 정도 발생한다.

그런데 문제는 상황이 워낙 급하다 보니 서둘러 행동을 하게 된다. 그리고 저 작은 문으로 들어갔다가 현장 설비 쪽으로 이동할 때 급히 서두르는 바람에 머리를 천장에 부딪치는 경우가 하루에 한 번 정도 발생한다. 처음에는 눈앞에 별이 번쩍거리고 심하게 아팠는데, 이제는 조심도 하는 편이고 해서 충격은 줄었지만 부딪히는 것은 마찬가지이다. 우리 현장에서 이렇게 천장이 낮은 구간이 있는 곳은 여기뿐이다.

머리에 쓰는 천으로 만든 모자는 부딪친 자리가 헤져서 구멍이 나 있다. 내가 부주의하여 생기는 일이지만 '이런 불합리한 구조는 회사에서 바꿔 줘야 하는 것이 아닌가?' 하고 속으로 투덜거리면서도 이런 생활을 계속한 지도 벌써 4년이 지나고 있다.

하루에 한 번 꼴로 부딪친다면 1년이면 약 300번, 4년 동안 계속되었으므로 약 1000번 이상 머리를 천장에 부딪혔다는 계산이 된다. 회사에 제안하여 안전모를 구입해 주었으나 이게 더 큰 문제를 일으켰다.

우선 안전모를 착용하는 것이 쉬운 일이 아니다. 머리에 쓰고 끈을 턱에 맞춰서 조이고, 안전모 뒤에 있는 나사를 돌려서 이마에 두르는 끈을 꽉 조여야 한다. 그리고 평소에 일을 할 때에는 너무 더워서 안전모를 쓰고 일하기가 힘들다. 그래서 안전모를 벗어 놓고 일을 해야 한다. 그리고 막상 급할 때는 안전모를 쓸 시간적 여유가 없다. 무엇보다 가장 치명적인 것은 안전모의 높이가 높아서 천장이 낮은 구간에서 이동할 때에는 자세를 전보다 더 낮춰야 하므로 허리도 아프고, 돌아 나오다가 급히 일어서서 머리를

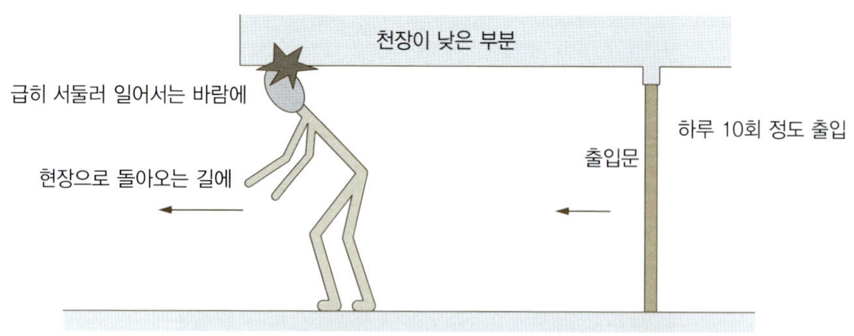

그림 7-13 현장 설비 쪽으로 급히 이동하려다 머리를 부딪는 현상 발생

부딪히면 목이 삐끗해서 목 디스크의 위험성도 있다.

나로서는 상황이 매우 심각하였다. 목을 다치기 전에 안전모 착용을 포기하기로 마음먹었다. 주변 동료나 상사는 3일도 시행해 보지 않고 포기했다면서 개선할 의지가 없는 사람 취급을 하였다. 그래서 다른 방법은 생각도 해 보지 않고 이 문제는 포기를 하고 계속 짜증을 내면서 일을 하고 있다. 도대체 내가 뭘 잘못한 것일까?

① 현장 개선 팀 활동의 전개 : 한 사람의 지식보다 열 사람의 지혜를

어느 날 전사적인 현장 개선 활동을 한다는 소식이 들려왔다. 활동을 도와주는 외부 전문가가 지도도 해 준다고 한다. 이번 기회에 천장에 머리를 부딪치는 문제도 해결되면 좋겠다. 참으로 사소한 문제로 보이지만 나로서는 아주 난감한 문제에 해당된다.

문제 해결 교육과 실습하는 날이 되었다. 현장에서 오랫동안 해결되지 않고 있는 문제를 하나씩 준비해 오라고 하였다. 문제 해결 요령에 대한 교육을 받고, 이윽고 실습 시간이 되었다. 나는 내 문제를 실습 주제로 해 주기를 강력히 어필하였다. 실습 주제별로 팀을 편성하여 5명이 모였다. 임시 TF팀이 구성된 것이다.

강사가 주제를 무엇으로 할 것인지를 묻는다. 나는 '머리를 부딪쳐서 피가 나는 일이 하루에 한 번씩 일어나는 것이 주제가 아니면 뭔가?' 하고 속으로 생각하였다.

문제 해결의 기준/목표

① 아픈 것이 문제인가, 부딪치는 것이 문제인가

강사가 물었다.

"아픈 것이 문제인가요? 부딪치는 것이 문제인가요? 아프다라고 하는 것을 주제로 잡으면 부딪치더라도 안 아프게 하는 방향으로 전개가 될 것이고, 부딪친다는 것을 주제로 하면 안 부딪치게 하는 방향으로 전개가 될 것입니다."

'그렇다. 나는 천장이 낮고 키가 천장보다 크니까 부딪칠 수 있다는 것은 기정사실이고, 부딪치더라도 안 아프게 하기 위해서 안전모라고 하는 대책을 수립했는데 그것이 효과가 없었던 것이었다. 지금 생각해 보니 안전모 대신 지금 쓰고 있는 모자 속에 스펀지나 골판지를 넣었어도 되는 것인데…….'

이제야 이런 생각이 떠오른 것이 한편 머쓱했으나 그래도 다시 개선해 볼 수 있는 기회가 생긴 것은 하나의 수확이라고 생각하였다. 강사가 다시 말하였다.

"부딪치지 않으면 아프지도 않을 것이니 주제를 '부딪친다'로 정하고 개선안을 내어 보도록 합시다."

"가능한 한 많은 안을 내고, 그중에 가성비[3]가 좋은 안을 채택하도록 합시다."

10분 동안 각자 10개씩의 개선안을 적어 보라고 하였다. 10개를 어떻게 적는다는 말인가?

접근 방법

"조심한다", "주의한다", "확인을 하고 일어난다." 나는 이렇게 3가지밖에 적지 못하였다. 나중에 알게 되었지만 나는 현장의 제약 조건을 모두 알고 있었으므로 내가 할 수 있는 범위 내에서만 대책을 수립하였던 것이다.

팀원들의 의견은 참으로 다양하였다. 천장을 높여라. 바닥을 파라. 키 작은 사람을 고용하라. 작은 문 안에 있는 설비를 밖으로 끌어내자. 앉아서 들어갈 수 있는 도구를 만들자. 경광등을 설치하자. 바닥의 색을 다르게 칠하자. 바닥에 타이거 마크로 페인트칠을 하자 등등 현실적으로 채택하기 어려운 대책도 많이 나왔지만 나로서는 미처 생각하지 못했던 대책도 참으로 많았다. 강사가 또 다시 질문을 하였다.

"여러분이 제시한 대책을 중복된 것은 제외하고 모두 모으면 몇 가지나 될까요?"

10가지는 훌쩍 넘을 것으로 생각된다. 역시 강사의 말처럼 한 사람의 지식보다는 열 사람의 지식을 모으는 것이 효과적이라는 것이 실감이 난다. 그런데 강사는 전혀 다른 말을 하기 시작한다.

문제 해결

① 문제 해결에 팀 활동을 할 수 있는 경우는 매우 드물다. 혼자서도 다양한 의견을 낼 수 있어야 한다. 그러기 위해서는 원인 방정식을 먼저 생각하는 연습을 하라.

"여러분, 오늘처럼 여러 명이 모여서 하나의 주제에 대하여 의견을 나눌 수 있는 기회는 앞으로 영원히 없을 수도 있을 것입니다.

팀 활동의 장점은 다양한 경험과 지식을 한자리에 모을 수 있다는 것입니다. 혼자서도 여러 명이 토론하는 것 같은 효과를 낼 수 있도록 생각하는 훈련을 해야 합니다.

어떻게 하면 100% 천장에 머리를 부딪치는지 공식을 세워 봅시다."

머리를 천장에 부딪힐 수 있는 공식을 세우라고 한다. 그야 천장이 낮은 구간에서 일

---

[3] 본 테마를 거론한 시점에는 가성비라는 단어는 상상도 못했다. 당시에는 적은 비용에 큰 효과를 얻을 수 있는 대책이라는 표현을 사용하였다.

어서면 부딪칠 수밖에 없지 않은가? 강사는 그것이 바로 공식이고 방정식이라고 말한다. 얼떨결에 답을 맞춘 느낌이 든다. 강사의 말은 이러하였다.

천장에 머리를 부딪치기 위해서는 우선 일어서는 동작이나 힘이 필요하고, 공간적으로는 천장이 낮은 구간이라는 전제가 필요하다. 그리고 놓치기 쉬운 것이 천장 높이보다 키가 큰 사람이라고 하는 또 하나의 전제이다.

즉 일어서는 동작 또는 힘, 천장이 낮은 구간에서, 천장 높이보다 키가 큰 사람이, 다 나온 걸로 판단하고(생각하는 힘, 事理力), 이 네 가지 요인이 갖춰지면 100% 천장에 머리를 부딪친다는 것이다. 너무 당연한 이야기가 아닌가 하는 생각이 들었다. 강사가 다시 말을 이어갔다.

"여러분이 제시한 대책이 위의 네 가지 요인을 벗어나는 것이 있는지 확인해 주시기 바랍니다."

결국 ① 일어서지 않도록 하는 방법, ② 천장이 낮은 구간을 없애는 방법, ③ 키를 줄이는 방법, ④ 다 나오지 않았다는 것을 인식할 수 있도록 하는 방법이 개선의 방향이고, 개선해야 할 목표이다. 개선의 방향은 이것 이외에는 없으며, 이러한 개선 방향 중에 비용이 적게 들고 효과가 큰 것을 택하라고 하는 이야기를 충분히 이해할 수 있었다. 그런데 강사의 다음과 같은 질문에는 스스로가 의아해질 수밖에 없었다.

"들어갈 때는 왜 한 번도 부딪친 적이 없는데 나올 때는 머리를 부딪치는 경우가 발생하는 것일까요?"

② 이동 방향에 따른 차이는 무엇일까?

아무리 급한 상황이라고 하더라도 하루에 10번을 왕복해서 천장이 낮은 구간을 지나다니고 있었다. 그런데 왜 천장이 낮은 구간으로 들어갈 때에는 한 번도 머리를 천장에 부딪힌 일이 없었을까? 왜 현장으로 복귀할 때만 부딪치는 것일까? 그리고 부딪치는 위치도 거의 일정하게 천장이 낮은 구간이 시작되는 지점일까?

처음으로 의문이 들었다. 내가 한 행동이지만 내가 이해를 하지 못하는 것이다. 왜 천장이 낮은 구간을 통과해서 나올 때에 끝부분에서만 부딪치는 것일까?

앞의 그림 7-13을 다시 떠올려 보자.

강사는 참으로 간단하게 말을 이어갔다.

"들어갈 때의 조건과 나올 때의 조건을 동일하게 해 주면 머리를 부딪치는 일은 없어질 것으로 생각됩니다."

그렇다. 작은 출입문 쪽으로 들어갈 때는 천장의 낮은 구간이 시작되는 부분이 육안으로 식별된다. 돌아올 때도 천장의 낮은 구간이 끝나는 부분을 식별하기 위한 별도의 동작이 필요하다는 것이다. 소위 말하는 사각지대의 발생, 즉 고개를 들어서 천장을 처다보지 않으면 고개를 들어도 되는 지점을 알기 어렵다는 것이다.

"문제가 간단해졌습니다. 천장이 낮은 구간으로 들어갈 때 고개를 숙여야 하는 지점 또는 타이밍을 알 수 있듯이, 현장으로 복귀할 때도 고개를 들어야 하는 지점을 저절로 알 수 있도록 하면 되지 않을까요?"

참가자들이 더욱 활발하게 의견을 제시하기 시작하였다. 바닥에 칠을 하는 것도 괜찮겠지만 머릿속에 다른 생각이 떠오를 때에는 눈앞에 보이는 것이 인식이 되지 않을 수도 있다. 나오는 쪽에 작은 쪽문을 하나 더 만들자. 눈에 보이는 높이에 강제로 보일 수 있도록 표지판을 달자.

원인이 분명하고도 단순해졌다. 대책을 세우는 것도 훨씬 편할 것 같은 생각이 든다. 강사가 코멘트를 해 주었다.

"가능한 한 단순한 대책을 세우겠다는 마음 자세가 중요합니다. 그리고 이 문제의 정답은 천장을 높이는 것입니다. 조심해서 문제를 피하는 것은 언젠가 다시 문제를 일으킵니다. 조심하지 않더라고 사고가 나지 않도록 하는 것이 바른 방향입니다.

그러나 현장의 제약 조건이 많은 경우에는 천장을 높이는 것을 장기적인 바람직한 대책으로 삼고, 우선 당장은 머리를 안전하게 보호하는 것이 필요하다고 생각됩니다."

맞는 말이다. 천장을 높이면 모든 문제가 다 해결이 되는 것이 사실이다. 그런데 천장 위에는 중이층 사무실이 있다. 바닥을 판다는 것은 아래층 현장의 천장을 부순다는 말이 된다. 곧바로 대책을 실행하기로 하였다. 천장이 낮아지는 구간에 눈높이에 맞춰서 "머리 조심"이라고 쓴 표지판을 설치하였다. 그리고 완충재를 원통형으로 만들어 타이거 마크를 칠하였다. 나올 때 고개를 한 번 더 숙여야 하는 불편함은 생겼으나 머리를 부딪치는 경우는 이제 더 이상 발생하지 않게 되었다.

우리 현장에는 파이프 배관이 꽤나 많다. 여기서도 유사하게 머리를 부딪치는 일이 많이 있었던 것이 사실이다. 지금까지는 배관에 "머리 조심"이라는 문구를 적어서 붙여 놓았다. 그러나 그 문구는 눈에 잘 들어오지 않았다.

지금은 배관에서부터 상당히 아래쪽, 즉 배관 바로 아래에서도 이곳이 배관 아래라고 하는 것을 인식할 수 있도록 표지판을 설치하였다. 참으로 작은 차이지만 마음먹고 조심해야 하는 것과 조심할 마음이 생기도록 하는 것의 차이를 많이 느꼈다.

알면 쉽고 모르면 어렵다는 말이 새삼 실감이 간다.

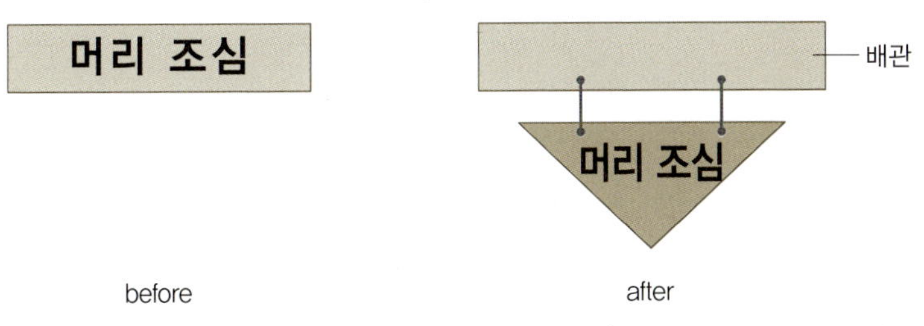

그림 7-14 아래쪽에 설치한 "머리 조심" 표지판

본 문제는 PBL(Problem Based Learning, 문제 중심 학습) 형태의 문제로 조원들과 함께 담당자의 지도를 받아 현장에서 일어난 상황을 실제로 해결한 예이다. 이처럼 여러 사람의 지혜를 모으고, 문제 해결에 대하여 숙련도가 높은 담당자가 참여하면 좋은 효과를 기대할 수 있다.

Problem Solving in the Food Industry

CHAPTER 8

식품 산업의 세계화를 위하여

이번 장에서 고찰할 기본 주제는 세 가지로 식품 산업, 세계화, 그리고 문제 해결이다. 그러나 문제 해결이라는 독립적인 기본 주제는 이미 다른 장에서 자세히 설명하였으므로 문제 해결이란 독립적인 부분은 제외하고, 식품 산업과 세계화에 대한 간단한 정리와 함께 이들 3개의 기본 주제가 공통으로 교차되는 식품 산업의 세계화, 식품 산업의 문제점과 해결 방법, 세계화의 문제점과 해결 방법을 주요 주제로 삼아 내용을 정리하고, 마지막에 이번 장의 핵심 주제인 식품 산업의 세계화에 따른 문제점과 해결 방법에 대해 마무리 정리하는 것으로 구성하였다.

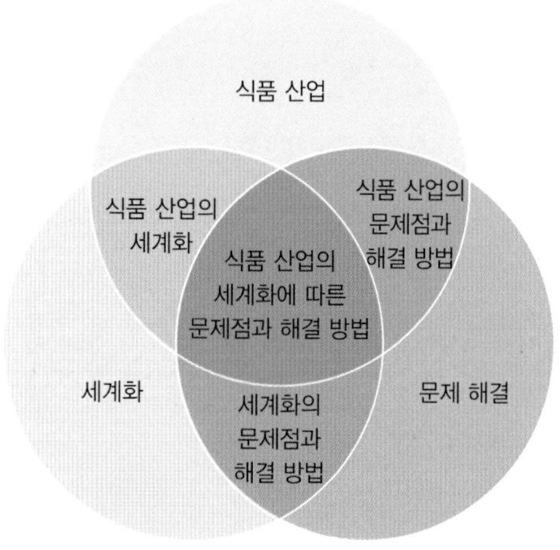

그림 8-1 식품 산업의 세계화에 따른 문제점과 해결 방법

1. 식품과 식품 산업의 특징

식품 산업의 특징을 살펴보기 전에 우선 식품에 대하여 다양한 생각을 해 보는 기회를 갖고자 한다. 이 책을 구입하여 읽고 있는 대다수의 독자들은 아마도 식품학을 공부하는 학생이거나 아니면 식품 산업계에 종사하는 임직원 또는 직간접적으로 식품을 전문적으로 잘 알고 있거나 잘 알기 원하는 사람들일 것이다. 이미 식품에 대해 어느 정도의 지식이 있을 것이므로 여기에서는 보다 거시적인 안목으로 식품과 세계화를 정리해 보는 기회를 갖고자 한다.

우선 식품에 대한 정의를 살펴보면 넓은 의미와 좁은 의미의 정의가 있다. 넓은 의미의 식품은 사람이 에너지를 확보하거나 기호를 만족시키기 위해서 입으로 섭취하는 모든 것을 뜻한다. 좁은 의미로는 입으로 섭취하는 모든 것 중 음료를 제외한 것, 즉 식료품을 뜻한다. 좁은 의미를 즐겨 사용하는 독자의 시선으로 보자면 넓은 의미의 식품은 식료품과 음료품를 통칭하는 의미가 된다. 따라서 그 관점으로 보면 넓은 의미의 식품은 식음료품이라고 별칭하여야만 한다.

식음료라는 표현은 식품 산업 중 식품 서비스 산업에서 부서의 주관 업무를 나누기 위해 주로 사용되는 용어이다. 여기서 식품 서비스 산업이란 호텔, 레스토랑, 그리고 기타 식품을 소비자에게 직접 제공하는 산업을 의미한다. 이들 식품 서비스 산업을 제외하고는 일반적인 식품 산업에서 의미하는 식품은 음용과 식용을 모두 합한 음식물을 가리킨다. 이 책에서는 특별히 음료를 따로 고려해야만 하는 경우를 제외하고는 넓은 의미의 식품, 즉 입으로 섭취하는 모든 음식을 염두에 두고 정리하였다.

소비재는 소비자재라고도 불리는데 인간의 욕망을 채우기 위해서 일상생활에서 직접 소비하는 것을 말한다. 소비재의 특징에 따라 때로는 직접재, 완성재, 향락재라고 구분하는 경우도 있다. 식품은 소비재의 일종이다. 따라서 식품은 소비재가 가지고 있는 일반적인 특징을 가진다. 물론 다른 종류의 소비재들과는 매우 다른 특징도 있다. 식품은 생존에 반드시 필요한 필수 소비재이다. 그러나 아주 특별한 경우를 제외하고는 건강한 정의가 실제적으로 구현되는 사회에서는 생존의 필수 요소인 필수 소비재의 기능으로서 식품은 그다지 중요하지 않다. 복지 정책이 필요한 스스로의 생존 능력이 없거나 스스로 음식을 찾아 먹을 수 없는 일부 어린아이와 노약자를 제외하면 식품이 생존에 필요한 필수 소비재라는 인식은 틀림없이 있지만, 현실적으로 생존의 요소인 필수 소비재로서의 기능으로 사회에 미치는 영향은 미미하다. 식품을 주제로 하는 방송 프로그램을 보면 식품이 필수 소비재로서의 모습으로 방영되기보다는 감각적 만족을 추구하는 선택적인 일반 소비재로서의 모습으로 표현되는 것을 알 수 있다. 그러나 아직도 우리가 속해 있는 작거나 큰 사회 구조 안에서 식품이 생존에 지대하게 영향을 미치는 소외된 이웃이 있다면 식품을 전공하고 있거나 이미 전공한 사람들은 최소 범위의 책임감을 반드시 가져야 한다. 이러한 특수한 경우를 제외하고는 식품은 필수 소비재가 아닌 일반 소비재이다.

물론 여기에는 예외가 있다. 예외에 해당되는 경우로는 가끔씩 발생하는 식품이 대중의 보건과 안전에 위해를 주게 되는 경우로 사회를 걱정스럽게 할 때가 있다. 예를 들면 식중독균에 오염된 식자재 또는 인체에 유해한 금지 화학물질에 오염된 식자재의 유통이 대표적인 경우이다. 물론 세상의 모든 상품에는 이런 안전상의 위해 요소가 어느 정도는 잠재해 있다. 그러나 식품이 보건과 안전에 미치는 영향을 일반인이 알아서 피할 수는 없으며, 또한 동시에 많은 사람에게 피해를 줄 수 있으므로 좀 더 철저한 관리가 필요하다. 식품은 이렇게 좀 특별한 일반 소비재이다.

식품은 또한 소비재로서 건강 증진의 목적 이외에 문화 상품으로서의 기능이 있다. 따라서 식품의 정의와 기능이 건강 증진이라는 고전적인 목적하에 기본적인 식량과 먹거리라는 개념에 한정되어 있으면 그 사용 목적을 다 설명해 주지 못하게 된다. 사실 이 글을 읽고 있는 독자들도 배가 매우 고파 아무거나 허기를 때우기 위해 식품을 찾을 때도 있지만, 대부분의 경우는 좀 더 맛있거나 몸에 좋은 식품을 좋은 장소에서 좋은 사람과 함께 좋은 시간을 보내기 위해 식품이라는 매개체를 찾을 때가 많을 것이다. 이렇게 식품은 문화 상품이다. 따라서 급변하는 미래 기술과 다양한 전문 분야 간의 융합, 그리고 지엽적/국제적 문화 현상에 제대로 대응하지 못할 경우 산업으로서 또는 사업으로서 생존에 뒤처지게 된다.

식품 산업은 식품을 이용한 산업을 총칭하는 것이다. 인간은 자신이 가진 지식과 지혜, 그리고 기술을 이용하여 식품이라는 재화에 사용 가치를 증가시킬 목적으로 식품에 조작(operation)이라는 이름의 어떤 가치를 부여하는 작업을 한다. 이를 위해 단순 전처리, 가공, 저장, 유통, 포장 등의 작업을 통해서 결국 그 경제성을 높이기 위한 계획적이고 조직적인 경영 활동과 경제 행위를 하는데 이를 식품 산업이라고 한다. 이는 소비재 산업의 일반적인 개념과도 동일하다. 소비재 산업이란 인간의 욕망을 충족시키기 위해 어떤 재화에 가치 부여를 하고 이를 이용해 조직적인 경영 활동과 경제 행위를 하는 것을 말한다. 실제로 글로벌 소비재 회사의 많은 경우는 욕실에서 사용하는 제품을 제조하는 회사가 식품도 제조하고 화장품도 제조하며, 또한 각종 기호용품도 제조한다. 여기서 알 수 있는 가장 중요한 개념은 식품 산업은 소비재 산업이라는 개념이다. 여기에 충실하지 못한 식품 산업체, 즉 소비자의 욕망을 충족시키지 못하는 제품으로 경영 활동과 경제 행위를 하는 식품 업체는 그 사업 방향성과 지속 가능성이 의문스러워지게 된다.

2. 세계화란 무엇인가?

여기서 세계화란 영어로 'globalization'을 의미한다. 우리는 일반적으로 내가 혹은 우리가, 내가 속한 조직이나 사회가 세계적으로 되는 것을 세계화라고 생각한다. 그러나 이는 세계화되지 못한 사고이다. 세계적으로 활동 범위와 경험이 넓어지는 것을 세계화라 부르지는 않는다. 세계화란 세계가 단일한 체계로 나가고 있음을 가리키는 말이다. 쉬운 말로 다시 하면 '지구촌 한 마을'이라는 표현이 세계화의 의미를 가장 정확하게 표현한다. 따라서 내가 세계적으로 되는 것을 세계화 또는 글로벌화된다고 하는 것이 아니라 의미상 이 세상이 단일한 체계, 즉 다양하기보다는 공통된 경제권, 문화권, 정치권으로 변해가는 것을 세계화라고 부른다. 과거의 국가·인종·문화·경제 블록 간의 다양성이 점점 사라지고, 전 세계가 단일 정치, 경제, 문화적 공통성을 갖게 되는 것을 세계화라고 한다. 그리고 이는 현재 진행 중이다.

세계화(globalization)와 혼동하는 단어가 있다. 바로 국제화(internationalization)이다. 국제화는 하나의 국가 개념에서 벗어나서 두 개 또는 그 이상의 국가 간의 교류를 통해 정치, 경제, 문화가 이중 또는 복수 국적화되는 것을 의미한다. 따라서 국제화는 세계화가 되기 위한 첫걸음이 된다. 그러나 한 나라가 다른 한 나라와 관계가 가까워지고, 그래서 두 국가가 정치, 경제, 문화가 단일화되어 간다고 해서, 즉 국제화된다고 해서 세계화가 되는 것은 아니다. 이는 양국 간 동질화라고 부르는 것이 더 정확한 표현이다. 국제화는 자신 또는 쌍방의 노력으로 가능하지만 세계화는 세계의 흐름이라 내가 노력하여 변화되는 것 이상으로 현재 내가 가장 편안하고 안전하게 느끼는 comfort zone(안주 지대)을 벗어나 다른 세계관을 가지고 그 흐름에 뛰어들어 가야 하는 어려움이 있다. 다른 세계관을 가진다는 의미는 다른 가치관을 가진다는 의미이기도 하다. 가치관을 바꿔야 하기에 세계화를 성취한다는 것은 쉽지 않은 자아 성찰의 문제를 필수 조건으로 요구하고 있다.

세계화의 특징을 살펴보면 첫째, 국가 간 상호 의존성이 심화된다는 것이다. 그리스의 경제 문제가 유럽 경제에 영향을 주고, 이는 미국뿐 아니라 한국과 아시아의 경제에도 영향을 주는 경우를 이미 경험하였다. 둘째는 민족과 국가에 대한 경계의 약화이다. 이미 유럽연합을 통해 우리는 이를 경험하였다. 다만, 한국의 경우 한민족이라는 강력한 단일민족 의식으로 인해 민족과 국가의 경계가 아직은 다른 민족이나 국가보다 강하여 경계 변화의 속도가 더딘 것이 사실이다. 셋째는 세계가 경제 중심으로 통합된다는 점이다. 세계를 지배하는 힘이 강대국의 경제 상황으로부터 발생하여 경제 강대국들에 의해 세계의 국가 간 관계가 재편되는 것을 볼 수 있다. 일단 경제적으로 세계화되어 단일 경제권에 들어가게 되면서 문화적 공유 현상도 나타난다. 식품은 가장 대표적인 문화 산물이다. 따라서 식품이 세계화에 미치는 영향 또는 세계화가 우리 식품 산업에 미치는 영향은 세계화가 진행될수록 더욱 커진다. 넷째는 매우 우려되는 부분으로 다양성의 상실과 국제적 표준화이다. 이는 당연히 받아들여지는 현상이며 장점 또한 많지만 모든 부분에서 장점만 존재하는 것은 아니다. 특히 식품에서의 다양성 상실은 매우 큰 문제가 될 수 있다. 우리는 전 세계 어느 곳에서나 인터넷으로 프랑스산 소금을 구입할 수 있고, 엘살바도르산 커피를 구입할 수 있으며, 심지어 미국에서도 홍대 앞 떡볶이를 사 먹을 수 있게 되었다. 텔레비전에 나오는 유명 스타 셰프의 음식과 유명 식품 사업가의 제품도 언제든지 구매할 수 있는 환경 속에 살고 있다. 이것이 세계화의 일면이다. 이로 인해 이제는 전라도 김치와 경상도 김치가 차별성을 잃어 가고, 평양식 냉면과 함흥식 냉면이 혼합되어 그 특성이 없어지고 있으며, 또한 황해도식 만둣국은 꿩고기와 돼지고기 육수 없이도 먹을 수밖에 없는 상황이 되었다.

식품의 다양성은 그 식품을 지금까지 지켜오고 또한 앞으로도 계속 유지해 가야 하는 매우 중요한 요소이다. 그럼에도 현재는 기업화, 표준화, 단순화, 경제성, 그리고 급기야 세계화라는 이름으로 식품의 다양성을 잃어가고 있는 상황이 되었다. 식품의 다양성은 물론 생태계의 다양성보다는 그 중요도가 조금 덜하기는 하다. 그러나 한 문화가 고유한 식품의 다양성을 잃으면 문화의 특이성을 상당히 잃게 되는 것으로 이는 문화의 다른 부분, 즉 식문화 이외의 부분에도 건강하지 않은 영향을 끼친다. 다양성의 상실은 세계화의 가장 큰 단점 중 하나이다.

3. 세계화에 동반하는 문제의 인식

세계화에는 많은 장점이 있다. 대표적인 것은 세계적으로 공통되는 주제와 서로 떼어 놓을 수 없는 국제적 과제에 대한 한 목소리와 한 정책을 들 수 있다. 환경과 인권 문제에 대한 긍정적인 노력들을 대표적인 장점의 예로 들 수 있다. 기후 문제, 멸종 위기 동식물 보호 정책, 인권 보호 및 이를 돕기 위한 국제적 협약과 실제적 원조 업무 등이 여기에 속한다. 또한 경제적으로 활동 범위가 넓어진다는 것이 경제적으로 약소한 국가에게는 기회와 시장이 확장된다는 관점에서 큰 장점이 된다. 자유무역, 경제 협약이 여기에 포함되는 대표적인 예이다. 문화적으로도 많은 공유가 있을 수 있다. 한국의 대중문화가 전 세계에서 맹위를 떨치는 것을 보면 세계화의 긍정적인 영향을 쉽게 이해할 수 있다.

하지만 반세계화의 물결도 만만치 않다. 강대국의 입장에서 약소국들 간의 정치 문제가 해석되는 것, 한 나라의 금융 위기, 특히 강대국의 금융 위기가 경제 약소국에 치명적인 영향을 미치는 것, 다문화로 인한 포스트모더니즘과 다원주의적 사상으로 전통문화의 다양성과 전통 철학의 의미를 잃어 가는 것 등이 세계화를 우려하는 단점으로 이해되고 있다. 반세계화의 이론은 이제 이런 정치, 경제적 이론이 아니라 주로 환경적 이론으로 구성되어 있다. 같이 살아야 하고 또한 다음 세대에 전달해 주어야 할 단 하나뿐인 지구를 보호하려는 관점에서 세계화를 조절해 나가려는 노력은 기대가 되는 통제 기제이다.

대기업의 진입이란 관점으로 세계화를 바라보면, 즉 세계화가 되어 있지 않은 국가에 세계화된 기업이 진입하는 경우를 가정하면 이는 절대로 쉬운 진입이 아님을 알 수 있다. 자신이 편하게 사업할 수 있는 이미 세계화된 다른 지역을 두고 아직 세계화가 덜 된 지역으로 그 사업을 확장하는 것은 매우 무모한 도전이다. 사업의 바탕이 되는 소비자가 기존의 친숙한 소비자가 아닌 전혀 다른 성향의 소비자인 것이 가장 큰 이유이다. 게다가 잘 알지 못하고 친근하지 못한 지역의 법규와 정서 또한 견디기 힘든 걸림돌이 된다. 가장 좋은 예로 이런 이유들로 이미 세계화된 대형 기업인 월마트와 까르푸가 한국 시장으로 진입하고 정착하는 데 성공하지 못하였다.

역량이 없으면 세계화의 물결을 통해 침략할 수도 없고, 따라서 침략당할 수도 없다. 이것이 인위적인 세계화의 어려운 점이다.

4. 세계화에 동반하는 문제의 분석

내가 우선 세계화의 일원이 되지 않은 상태로 한참 다른 세상에 살고 있으면서 세계화를 위해 해외 사업을 하겠다는 생각은 무언가 잘못된 접근 방법이다. 예를 들어 경제와는 직접적인 관계가 없어 보이는 민족 우월주의를 버리지 못하고 있으면서 무조건 미국과 유럽 시장에 진출하겠다고 하는 것은 잘못된 사고방식이고 접근 방법이다.

세계화에 동참하고 싶다면 우선 현실적으로 바른 세계관을 가져야 한다. 그리고 바른 세계관을 확립하기 위해서는 관광부터 해야 하고 자아 성찰도 해야 한다. 즉 직접 눈으로 보고 몸으로 경험해야 한다. 좀 더 발전하고 싶다면 장기 체류도 필요하다. 이러한 과정을 통해 이미 선진국에 의해 선점된 그들만의 세계관과 그들만의 세계의 일원이 되어야 한다. 그런 후에야 비로소 능동적 세계화의 가능성이 생긴다. 미국과 일본에 영업 지사를 세웠다고 세계화가 되는 것이 절대로 아님을 한국 식품 업계는 인식하여야 한다. 그런 세계관의 변화 없이 글로벌 기업이 되었다고 주장하는 기업이 있다면 그것은 교민 시장에서의 성공만으로 자축하는 것을 의미할 수 있다.

세계화는 자본으로 되는 것이 아니고, 좋은 제품만으로 되는 것도 아니다. 세계화는 발달된 첨단 기술로 되는 것도 아니며, 현명하고 신속한 의사 결정으로 되는 것도 아니다. 개인이 세계화를 이루려면 개인의 세계관이 세계화되어 지구촌의 일원이 되어야 하고, 조직이 세계화되려면 조직의 세계관이 세계화되어 지구촌의 한 조직이 되어야 한다. 다시 세계화의 정의를 언급하자면 세계화는 세계가 단일화된 체계로 나가고 있음을 가리키는 말이며, 따라서 내가 또는 내 조직의 소속원이 단일화된 세계의 일원이 되는 것이 세계화의 유일한 방법이다.

의미의 전달을 정확하게 하기 위해 세계화 대신 잠시 글로벌화라는 표현을 사용하고자 한다. 글로벌화(globalization)의 문제는 당연히 다른 문화와 지역에 대한 토착화, 즉 지역화(localization)를 의미한다. 요즈음 이로 인해 글로컬(glocal)이라는 단어도 창의적으로 사용하고 있는 것을 주위에서 쉽게 찾을 수 있다. 다른 국가 지역으로의 지역화는 세계화의 다른 표현이다. 기업의 현지화를 표현할 때 지역화라는 단어를 사용하기도 하지만, 일반적으로 한 특정 지역을 중심으로 특화되어 가는 토착화 현상을 지역화라고 할 수 있으며, 이는 세계화와 그 의미가 일맥상통한다. 단순한 현지화 또는 현지 생산과 현지 판매는 지역에 진입하였다는 의미는 될 수 있지만 지역화되었다는 완성된 의미까지는 아직 갈 길이 멀다. 따라서 현지화되었다는 의미를 자의적으로 글로벌화의 충분조건으로는 사용하지 않아야 한다. 지역화는 단순히 신규 지역에 적응하였다는 의미가 아니라 지역에서 전문화되어 있다는 의미이다. 즉 신규 지역에서 기업의 활동에 필요한 전문 네트워크를 갖추어 간다는 의미를 포함하며, 진출한 지역에서 지역사회에 대한 책임을 다하는 일원으로 주체적으로 변화되어 간다는 의미를 지닌다.

기업 세계화의 필수 조건에는 해당 기업이 국제적으로 사업을 성공적으로 수행하여야 한다는 것이 포함된다. 소프트웨어 산업이나 게임 산업 또는 휴대형 전자 기기 산업 같은 경우 생산 기지가 꼭 판매 국가에 설립되어 있을 필요는 없다. 그러나 식품 산업의 경우에는 일반적으로 현지 지사의 설립, 현지 공장의 설립, 현지 판매 등을 기본 조건으로 수행하여야 현지의 수요에 맞게 제품 설계가 된 현지용 신제품의 자체 개발이라는 과제를 성공적으로 수행할 수 있다. 이를 위해서는 기업에 필요한 각 부서의 고유 기능이 모두 세계화되어 있어야 한다. 물론 그 모든 부서가 모두 해외에 물리적으로 위치하고 있을 필요는 없다. 때로는 부족한 부서의 기능을 위해 지역 내 전문 기업이나 전문가들과 협력하여 필요한 기능을 확보할 수도 있기 때문이다.

따라서 세계화라는 표현을 사용하든지 아니면 지역화라는 표현을 사용하든지 기업의 세계화는 전사적인 변화의 과정을 의미한다. 개인으로서의 세계화라는 의미에서 보면 이는 전인적 변화로 세계 시민의 일원이 되는 과정을 말한다.

5. 식품 산업의 일반적인 문제

다른 소비재와 달리 식품의 일반 소비재로서의 위치는 그것도 너무나 일반적인 소비재라는 사실은 식품에 대한 전문성을 구분 짓는 근거의 정도를 구별하기 어렵게 한다. 식품에 대한 경험이라는 잣대로만 측정하면 모든 사람이 다 전문가이다. 왜냐하면 모든 사람은 자신의 나이만큼 음식을 먹어 왔고, 자기 나름의 맛있고 좋은 식품에 대한 선호도와 기준이 이미 있기 때문이다. 소비자들이 너무 똑똑하고 까다로운 소비재라는 뜻이다. 식품에 대하여 소유한 지식이라는 잣대로 측정해도 너무 많은 사람이 식품에 대해 잘 알고 있다. 세법은 세무사, 회계사, 전문 변호사만이 읽고 이해할 수 있지만 식품은 일반인들이 모두 이해할 수 있는 수준으로 정보가 제공되고 있다. 서점과 인터넷에는 식품에 대한 정보가 넘쳐나게 많다. 게다가 이런 식품에 대한 정보 중에는 심각한 오류를 갖고 있는 정보들도 많다. 그리고 그 오류는 진실을 왜곡시킨다. 많은 경우 오류가 진실보다 더 진짜 같다.

천연 원료가 합성 원료보다 건강하다는 주장, 유전자재조합 식품이 위험하다는 주장, 정제 공정이 건강에 나쁘다는 주장, 감칠맛의 성분인 MSG가 건강에 나쁘다는 주장, 전자레인지가 식품의 구조를 나쁘게 변화시킨다는 주장, 이 모든 잘못된 정보들이 일반인의 생각을 오류 속에 고정화시키고, 소비자들의 의식을 거짓으로 지배하고 있다. 이것이 식품의 현실이기도 하다. 이런 주장을 하는 사람들은 자신의 자식은 전문가로 교육시키기 위해 노력하면서 정작 전문가인 식품학자들의 과학적인 설명은 무시하는 비합리적인 현상을 보이기도 한다. 이런 억울한 현상은 무고한 식품에 대해, 특히 식품 업계에서 늘상 벌어지고 있다. 세상에는 식품에 대해 너무나 전문가인 척하는 사람들이 많다. 자신의 경험을 바탕으로 그저 많이 먹어 보았다는 사실만으로 전문가가 되었다고 생각하는 인터넷 여론 형성가, 여론 확산가가 많이 있다. 이런 사람들의 특징은 전문 과학자의 의견을 일단 무시한다는 점이다. 또한 자기가 주장하던 사안에 오류가 증명되거나 호응이 없으면 바로 또 다른 거짓 정보를 찾거나 만들어 새로운 주장을 한다.

식품은 이렇듯 많은 사람에게 진실이든 거짓이든 관계없이 공통의 관심사이다. 이렇게 식품은 전 세계 모든 사람들이 소비하는 소비재이며, 그래서 형성되는 어이없는 현상도 많다. 또한 일반인에게 관심이 많은 문제이다 보니 이런 진실이 아닌 주장이 미치는 영향력은 지대하다.

식품은 대기업이 산업적으로 대량 생산하는 경우도 많지만 영세 업체들이 생산하는 경우도 많이 있다. 특히 한국의 경우 법적으로 소규모 식품 제조업자들에게만 그 제조와 판매가 허용되어 있는 생계형 적합 업종의 식품군이 있으며, 몇 가지 식품군은 아직도 정부의 가격 규제를 받고 있다.

이는 달리 말하면 일부 식품 제조업이 매우 영세하다는 의미이며, 제조 가공 기술이 첨단 기술이 아닌 누구나 진입할 수 있는 장벽이 낮은 업종이라는 뜻도 된다. 게다가 식품 업체에서 생산되는 식품은 시장에서 최고급의 고가 제품의 대접을 받지 못한다. 대부분의 제품은 저가의 제품이며, 소위 박리다매의 영업을 하는 제품에 속한다. 아마도 현재 시장에서 판매되는 식품에서 세금을 제외한 무게당 가격을 평균 내 보면 대부분이 물보다 조금 혹은 몇 배 비싼 제품일 것이다. 휴대전화나 컴퓨터 메모리 칩에 비하면 식품이라는 제품이 시장에서 차지하는 가격적 위치를 쉽게 이해할 수 있을 것이다. 그렇게 싼 제품인데도 불구하고 소비자는 조금이라도 더 싼 제품을 원하고 있으니 식품이란 사업화하기에 실로 어려운 제품임이 틀림없다. 이런 상황이다 보니 식품 제조 업체는 원자재의 품질이 좋은 것을 찾아 사용하고, 원가와 판매가를 올리기보다는 재료에 더 많은 가치를 부여하여 가격을 올릴 수 있는 다른 방안을 찾고 있다. 즉 원재료와 제품의 일차적 가치를 상승시키는 방법이 아닌 손질된 채소류, 한 끼 포장 등의 편의성과 같은 이차적 가치의 개발에 집중하고 있다.

식품 가공 업체에서 생산되어 시장에서 판매되는 식품은, 같은 형태의 식당 메뉴와도 경쟁해야 한다. 미국 중산층의 경우 통계를 보면 외식 산업이라 불리는 식당에 지출한 평균 지출액과 그로서리(grocery)라고 불리는 슈퍼마켓에서 식료품을 구입하기 위해 지출한 평균 지출액이 거의 비슷하다. 두 가지로 지출되는 식료품 및 외식 비용은 전체 수입의 12~13% 정도를 차지한다. 이를 절반씩 그로서리와 식당에서 소비하고 있다.

식품 산업의 결과인 그로서리 식료품과 외식 사업체 메뉴와의 경쟁을 생각하면 식품 산업체가 제품 개발 시 추구해야 할 방향성은 더욱 좁아진다. 맛과 품질에 있어서 가공 식품과 그 외 그로서리 제품은 외식 업체 메뉴의 품질과 경쟁할 수 없다. 또한 가격으로도 경쟁할 수 없다.

외식 업체는 비싼 메뉴를 맛있게 판매하고 있다. 따라서 식품 업계의 숙제는 간단해진다. 더 이상 원가 구조를 조정해서 제품에 필요한 비용을 낮추려는 노력은 한계가 있다. 이미 싼 제품의 비용을 더 낮추려는 전략은 그 노력에 비해 수익에 미치는 영향이 미미하다는 의미이다. 따라서 원가 관리보다는 다른 방법으로 수익 관리를 할 수밖에 없다. 영업 물량의 확대, 즉 보다 많은 수량으로 박리다매를 하는 것과 제품 가격의 인상 이외에 현실적으로 수익에 영향을 주는 더 좋은 시장 전략을 찾아야 하는 것이다. 그러나 이를 실현하기란 매우 어렵다. 게다가 동종 업계와의 경쟁 또한 치열한 게 식품 업체의 현실이다.

만일 판매 물량을 수요 예측의 목표 물량까지 확대할 수 있는 정도의 충분한 영업 능력이 있는 경우라면 더 맛있고 더 좋은 제품을 개발할 수도 있지만, 판매 물량의 확대가 현실적으로 어렵다면 좋은 제품 대신 그냥 먹을 만한 제품을 개발하는 것이 현명하다. 이것이 식품 업계의 일반적인 어려운 현실이다.

6. 식품 산업과 식품 전문가의 세계화

지금까지 식품과 식품 산업의 특징을 살펴보았고, 글로벌라이제이션이라고 불리는 세계화가 무엇인지도 이해하였다. 이제는 한국 식품 산업과 식품 전문가가 세계화되기 위한 여러 가지 과제와 그 해결 방법을 제안해 보고자 한다.

사실 식품 산업과 식품 전문가는 세계를 대상으로 직접 대화하지는 않는다. 그들은 식품이라는 상품을 통해 세계를 두드리고 세계 시민과 대화한다. 따라서 식품 산업과 그곳에 종사하는 전문가의 세계화라는 과제의 성공은 그들이 세계화된 신제품을 개발할 수 있는 능력의 유무와 관련이 있다. 한국 업체가 개발하여 세계 시민이 소비하는 그런 제품을 개발하고 생산하며, 판매하는 것이 식품 산업과 식품 전문가의 세계화에 대한 구체적인 모습이다. 그러나 이를 어렵게 하는 요인들은 무수히 많다. 이러한 이유로 아직도 세계 시민들이 즐겨 구매하는 한국 제품은 불고기, 갈비, 김치, 라면, 즉석밥에 한정되어 있다. 그럼에도 꾸준한 업체의 노력으로 세계 시민이 즐기는 한국 식품은 하나씩 늘어가고 있다.

가장 최근에 세계화에 성공한 한국 식품을 예로 들면 도시락용 김이다. 우리는 주식을 위한 반찬으로 도시락 김을 소비하지만 미국 소비자는 이를 건조 채소라는 개념의 스낵으로 즐기고 있다. 도시락용 김을 잇는 한국 제품이 더 많이 나오기를 기대하지만 미국 시장에서는 약 5년 정도의 간격으로 겨우 하나씩 세계화에 성공하는 한국 제품을 목격할 수 있다.

이 글을 읽는 독자들 역시 자신들이 현재 성공적으로 세계화되어 있는지 확인해 보기 바란다. 간단하게 위에 나열한 제품이나 자신의 회사 또는 자신이 개발한 제품이 세계 시민을 대상으로 사업에 성공하고 있는지를 확인해 보면 스스로 쉽게 세계화의 정도를 평가할 수 있다. 아직 그런 제품이 없다면 언제쯤 그런 제품을 출시하고 영업에 성공할 수 있을지도 스스로 가늠해 볼 수 있을 것이다. 이것이 세계화에 관한 우리의 일반적인 현실이다.

앞에서 한국 식품 산업과 식품 전문가들의 세계화를 어렵게 만드는 요인이 무수히 많다고 언급하였다. 이를 식품 산업체와 관련된 요인과 식품 전문가와 관련된 요인으로 나누어 살펴보면, 식품 산업체와 관련된 요인은 주로 업체의 문화, 조직 구조, 업무 시스템 등의 조직 내 역량의 관점과 시장의 분석, 이해, 그리고 시장 적응력의 관점으로 나누어 볼 수 있다. 또한 식품 전문가와 관련된 요인은 개인의 역량으로 성품, 태도, 지식, 경험, 언어, 문화 적응력 등으로 생각해 볼 수 있다.

그러나 무엇보다도 조직을 운영하는 것은 사람이기에 결국 이 모든 요인들은 인적 자원의 문제로 귀착된다. 결국 세계화를 이룬다는 의미는 해당되는 사람이 세계 시민의 일원이 되어야만 한다는 것이고, 그래야만 그들이 속한 조직, 즉 사업체도 세계화가 될 수 있기 때문에 한국 식품 업체에 속한 전문가들이 우선적으로 세계 시민의 일원이 되는 것이 급선무이다.

7. 한국 식품 산업의 세계화에서 인식해야 할 요소

1) 식품의 표준화

식품 산업뿐만 아니라 모든 산업이 현대적 대량 생산 체계를 갖추기 위해서는 여러 부분, 즉 재료, 가공 방법, 가공 장비, 제품 규격, 포장, 물류 및 이를 지원하는 모든 물적, 전산적 작업과 시스템이 표준화되어야 한다.

표준화 및 규격화에 대한 설명은 여기에서 자세히 다루지 않아도 이미 그 중요성에 대해서는 충분히 이해하고 있으리라 생각한다. 그런데 이런 표준화 작업을 식품 산업에는 어떻게 융통성 있게 적용할 수 있을지 이에 대해서는 깊은 고민 없이 바로 적용하려는 경향이 있다. 제품의 크기는 표준화의 대상이다. 제품의 영양 성분도 표준화의 대상이며, 제품의 주요 원재료 역시 표준화의 대상이 될 수 있다. 그러나 과연 맛도 표준화의 대상일까? 조리 방법도 표준화가 되어야 할까? 모든 재료가 표준화되어야만 할까? 표준화가 반드시 필요한 대상이 있지만 표준화로 인해 식품의 다양성이 상실된다면 제조 업체와 상관없이 동일 품목의 제품은 맛과 품질이 모두 같다고 표현할 정도로 비슷해져 버리게 된다.

이북식 김치와 경상도식 김치, 전라도식 김치가 표준화의 명목으로 맛이 통일되어 버린다면 이것은 식품 산업에 큰 문제가 된다. 그렇다고 이북식은 시원하고 깔끔한 맛을 갖도록 표준을 정하고, 경상도와 전라도식은 짜고 발효가 심한 맛이 나도록 표준을 만든다면 그 역시 개발과 변형이 어려워지고 제품 혁신도 사실상 불가능해진다.

표준화와 규격화를 할 수 없거나 하지 말아야 할 부분이 식품 산업에는 존재한다. 가능하다면 식품의 표준화는 포장 단위나 주요 영양 성분 함량, 주요 원재료 또는 주요 가공 공정, 품질 관리 지표에만 적용하는 것도 좋은 방안이 될 수 있다. 맛이나 조리 방법, 그리고 부·원재료나 가공 조건에 대한 너무 구체적인 표준화는 표준화의 긍정적인 목적을 이루기보다는 보이지 않는 규제로 작용할 수 있다.

2) 시장의 이해

시장을 이해하기 위한 몇 가지 기본 요소 중 중요한 요소로 제품과 가격, 판촉, 그리고 경쟁이 있다. 제주도에서 시작한 사업체가 제주도의 시장 상황을 이해하고 여기에 반응하여 제품을 개발하고, 식품 사업을 발전시키는 것은 지역화의 장점을 매우 잘 살린 전략이라고 할 수 있다. 이제 이 업체가 서울로 그 사업 범위를 확대한다면 서울의 시장 상황은 제주도의 시장 상황과는 전혀 다를 수 있다는 점을 고려해야 한다. 특히 같은 제품일지라도 제주도에서 서울까지의 배송비와 서울의 잠재적 시장 규모를 모두 고려한 가격 설정에서부터 서울의 소비자에 어울리는 판매 전략과 경쟁 상황을 정확하게 이해하는 것은 서울 지역에서의 사업을 성공시키기 위한 사업 계획 단계에서 반드시 검토해야 할 사항이다.

이제 세계화를 생각해 보자. 한국의 식품 기업이 미국에서 성공적으로 사업을 하기 위해서는 미국의 시장 상황을 정확히 이해하고 있어야 한다. 따라서 사업체의 입장에서 세계화를 위한 가장 중요한 첫걸음은 상대국의 시장을 정확히 파악하고 대응하는 것이다.

미국은 한국과 매우 다른 사업 구조 및 사업 환경을 가지고 있다. 우선 생산과 유통에 적용되는 법규가 다르다. 「식품안전현대화법」부터 각종 공인인증제도도 다르고, 주마다 서로 다른 법규를 가지고 있기도 하다. 냉장이나 냉동 식품의 경우 보관과 유통 온도 기준부터가 한국과는 다르다. 원자재의 구매 업체와 원재료의 풍미도 다른 경우가 많다. 또한 배송 방법 및 배송 구간, 비용이 한국과 많이 다르고, 도소매 업체에 납품하는 방법도 다르다. 물론 슈퍼마켓의 개수부터 다르다.

따라서 이러한 시장의 이해 없이 제품의 품질과 자부심만으로는 미국에서 사업을 하기가 매우 어렵다. 내가 생산하는 제품군에 대한 시장을 정확하게 이해하는 것은 한국 식품 업체가 세계화를 이루기 위해 반드시 필요한 첫 단계이다.

3) 소비자의 이해

소비자를 정확히 이해하는 것, 즉 소비자의 소비 행태와 선호도 및 소비의 이유를 정확히 인지하고 있는 것도 식품 업체의 세계화에 있어서 매우 중요한 부분이다.

김치는 한국의 고유 식품이다. 한국산 김치를 미국이나 유럽에 수출하기 위해서는 구매 소비자가 누구인지를 알아야 한다. 물론 그들이 왜 김치를 구매하는지도 알아야 하고, 그들이 김치의 어떤 특성을 선호하는지도 반드시 알아야 한다. 가장 까다로운 부분은 그들의 김치와 같은 한국 식품에 대한 TPO(Time, Place, Occasion)와 취식 방법이 정확하게 밝혀져 있지 않다는 것이며, 바로 이 점이 미국에서의 김치 사업을 어렵게 한다.

백인 문화에서 다양성의 의미는 한민족이 일반적으로 생각할 수 있는 범위보다 훨씬 더 넓다. 왜냐하면 피부의 색으로 백인이라 구분하였을 뿐 그들은 유럽의 수많은 국가에서 이민 온 유럽인의 후손으로 매우 다양한 혈통적 문화를 가지고 있기 때문이다. 백인 주류(主流) 시장이 아닌 교민 시장을 위한 김치의 수출은 세계화가 아님을 이미 지적하였다. 교민 시장을 위한 사업은 한국 내 포화된 김치 시장을 벗어나기 위해 틈새시장으로 해외 시장을 찾아 시장을 확대하였다는 의미로 이해하여야 한다.

독자 여러분이 한국에서 김치 사업을 한다고 가정할 때 당신은 당신의 회사에서 생산한 김치를 미국 주요 슈퍼마켓에서 백인들에게 판매할 수 있는가? 시간이 허락된다면 얼마의 기간 동안 어떤 시장 조사를 통해 백인들이 좋아하는 김치를 정확히 이해하고 제조하여 수출할 수 있을지 깊게 생각해 보기를 바란다.

김치가 어렵다면 이미 백인 시장에 어느 정도 침투가 되어 있어 김치보다는 전략을 세우기가 용이한 라면을 생각해 보자. 당신과 당신의 사업체는 자체 생산한 라면을 백인에게 판매할 수 있겠는가? 질문을 구체적으로 다시 하면 당신의 사업체는 미국이나 유럽에서 백인이 라면을 왜 구매하는지 그 이유를 알고 있는가? 그리고 그들이 좋아하는 라면의 맛을 표현하고 구현해 볼 수 있겠는가? 사업체의 세계화를 위해서 반드시 필요한 단계는 사업체의 구성원이 지구촌 소비자를 정확하게 이해하는 일이다.

4) 유통망의 이해

유통망에 대한 이해도 세계화를 위해 필요하다. 일반적으로 유통 또는 공급망 관리라는 개념에는 생산 계획 관리, 납품 업체/구매 관리, 고객/주문 관리, 창고 관리, 배송 관리가 포함된다. 생산 계획 관리는 SCM(Supply Chain Management)이나 생산 부서에서, 납품 업체/구매 관리는 구매 부서에서, 고객/주문 관리는 SCM 주문 센터나 영업 본부에서, 창고 관리와 배송 관리는 물류 센터나 SCC(Supply Chain Coordination)에서 실행하고 있다. 이들을 통합적으로 관리하는 부서를 업체마다 다르게 배정할 수 있지만 주로 SCM 또는 COO(Chief Operating Officer, Corporate Operating Officer)에서 통합 관리한다. 한국의 경우 그 사업 규모를 불문하고 이 모든 업무가 사업상 직접 관리의 대상이다. 즉 외부 업체를 이용한다 할지라도 일반적으로 전화나 이메일 또는 동일한 전산 시스템으로 직접 관리할 수 있는 범위 내에 있다. 문제는 각 부서 간 커뮤니케이션의 원활함, 그리고 외부 대행 업체와의 커뮤니케이션 효율성이다.

미국은 땅이 넓어 배송 거리와 기간이 매우 길다. 그러다 보니 창고의 규모와 역할이 매우 중요하다. 한국에서 두 곳의 창고 간 배송으로 마칠 수 있는 업무가 미국에서는 세 곳 이상의 창고가 필요한 경우가 흔하며, 단순 창고 저장만 하는 계약에서부터 입출고 관리까지 통합 서비스를 하는 창고, 즉 3PL(Third Person Logistics) 창고도 존재한다. 배송 관리는 규격화된 대형 컨테이너로 배송하는 경우와 소규모 트럭으로 배송하는 경우가 확연히 다르게 나누어진다. 대형 컨테이너를 전세로 거래하여 관리하는 경우(Full truckload, FTL)와 트럭망 배차 관리 회사와 거래하여 한 컨테이너에 다수 업체의 제품이 혼적되어 마치 택배 업체나 우체국 배송망과 같이 차량 적재와 하역이 반복적으로 이루어지며 배송이 관리되는 경우(Less than load, LTL)가 있다.

또한 미국에서는 24시간 내에 10시간 이상을 한 트럭 기사가 운행할 수 없으며, 이를 감시하기 위해 ELD(Electronic Logging Device) 시스템이 트럭마다 설치되어 있다. 그리고 주마다 트럭이 도로를 운행할 수 없는 공휴일이나 축제 기간이 있으며, 그 시간대는 주별로 다르다. 과적의 기준도 미국과 캐나다가 다르고, 오버사이즈 화물에 대한 적용 역시 주마다 다르다. 캘리포니아주와 하와이주는 농산물의 입출경 시에는 검사와 규제가 있다.

한국 식품 산업의 세계화를 위해서는 이런 유통망에 대한 다양한 정보의 이해와 이를 적용하는 데 있어서의 경험이 반드시 필요하다. 이해와 경험이 없으면 그냥 유통 대행 업체에 맡기게 되고, 따라서 납품 일정과 비용에 대한 관리의 부재 속에서 사업을 해야만 한다. 제품의 품질에 대한 자부심만으로는 세계 시민의 일원이 될 수 없으며, 타

문화권을 모르는 상황에서 세계를 대상으로 사업을 성공시킬 수 없다. 세계화는 세계화된 단일 시스템의 주체적인 일원이 되는 것이라는 정의를 기억한다면, 기업의 세계화는 사업의 지역 토착화의 성공으로 해석되어야 한다. 이를 위해 많은 것을 알고 경험하여야 한다.

5) 로컬 법규의 이해

식품 산업의 세계화에 무엇보다 가장 중요한 요소는 법규이다. 법규는 반드시 이해하여야 하는 동시에 반드시 지켜야 한다. 미국의 경우 식품과 의약품, 그리고 화장품은 미국연방등록법규인 §21 CFR(Code of Federal Registrations, Title 21)에 「Food, Drug, and Cosmetic Act」라는 이름으로 법제화되어 있다. 특히 최근에 발효되어 개정된 식품안전현대화법인 「FSMA(Food Safety Modernization Act)」에 하위 7개 법규가 새로 제정되어 있다.

FSMA 7개 법규는 「PCHF rule(Preventive Controls Rules for Human Food Rule)」, 「PCAF rule(Preventive Controls Rules for Animal Food Rule)」, 「PS rule(Produce Safety Rule)」, 「FSVP(Foreign Supplier Verification Program)」, 「A3PC(Accredited Third-Party Certification)」, 「ST rule(Sanitary Transportation Rule)」, 「IA rule(Intentional Adulteration Rule)」로 미국 내에서 판매하기 위한 식품과 동물사료는 반드시 본 법규를 준수하여야만 한다. 예외는 없고, 단지 기존의 법규에 의거한 관리 시스템으로 신규 법규를 충분히 만족할 수 있는 경우에만 기존 관리 시스템을 이용할 수 있다. 이외에 2020년 1월부터 새로 적용되는 2016 Nutrition Facts 표기 원칙이 있다. 또한 연방 기관인 FDA(Food and Drug Administration)와 USDA(United State Department of Agriculture)에서 제정한 자체 규정도 반드시 준수하여야 한다.

FSMA 법규는 FDA에서 관할하고 있으며, USDA는 산하 FSIS(USDA Food Safety and Inspection Service)에서 육류, 가금류, 가공난류, 메기(cat fish)와 이들이 포함된 제품, 그리고 생과일, 채소와 같은 농산물을 관할하고, 이들 제품을 생산하는 업체를 파견 검사관을 통해 감시 감독하고 있다.

2019년 1월 현재 한국에는 USDA-FSIS 관할 제품을 가공 생산할 수 있는 등록증이 발급된 업체는 일부 삼계탕 공장을 제외하고는 없다. 따라서 원칙적으로 한국에서는

USDA-FSIS 관할 제품을 생산하여 미국에 수출할 수 없다. 다만, 외국에 소재한 USDA-FSIS 등록 업체에서 가공 생산된 육류, 가금류, 가공난류, 그리고 메기 원료를 2% 이내 생육과 3% 이내의 가공육을 포함하여 만든 제품일 경우, USDA-APHIS(USDA Animal and Plant Health Inspection Service)에서 발급한 제품 허가증(permit)과 육류/난류 원재료에 대한 축산물검역증명서를 소지하고 있으면 미국에 수출이 가능하다. 이 경우에는 FDA의 법규를 모두 만족하여야 한다. FDA 제품을 생산하는 업체는 소재지를 불문하고 2년마다 갱신해야 하는 FDA 제조처 등록번호를 가지고 있어야 한다. 이 같은 모든 법규를 정확히 이해하고 이를 준수하지 못하면 한국에서 수출된 제품은 컨테이너 상태로 미국 입항지에 소재한 USDA 검사 사무소나 FDA 검사 사무소에서 holding, review, detention, termination 등의 판정을 받게 된다.

법규 준수는 한국 식품 산업체의 세계화에 있어서 반드시 선행되어야 할 필요조건이다. 법규 미비로 문제가 되었을 때 대응 방안을 제대로 제출하지 않으면 수입금지 업체 목록(import alert)에 이름이 올라 해당 업체에서 수출한 제품이 미국에 들어가면 해당 제품군은 DWPE(Detention Without Physical Examination), 즉 자동 압류가 된다. 물론 미국 내에 소재한 공장에서 생산하였을 때도 동일한 법규가 적용되기는 마찬가지이다.

수출 제품은 입항 시 세관, USDA, FDA에서 검사 대상이 되지만 미국 내 소재 생산 공장은 언제든지 불시에 검사를 받을 수 있다. 최근에는 미국에 수출하는 제품을 생산하는 한국 소재 생산 공장에도 FDA 검사관이 파견되어 공장 검사를 받는 경우가 일상화되었다. USDA 역시 외국에 소재한 생산 공장에 USDA 등록번호를 부여하고 있으며, 외국에 소재한 농장과 가공 공장, 그리고 그 제품에 대해 USDA 유기농 인증을 하고 있다. FDA와 USDA는 더 이상 미국 정부 기관으로 미국 영토 내에서만 그 업무 수행권을 가지지 않는다. 미국에서 판매되는 제품이 생산되는 곳은 국경을 불문하고 검사관을 파견한다. 바로 세계화된 단일 체제에서 자국민의 안전을 위해 일하기 때문이다.

6) 기업 문화의 세계화

한국의 식품 업체가 해외에 지사를 설립한 경우 세계화의 지표를 예측하는 데 있어 상기 기록한 모든 요소를 알아보면 세계화의 진행 정도를 어느 정도 가늠할 수 있다. 그리고 이외에도 중요한 세계화의 요소로 한국 본사의 회사 문화가 있다. 그 문화가 세계화가 되었는지 아니면 본사와 해외 지사와의 관계가 일방적인 지휘 계통을 유지하는지, 해외 지사에 사업에 관한 완전한 자율권을 부여하는지를 확인해 보면 그 세계화의 정도를 가늠할 수 있다.

그러나 완전한 자율권을 해외 지사에 부여한다는 것은 현실적으로 매우 어려운 문제이다. 본사의 문화가 세계화되기 위해서는 본사에 근무하는 임직원들의 세계화가 우선되어 있어야 한다. 본사와 지사와의 관계가 일방적인 지휘 체계인지, 완벽한 자율권을 갖는지는 해외 지사의 사업 역량 및 사업 성과와 밀접한 관계가 있으며, 해외 지사에 대한 본사의 투자에 근거한 그 지배력에 의해서도 좌우된다. 한국 내 본사와 해외 지사 간에는 두 곳의 세계화 정도가 다른 경우가 흔하다. 이때 세계화가 상대적으로 덜 된 곳이 해외 지사일 경우 본사의 강력한 지원을 받아 세계화에 대응할 수 있다. 만일 그 반대일 경우 본사의 강력한 지원은 기대하기 힘들게 된다. 오히려 해외 지사가 본사의 세계화를 선도해야 하는 입장이 된다.

이와 같이 식품 산업체의 세계화는 너무나 많은 필요조건을 가지고 있다. 그들은 세계화를 위해 매우 많은 성장통을 겪으면서 자라야 한다. 조직이라는 집합은 임직원이라는 원소에 의해 구성되어 있다. 조직은 그 구성원이 유기체인 만큼 조직도 유기체로 반응한다. 따라서 조직의 세계화를 위해서는 구성원 개개인의 세계화가 필수적이다. 조직의 세계화 정도가 각 임직원들의 세계화 정도의 총합보다 더 큰지 아니면 작은지는 그 조직의 세계화에 대한 역량과 실행 의지에 달려 있다. 따라서 조직의 세계화를 위해서는 조직 구성원의 세계화에 대한 의지와 실행이 매우 중요하다.

8. 식품 전문가의 세계화에서 인식해야 할 요소

1) 새로운 가치관 형성과 동기부여

가치란 그 존재가 가지는 의미의 무게이다. 모든 존재에는 그 존재의 목적이 있다. 그 존재가 그 존재의 목적과 일치할 때 가치는 발휘된다. 따라서 개인의 변화를 위한 동기는 외부에서 부여되기보다 내부에서 목적에 부합한 그 가치를 찾는 것이 훨씬 간결하면서 강력한 힘을 발휘한다.

식품 전문가가 세계화되기 위해서는 스스로 다음의 질문을 해 보고, 이를 위한 가치관의 정립이 필요하다. 그것이 동기화의 시작이다. 질문은 다음과 같다.

"내가 이 세상에 존재하는 목적은 무엇인가?"

"개인이 세계화된다는 것이 나의 인생의 목적에 어떤 가치를 부여하는가?"

즉 내가 세계화된다면 나에게 돌아오는 이점이 무엇일까를 정의해 보고, 그렇게 세계화된 나의 모습을 그리면서 현재와 비교하여 내 인생에 새로 부여된 가치가 무엇인가를 찾아내야 한다. 그리고 그 변화된 가치에 의미를 부여하고, 의지를 가지고 스스로의 인생관의 일부로 받아들여 가치관을 형성해야 한다. 그렇게 된다면 세계화는 인생의 구체적인 가치관으로 자리잡고, 내 인생의 혁신을 주체적으로 이끌어가는 동기로 자리잡게 된다. 가치관이 정립된 가치 있는 일에는 동기가 부여되기 때문이다.

따라서 당연히 동기화를 위해서는 가치를 확실히 이해하고 있어야 한다. 가치를 이해하고 있어야 그 가치를 선택할 수 있다. 세계화는 여러 가지 입장을 직접 고려하지 않더라도 설명이 따로 필요 없는 가치 있는 일이다. 특히 개인에게 있어서 세계화는 개인의 일생에 매우 가치 있는 일임이 분명하다. 그 점을 이해하고 매일의 선택에 그 가치를 기준으로 삼는 가치관이 확립되면 동기화는 이미 완성되어 당신은 그 길로 가고 있음을 깨닫게 될 것이다.

세계화는 다른 의미 있는 변화와 비교할 때 특별한 개념이 아니다. 의지를 가지고 어떤 가치를 인생의 가치관으로 삼는다는 것은 모든 값어치 있는 변화에 있어서 공통적으로 필요한 절차이다.

2) 의지와 생각과 감정이 행동에 미치는 영향

인간에게는 마음(mind)이 있다. 이는 의지와 생각과 감정으로 구성되어 있다. 그리고 그 마음은 우리의 몸속에 있으며, 우리 몸의 작용은 행동으로 나타나는 데 이는 몸의 움직임만을 의미하는 것이 아니라 언어의 사용과 감각의 사용, 그리고 근육의 사용까지 포함한다. 따라서 우리의 행동은 몸의 작용이며, 몸은 우리의 마음이 외부로 드러나는 통로이다. 몸은 마음의 지배를 받는다. 그리고 마음은 의지와 생각과 감정의 지배를 받는다. 이런 역학 관계를 살펴보면 세계화라는 것이 단순히 몸에 익숙해지고, 세계화된 문화와 언어를 사용하는 것뿐 아니라 세계화된 생각과 감정까지 사용할 수 있게 되는 것을 포함하고 있다는 점을 알 수 있다.

무엇보다 중요한 것은 우리의 의지가 세계화를 꾸준히 지향해야 하는 것으로, 이는 엄청난 에너지의 소비를 필요로 한다. 우리가 모든 정신력과 영양분을 동원하여 세계화를 향한 의지를 확고히 유지해야 우리의 생각과 감정, 그리고 행동이 점점 세계화를 향하여 변화되어 간다. 의지를 관리하지 않으면 절대로 고단위의 에너지를 소비하는 방향으로 변화가 진행되지 않는다. 변화를 위해서는 강하고 지속적인 의지가 절대적으로 필요하다. 식품 전문가라는 개인의 세계화를 위해서는 이와 같이 어려운 자기 변화의 과정을 지속적으로, 그리고 의지적으로 에너지를 소비해 가면서 진행해 나가야 한다.

3) 다양성의 이해

식품 산업의 전문가인 우리는 대부분 과학 기술자들이다. 특별히 과학 기술자가 아니더라도 모든 인간은 다 알고 있는 것이 있다. 바로 생태계에서 종의 다양성에 대한 중요성이다. 설령 왜 중요한지 구체적인 이유까지는 잘 모르더라도 생물학을 싫어하는 일반인조차 종의 다양성이 중요하다는 것은 수도 없이 들으면서 살고 있다. 우리가 사는 세계는 커다란 지구 공동체로, 지구촌이라고 부르기도 한다. 생물학적 종의 다양성이 중요하다면 우리가 사는 인간 사회에서는 개인의 다양성도 중요하지 않을까?

글로벌 기업에는 기업 내 직원과 문화의 다양성(diversity)을 유지하기 위한 전담 부서가 있다. 그들은 왜 기업 내에 이런 부서를 운영하는 것일까? 이유는 간단하다. 조직을 구성하는 직원과 문화의 다양성은 건강한 공동체를 이루어 복잡계에서 발생하는 각종 문제에 다양한 해결 방안을 도출할 수 있게 해 주기 때문이다.

만일 하나의 공동체가 극우 민족주의자들로만 구성되어 있다면 그 공동체는 좌파와 진보를 수용할 수 있는 사회 문화적 탄력성이 떨어지게 된다. 또한 한 공동체가 영어를 사용하는 백인들로만 이루어져 있다면 그 공동체는 동유럽이나 아시아, 그리고 남미나 아프리카의 다른 민족들과의 상호 관계 속에서 유연한 의사 결정을 하기가 어려워진다. 무엇보다 문제인 것은 문제 해결을 위한 다양한 의견이 개진되지 못하고, 스스로의 관념 범위 안에 갇혀 버리게 된다. 이는 마치 다른 나라를 방문해 본 적이 없으면서 자신의 나라가 세계에서 가장 좋은 나라라고 우기는 것과 같다.

기업이 이런 상황에 갇히게 되어 자신의 제품이 경쟁사 제품보다 우수하다고 자화자찬 속에 빠져 있다면 그 기업의 미래는 절대 밝지 않다. 또한 많은 경우에 세계화라는 이름 아래 다양성이 상실되어 가는 것도 목격할 수 있다. 다름이 없어지고 단일화되어 가는 것이다. 정치, 경제, 문화 등 다양성을 반드시 확보해야 할 부분에서 다양성을 잃어 간다면 이는 매우 우려할 일이다.

세계화를 위해서는 반드시 다양성을 인정하여야 한다. 그리고 스스로의 선택에 대해 비판적이어야 하고, 스스로의 생각과 감정, 당연하다고 여기는 결정 사항에 대해 의심해 보아야 한다. 끊임없이 의심하고 뒤집어 생각해 보는 것이 철학을 하는 자세이자 자아 성찰을 하는 방법이며, 다양성을 실천하는 것이고 다름이 어색해지지 않게 되는 것이다. 이는 매우 진보적인 개념이면서 후기 현대주의적 실존주의와 맥이 닿아 있다. 점점 복잡해지는 세상에서 더 창의적이기 위해 다양성을 유지해야 하고, 이를 생각과 감정에 부자연스럽지 않게 받아들여야 한다. 당신의 마음은 다름을 불편해하지 않을 만큼 탄력적인가? 다양성이 내재화되지 않은 실존은 세계화되기 어렵다.

4) 자아 성찰과 실존적 정체성의 의식

우리는 모두 자아 성찰이 중요하다는 것을 알고 있다. 자아 성찰이란 나를 한번 들여다 보는 것이다. 매일 내가 아닌 대상만 보고 지내면서 다른 것과 다른 이를 들여다보는 일상의 상황을 돌이켜 나를 제대로 들여다보는 것이다. 그런데 여기서 자아란 것이 과연 무엇일까?

자아를 정확히 모르면 자아 성찰도 제대로 할 수 없다. 자아란 단어 그대로 나 자신이라는 의미로 앞에서 언급한 대로 '나의 마음(의지+생각+감정)', 그리고 그 마음이 외부로 나가는 통로인 '나의 몸', 그 몸의 행동과 언어와 이를 종합한 나의 태도로 보여지고 관계되는 '나의 사회적 관계망', 그리고 마지막으로(일반적으로는 이 마지막 나의 모습이 논의에서 제외되는 경우가 많다) 나의 사회적 관계망으로 인해 다른 사람의 눈에 비치고, 귀에 들리어 다른 사람의 마음속에 들어 있는 그의 견해로 관찰된 '다른 사람 속 안에 존재하는 나'를 모두 통합하여 자아라고 한다.

내가 어느 정도 세계화되어 있는가를 살펴보고 평가해 보는 과정은 이런 복잡한 단계의 나를 조각조각 해체하면서 성찰해 볼 수도 있고, 아니면 이런 모든 나의 존재를 종합하여 성찰해 볼 수도 있다. 파편화시켜서 성찰할 경우 각 단계에서의 나의 모습을 더 세밀하게 볼 수 있고, 종합해서 성찰할 경우 각 단계의 내가 얼마나 통합적으로 관계되어 전체의 나의 모습을 형성하고 있는지를 확인할 수 있다. 이렇듯 나의 세계화는 의지와 생각과 감정과 몸과 사회성과 그 모든 사회적 영향력이 대상이 되는 변화의 과정이다. 자아 성찰을 통해 나를 바로 알고, 나를 바로 정의할 수 있을 때 나의 정체성이 확립된다.

세계화의 관점에서 바라본 자아 정체성은 바로 지구촌의 시민이며, 자연 앞에서 평등한 인간으로서의 존재이다. 세상의 모든 인간은 존재성을 가지고 있다. 그리고 그 존재의 가치로 인해 그들은 평등하다. 나의 정체성은 그런 평등한 지구촌의 시민이다. 민족으로도 자랑거리가 못 되고, 피부 색깔로도 자랑거리가 못 되며, 가지고 있는 문화적 도구로도 자랑거리가 못 되고, 사용하는 언어로도 자랑거리가 못 된다. 세계화 속의 우리는 모두가 평등하고 가치 있는 지구촌의 시민이다. 이런 명확한 의식 없이 세계화를 이루겠다고 한다면 그 세계화를 위한 노력 자체가 남과 나를 비교하고, 가치의 평등을 파괴하는 자만감의 원인이 된다. 자연스럽고 진정한 세계화를 원한다면 자아 성찰을 통한 지구촌 시민으로서의 정체성을 확고히 가지고, 성과로서의 가치가 아닌 존재로서의 가치를 알아야 한다. 개인의 세계화는 절대로 쉬운 변화의 과정이 아니다.

5) 사회적 존재로서의 가치

인간은 사회적 동물이다. 이는 모두가 알고 있는 사실이다. 따라서 인간의 자아에는 위에서 설명한 것처럼 사회적 관계망을 반드시 포함시켜야 한다. 내 안에 내재된 사람도 나이고 내 몸으로 보여 주는 사람도 나이며, 내가 관계하는 다른 사람과의 관계 속의 나의 역할도 나이다. 또한 다른 사람의 마음속에 들어 있는 그 사람이 이해하고 있는 나도 나이다. 따라서 자아의 각 단계에서 가지고 있는 단계별 가치를 생각해야 한다. 인간은 사회적 존재라서 홀로 존재하는 가치 단계를 넘어 사회에 영향을 주는 존재로서의 가치가 있다. 소속된 사회에 존재하고 있다는 점 하나만으로도 사회에 가치를 부여하는 존재가 될 수 있다. 물론 사회적 관계망 속에서 많은 긍정적인 영향력을 발휘했었기에 사회적 존재 가치가 부여된다. 이렇듯 세계화를 위해서 우리는 우리의 존재 가치와 사회적 관계망 속에서의 가치를 지구촌 시민으로 표현할 수 있어야 한다.

30여 년 전 인터넷과 국제적 정보 교류가 미비했을 때는 국제사회에서 세계화된 개인의 가치를 찾고 발휘하기가 매우 어려웠다. 정말로 수신제가 치국평천하(修身齊家治國

平天下)로 소속된 가족 사회에서부터 가치를 발휘하여야 했다. 그러나 지금은 인터넷과 통신의 발달로 누구나 자신의 재능과 노력으로 전 세계에 영향력을 발휘할 수 있다. 이 말은 세상이 발달할수록 세계화를 위해 사용 가능한 자원과 환경이 확대되고 있다는 의미이다.

사회적 존재로서 자신이 속한 작은 사회와 지구촌 사회에 영향력을 발휘하는 단계까지 성장하는 것이 세계화의 과정이다. 나와 내 가족, 내 친구라는 울타리를 벗어나 우리는 소외 계층, 외국인 근로자, 탈북자와 독립운동가의 후손, 살던 곳을 떠나야 하는 난민들과 가난과 굶주림, 부조리한 학대, 그리고 전쟁의 어려움에 처한 모든 사람들에게 지구촌 시민으로서 관심을 가져야 한다. 또한 인류의 평화는 환경 보존과도 밀접한 관계가 있으므로 우리가 살고 있는 지구의 환경 문제에도 적극적으로 참여하여야 한다.

'인간은 사회적 동물이다.'라는 말을 다르게 표현하면, 인간은 장소에 관계없이 자신의 사회성을 발휘해 사회적 활동을 할 수 있는 기회의 동물이라는 뜻도 된다. 모든 인간은 사회적 존재의 가치를 가지고 있다. 이것이 세계화를 인간의 사회성으로 이해하는 방법이다.

6) 알고 있다는 것에 대한 인식과 이해의 울타리

식품 전문가로서 세계화에 대한 상기의 요소를 고려해 보면 바로 알 수 있는 것이 이 세상은 지구촌 시민 모두가 주인이 되어 사는 곳이라는 사실이다. 내가 결정하고 경험하고 이해하는 범위의 울타리 밖에도 이미 질서와 정의와 진리와 가치와 아름다움이 존재하는 세상이 있다는 것이다. 따라서 내가 지금 알고 있는 것, 그리고 경험하고 있는 바로 그 경험적 지혜 밖에도 다양한 다른 경험적 지혜와 진리가 존재하고 있다는 것을 인정해야 한다. 그래서 그 무수히 많은 경험적 지혜들이 모여 거대한 문명과 사상의 흐름을 구성함을 아는 것이 세계화를 사상적으로 이해하는 방법이다. 내가 알고 있고, 내가 사용하고 있는 기준 외에도 받아들여지고 있는 다른 기준이 있을 수 있다는 것을 인정해야 한다. 이것이 세계화를 철학의 일부로 이해하기 위한 좋은 시발점이라 생각한다.

후기 현대주의 이후에는 세계화를 중심으로 한 철학 사상이 형성될 것이다. 따라서 개인과 조직과 사회의 세계화는 더욱 중요해질 것이다. 이런 철학적 바탕으로 우리는 글로벌 리더십을 정의하고 교육하며 실습해야만 한다. 글로벌 리더는 글로벌하게 적용되는 철학을 가지고 실습하는 자이기 때문이다.

9. 한국 식품 산업과 식품 전문가의 세계화에 대한 문제 해결 방안의 도출

한국 식품 산업의 세계화를 위해서는 그 대상 식품 기업에 소속되어 있는 구성원 개개인이 세계화되어야 한다. 조직은 구성원의 집합체이므로 하나의 집합은 그 구성 원소의 공통적인 성질을 드러내며, 하나의 구성 원소는 소속된 그 집합의 공통 성질을 가지고 있다. 따라서 조직은 그 구성원으로 인해 유기체로서 변화할 수 있다. 또한 한 개인으로서의 식품 전문가는 앞에서 언급한 지구촌 시민으로서 자아 성찰의 과정을 통해 세계화될 수 있다. 식품 기업이든지 식품 전문가든지 불문하고 어느 정도 세계화를 이룬 기업과 개인은 한국이 아닌 해당 지역에 토착화되어 있다. 이때 지역 토착화는 평가 대상의 세계화를 판단하는 필요조건이다.

한국 식품 산업체의 세계화를 평가하는 데 필요조건을 하나 더 예시하라면 그것은 자율성의 유무이다. 즉 한국 본사의 영향력이 해외 지사에 얼마나 미치느냐가 세계화의 여부를 판단하게 한다. 외국에서 외국 소비자를 대상으로 사업하는 해외 지사에 대해 본사가 한국에 토착화된 경험으로 영향력을 행사하는 상황은 자동차 운전면허를 가지고 자동차가 아닌 다른 운송 수단을 운전하는 상황에 비유할 수 있다. 해외 지사의 세계화를 위해서는 본사가 해외 지사에 대해 자율성을 보장해 주어야 한다.

현장에 가면 현장의 말을 들으라는 말을 들어본 적이 있을 것이다. 흔히 듣던 로마에 가면 로마의 법을 따르라는 말과 같은 맥락이다. 결론적으로 한국 식품 산업이 세계화되기 위해서는 그 지역에 토착화된 조직원을 해외 지사에 임명함은 물론 사업의 자율성을 부여해야 한다. 해외 지사에 자율성을 준다는 것은 관리와 감독에 익숙한 한국 조직 문화를 고려할 때 본사의 입장에서는 매우 불안할 수도 있다. 그러나 본사가 한국에 토착화된 경험만으로 해외 사업에 직접 나서게 되면 성공 확률은 더 낮아진다는 점을 반드시 고려해야 한다.

물론 세계화에는 위험 요소가 있다. 그 위험 요소를 두려워하여 한국에 토착화된 방법으로 직접 해외 사업을 하는 것보다는 세계화된 인재들이 자율적으로 해외 사업을 하도록 간접적으로 지원하며, 위험 요소를 관리해 주는 것이 성공적인 세계화를 위한 최선의 방법이다. 여기서 바람직한 지원으로는 여러 가지가 있을 수 있지만 다음과 같은 실질적인 지원이 효과적이다.

(1) 전문 인력의 지원

여러 가지 전문적인 업무에 해외 지사의 인원만으로 해결하기 어렵거나 업무 과다 상태가 될 경우 본사에서 해당 업무 분야에 대한 전문가를 지원하여 해외 지사가 그 사업의 목적에 집중할 수 있도록 도와야 한다. 이는 전문 분야의 연구원을 파견하거나 회계 인력을 파견하거나 공장 공무 인원을 지원하는 것을 의미한다.

(2) 업무 우선순위 지원

본사에서 여러 가지 업무의 우선순위를 정할 때 해외 지사의 업무를 우선 배정하여 업무가 원활히 진행되고, 문제가 우선적으로 해결될 수 있게 지원하는 것을 말한다. 예를 들면 전사적으로 ERP(기업 전산 시스템)의 변경이나 업그레이드가 있을 경우 최우선적으로 지원하거나 아니면 다른 곳에서 우선 시행하여 미비점을 보완한 후 맨 마지막에 무리 없이 해외 지사에 적용하는 등 사안에 따른 업무 우선순위를 해외 지사를 배려하여 설정하여야 한다.

(3) 직원에 대한 재정 지원

서구 국가, 특히 미국은 퇴직금 제도가 없다. 직원이 회사에 사직서를 제출하면 사직하는 날로 더 이상의 수입과 의료보험 혜택이 없어진다. 이에 한국 본사의 직원들이 받는 재정적 혜택과 미국 직원들의 재정적 혜택은 매우 불공정하다. 따라서 본사는 해외 지사에서 근무하는 직원들의 연금 프로그램을 적극적으로 지원해 주어야 한다. 예를 들면 401K 연금 프로그램을 통한 연금 지원액을 한국의 퇴직금 적립 금액 정도까지 동일하게 지원해 준다.

(4) 휴가 일수 및 사용의 보장

미국 직원들은 한국 본사의 시간에 맞추어 근무를 해야 할 경우가 많이 생긴다. 미국은 공휴일이 1년에 10일 정도가 있다. 한국은 법정 공휴일이 15일로 미국보다 많다. 이외에도 임시 공휴일로 지정되거나 투표일이 있어 1년에 근무하는 일수가 미국이 한국에 비해 더 많다. 이에 직원들의 휴가 일수를 늘려 주는 등의 공평한 근무 일수의 지원이 필요하다.

(5) 연장 근무 및 공휴일 근무 조절

미국은 한국과 시차가 있다. 그러다 보니 한국의 아침 시간이 미국의 저녁 시간이 되어 양국 직원이 모두 참석하는 회의를 진행할 경우 미국 직원은 야근을 하게 된다. 또한 한국의 월요일 아침은 미국의 일요일 저녁이 되어 주말에 근무를 하게 된다. 시차는 극복할 수 없는 요인이다. 따라서 본사의 임직원들이 자신에게 편리한 시간보다는 현지의 시간을 고려해서 회의를 소집하는 배려가 필요하다. 그리고 해외 지사 직원들이 본사와의 회의를 위해 어쩔 수 없이 야근을 하는 경우 야근 수당이나 근무 시간 조정 등의 실질적 조치가 필요하다.

이외에도 많은 종류의 지원이 있을 수 있다. 정리하면 해외 지사는 해외의 사업 부서이다. 세계화라는 것은 해외 지사의 성공적인 운영에 있어서 필수 요소이다. 따라서 한국의 본사는 해외 지사의 세계화를 적극적으로 지원한다. 사내에서 세계화를 선도하는 부서가 해외 사업 부서임을 늘 인정하면서 해외 지사의 의사 결정권을 존중하며, 그들이 보다 더 세계화되고 성장할 수 있도록 지원할 책임이 있다. 해외 지사는 적진 깊숙이 침투해 있는 특공대이다. 현장의 상황은 현장에 특화된 특임 부서가 가장 잘 이해하고 있다는 점을 명심하여야 하며, 또한 현장에 특화된 해외 인력은 스스로가 더욱 더 현지화되도록 노력하여야 한다.

Problem Solving
in the Food Industry

CHAPTER 9

업무가 세분화되어 있는 대규모 산업체에서의 문제 해결

1. 서론

2. 문제의 발생

3. 문제 해결을 위한 접근

4. 제품 자체의 문제 해결을 위한 접근

5. 맺음말

1. 서론

우리는 일상생활 속에서 크고 작은 문제를 해결하며 산다. 중요한 약속으로 시간에 쫓기고 있는데 지하철을 반대 방향으로 잘못 탔다든지 하는 문제부터, 해외여행 중에 가방을 분실하는 경우나 혹은 더 큰 문제까지 다방면에서 예상치 못한 순간에 문제가 발생한다. 다만, 지하철을 반대 방향으로 잘못 탔을지라도 약속 시간에 쫓기지 않는다면, 혹은 집 안에 가방을 어디에 두었는지 못 찾는 경우 등은 비록 같은 일이지만 별로 큰 문제라고 생각하지 않는다.

따라서 문제란 어떤 사건 자체가 중요한 의미가 있고 돌발적인 경우도 물론 많지만, 어떤 상황과 제한된 시간 혹은 자원의 상태에서 벌어지느냐에 따라 문제로 볼 수도, 아닐 수도 있는 양면성을 가지고 있다. 그러므로 어떤 문제가 발생했을 때, 먼저 이것이 왜 문제가 되는지를 명확히 하는 것이 중요하다. 문제로 인식되는 상황이더라도 별문제가 안 된다는 마음으로 접근하여 해결책을 찾는 것이 오히려 바람직하다.

그렇다면 어떤 경우에 문제로 인식되며, 어떤 마음 자세가 필요할까?

무엇보다 예상이나 계획대로 일이 진행되지 않을 때 즉시 해결하지 않으면 그 영향이나 손실, 파장이 크면 클수록, 해결해야 할 때까지 주어진 시간이 짧을수록 더 큰 문제로 여겨질 수 있다. 게다가 어디서 잘못되었는지조차 모른다면 이는 재난 수준이 될 수 있다.

만일 다음과 같은 돌발 상황이 일어났다고 생각해 보자. 지하철을 반대 방향으로 탔다거나 혹은 가방을 분실하였을 때 우리는 무슨 수를 써서라도 이것을 즉시 해결하려고 한다. 즉 그 손실이나 불편함이 자신에게 직접 영향을 미칠 때 그 문제와 해결에 대한 주인 의식을 가지며 필사적이 된다. 자신이 알고 있는 모든 지식을 동원해서 대입시켜 보고, 자신이 접할 수 있는 모든 사람에게 도움을 요청하여 자신이 감당해야 할 불편함이나 불이익을 최소화하기 위해 최선을 다한다.

반면, 직장에서 어떤 문제가 생겼을 때 자신이 어떻게 하는지를 생각해 보자. 나 자신의 문제일 때만큼 절실함과 필사적인 마음을 가지고 접근하는지 아닌지를 생각해 보면, 어쩌면 즉각 행동으로 옮기기보다는 스트레스를 안고 있다가 −해야 하는 것을 알고 있지만 그만한 노력을 기울이지 않거나, 기울이고 싶지 않다는 것을 무의식적으로 알기에– 접근하기 시작하고, 문제도 잘 해결되지 않는 경우가 많을 수 있다.

직장에서의 문제 해결과 접근도 사실 개인에게 일어난 어떤 문제를 해결하는 것과 원칙적으로 다를 것이 없다. 대부분의 경우에 전문적 지식이 적절하게 적용되기도 하지만, 문제 자체에 대한 지식보다는 어느 정도 그 문제에 대한 주인 의식을 갖고, 필사적으로 행동하느냐에 따라서 문제 해결의 성패가 더 많이 좌우될 수도 있다.

2. 문제의 발생

식물에서 유래한 소재가 건강에 좋다는 사실이 많이 알려지고, 이와 관련된 건강기능식품들이 인기를 끌자 유제품을 판매해 왔던 회사에서도 이에 발맞추어 재빠르게 식물 소재 제품을 개발해서 신제품을 출시하기로 결정하였다. (어디에서 일하든 일장일단이 있지만, 산업체에서 일하는 것의 단점이라면 일에 대한 구체적인 것을 소위 기밀이거나 기술 유출의 이유로 쉽게 나눌 수 없는 것이다.)

시장에서는 콘셉트의 매력에 힘입어 출시된 비슷한 제품을 가끔 발견할 수 있으나 대부분 품질이나 저장성 면에서 경쟁력이 없으며, 가정에서 누구나 만들어 볼 수 있을 정도의 품질로 판매되고 있다. 안전하게 오랜 기간 품질을 유지할 수 있는 좋은 제품은 나와 있지 않아 이런 점에서 볼 때 대기업에 경쟁력이 있었다.

시작 단계는 낙농 소재를 식물성 소재로 대체하여 개발하는 것이고, 형태나 활용 면에서도 기존의 제품들과 다를 게 없어서 완전히 새로운 제품을 개발하는 접근이 아닌 기존 제품의 변형 정도로 생각할 수 있었다. 그렇다면 그동안 축적된 기술력으로 보아 크게 어려울 것 같지는 않아서 신제품 개발 부서에서는 기존의 접근 방식으로 제품의 원형(proto type)을 약간 변형하여 개발하였다. 전반적인 내용을 파악하고 있으므로 아직 최적화해야 하는 점들이 남아 있긴 했지만 그대로 진행하였다. 과거 유제품을 개발하였던 경험으로 미루어 보아 대략 O년 정도면 제품 개발이 끝날 것이라고 파악하고, 시장에서 선두 위치를 확보하기 위해 전국에 일시에 신제품을 출하하기로 하였다. 전국 주요 유통 시장에 얼마만큼의 제품을 공급할지 O-1년에 확정 계약을 하기로 하고, 제품 개발에 박차를 가하였다. 대형 슈퍼 체인에 납품할 상품은 판매 진열대 확보를 위해 보통 1년 전에는 계약을 해 놓아야 한다.

그러던 중에 유통기한에 대한 결과를 빨리 보기 위해 실시한 가속 저장 실험 조건에서, 최소 6개월 동안은 동일해야 할 물성이 1개월여 만에 도저히 식용하기 어려울 정도로 굳어져 버리는 문제가 발생하였다. 기존 유제품과 같은 용도이므로 비슷한 저장 기간을 가지면서 유통과 저장 조건에 안전하고 안정적인 제품을 만들어야 하는데 이대로는 시장에 출시할 수 없는 상태였다.

다행히 아직 시간적으로 여유가 있으므로 유제품을 개발하던 기술력과 경험, 그리고 원리를 이용해서 실험 설계를 다시 하여 결과를 보면서 최적의 조건을 찾아보기로 하였다.

이전까지는 이 조합 저 조합 조금은 무작위로 경험에 근거하여 만들었다면, 이번에는 저장성에 초점을 두고, 그것에 영향을 미칠 변수를 고려해 보았다. 다각적으로 모든 변수를 반영하여 통계 처리가 가능한 실험을 계획하여, 최적의 조건을 확보할 수 있도록 꽤 많은 처리구의 실험을 실시하였다.

그러나 대대적인 실험을 했음에도 불구하고 결과는 오리무중이었고, 이제 무엇을 어떻게 바꿔야 할지 전혀 모르는 상태였다.

물건을 전국 슈퍼 체인에 대규모로 납품해야 할 기한은 얼마 남지 않았는데 제품은 시장에 나갈 수 없는 상태이고, 무엇보다도 큰 문제는 어디서 잘못되었는지, 어디를 손대야 할지를 전혀 알 수가 없다는 점이었다.

당장 해결하지 않으면 회사가 치러야 할 피해가 엄청나고, 시간도 얼마 남지 않아 짧은 시간 동안 어디에서부터 바꾸어야 할지 막막한 상태였다.

3. 문제 해결을 위한 접근

1) 현실 인식과 받아들임, 그리고 주인 의식

문제가 생기면 제일 먼저 귀찮다는 생각 혹은 두려움이 앞서기 쉽다. 문제로 인한 영향이 크면 클수록 주변에 알리기보다는 웬만하면 덮어 놓고 그냥 넘어가겠다고 생각하기 쉽고, 혹은 어디론가 도망가 버리고 싶다는 생각도 들 수 있다. 그러나 이럴수록 더 현실을 받아들이고, 차분하게 어떻게 행동할지를 생각하여야 한다.

2) 적절한 곳에 소문내기

혼자 해결할 수 없는 문제를 해결하기 위해서는 그 문제에 직접적인 도움을 줄 수 있는 사람(들)을 찾아서 솔직하게 이야기하고 도움을 요청해야 한다. 보통 직장에서는 직계 상사나 업무 파트너이기 쉽다. 될 수 있는 한 빨리, 있는 그대로 보고하되, 해결되지 못했을 때의 파장도 분석하여 분명하게 알리는 것이 필요하다. 직계 상사나 업무 파트너에게 보고할 때에도 가능한 위험 파악과 이런 저런 해결책을 이미 찾기 시작했다는 것을 알리는 것이 도움을 얻고 해결책을 함께 찾기에도 훨씬 용이하다.

혼자서 생각하거나 비슷한 분야의 사람들과만 이야기하다 보면 사고의 폭을 넘어서기가 어려울 수 있다. 여러 분야의 사람들, 단순히 기술 개발을 담당하는 사람들뿐만 아니라 전혀 다른 분야의 사람들은 다른 접근 방식을 제시해 줄 수 있다는 것을 염두에 두고, 다양한 분야의 사람들과 이야기하는 것이 중요하다.

문제 발생과 그 해결은 보통 시간과의 싸움이다. 따라서 반드시 기한을 정하고, 우선순위를 두어 그 기간 안에 최대로 가능한 생각들을 취합해야 한다.

한편, 주변에 알리는 것의 용이함에는 기업 문화와 상사의 성향이 많은 영향을 미친다. 실수를 쉽게 용납하지 않는 기업 문화이거나 잔소리가 많은 상사라면 알리는 것이 용이하지 않다. 문제를 직시하거나 드러내기 힘들다면 내 성향 탓인지, 아니면 기업 문화의 영향인지를 판단하는 것이 본인의 정신 건강과 장기적이고 지속적인 성장에 도움이 된다. 내 성향 탓이라면 주인 의식과 용기를 더 내는 것이, 기업 문화의 탓이라면 일단 가능한 선에서 솔직히 시작하면서 문화를 서서히 바꾸어 가거나 시간을 두고 시도해 보도록 한다.

3) 문제 해결을 위한 접근

(1) 단기 해결책, 눈 가리고 아웅

관련자 회의를 소집하여 그동안 나왔던 결과를 분석하고, 가능한 대안을 찾는 회의를 하였다. 계획했던 문제의 제품은 아니더라도 저장 조건에 덜 민감한 다른 일부 제품들은 계획대로 출시할 수 있었지만 유통기한은 어느 정도 줄이기로 하였다. 제품 납품을 하긴 하였지만 근본적인 해결책은 아니었다. 유제품 개발에서는 플랫폼처럼 이용할 수 있는 지식 기반이 있어서 이것에 근거하여 조금씩 변형하며 다양한 제품을 개발했었는데 신소재로는 이런 접근은 변죽만 치는 것에 불과하였다.

(2) 도움/협업을 적극적으로 활용한 궁극적 해결책 도모

우리가 모르는 무엇인가가 이 소재에 있음을 인식하고 이것을 풀어내야 했다. 당시로서는 기존의 기술력으로, 그리고 단기간에는 해결할 수가 없었다. 따라서 유사한 경험이나 기술력을 가진 상대를 찾아서 도움을 요청하기로 하였다.

문제를 해결할 만한 기술력을 가진 대상을 선정하고, 문제점에 대하여 정확하고 솔직하게 논의하는 것이 중요하다. 이때 무엇이 문제를 일으켰는지, 근본적으로 무엇을 알아야 할지, 무엇이 가장 큰 문제인지를 명확하게 파악하여 이를 다시 토의해야 한다. 여러 가지 현상이 복잡하게 얽혀 있어 풀어야 할 문제가 산재해 있으나 시간이 촉박하다면, 문제에 우선순위를 부여하여 가장 급한 해결책부터 얻도록 하는 내부의 합의 과정이 필요하다.

4. 제품 자체의 문제 해결을 위한 접근

1) 충분한 대화와 토론

협업을 시작할 때 내부에서 토론되었던 내용을 솔직하게 공유하며, 토론에 시간이 많이 소요되더라도 파트너 간에 문제에 대한 완전한 이해와 얻고자 하는 해결책/방안이 무엇인지에 대한 동의를 이끌어 내는 것이 시간을 절약하는 첩경이다. 따라서 토론할 때는 모르는 것은 모른다고 하고, 질문하고 찾아보는 솔직함과 용기가 필요하다. 그 누구도 모든 것을 처음부터 다 알고 있지는 못하다.

2) 동의하고 나눈다.

해결해야 할 것과 그 우선순위에 동의하고 그동안 알게 된 모든 것을 나눈다. 실패했던 실험 자료들은 대단히 중요한 정보이다. 전문가가 단기간 안에 답을 찾기 위해서는 일반적 지식을 바탕으로 해결해야 할 문제를 중심으로 찾아보는 것도 필요하지만, 실패한 실험 결과를 분석하여 같은 실패를 반복하지 않고 이미 시도된 것에서 새로운 가설을 확인하는 것은 대단히 중요한 과정이다.

이미 알려진 일반 지식(출판된 논문, 책 등)과 실패한 실험을 통해 얻은 구체적인 사항들로부터 가설을 설정하고, 그에 대한 결과를 확인하는 것은 이 과정을 수행하는 전문가에게는 매우 많은 시간과 집중력, 끈질김과 집요함이 소요되는 고단한 과정이지만 궁극적으로 시간을 줄이고, 총체적이고 구체적인 문제 해결을 위한 방법을 제시하는 데는 필수 과정이다. 알려진 일반적 지식에 기반하여 스스로 세운 구체적인 가설이 어떻게 입증되는지, 혹은 반증되는지 그 과정을 즐긴다면 어려움보다는 재미를 느끼게 될 수도 있다. 이 과정을 꼭 어렵게 생각할 필요는 없으며, 만약 재미를 느끼지 못한다면 자신이 흥미를 가지는 다른 분야에 더 주력하고(예를 들어 다양한 사람들과 이야기를 나누며 문제 해결의 옵션들을 모은다든지, 문제를 구체화하는 등의 일) 이는 잘하는 사람한테 부탁하는 것도 결론적으로는 좋다. 이 단계에서 전문가 역시 주인 의식과 도전 의식을 가져야 한다.

3) 권한 부여와 지지

일단 의뢰를 하였거나 협업을 시작하면, 협업 대상자에게 모든 권한을 부여하여 그가 생각하는 것을 자유롭게 수행할 수 있는 모든 조건과 지지를 제공해야 한다. 모든 것을 맡기기 위해 이전 단계에 대한 설명이라든지, 문제에 대한 완전한 상호 이해, 명쾌하게 그리고 우선 해결해야 할 것에 대한 분명한 동의가 필수적이다.

여기까지 기술한 점들이 문제를 제기한 필자의 업무 파트너와 함께 시작한 문제 해결 방식이다. 문제가 발생하자 제품 개발자들은 위에 기술한 것들을 중심으로 전문 지식을 소유한, 그리고 원리에 기반하여 다양한 각도로 생각하는 훈련이 되어 있는 사람들이 소속된 부서(필자도 소속된)에 도움을 요청하였고, 문제 해결을 의뢰받게 된 필자와 함께 되짚으며 한 단계 더 구체화시켰다.

4) 전문가의 역할

(1) 문제 분석, 가설의 수립과 검증

해결책을 찾기 위해서는 우선 실패한 예들, 그래서 문제라고 떠오른 현상을 철저히 분석하는 것이 반드시 선행되어야 한다. 단순히 잘못된 현상만을 볼 것이 아니라 잘못된 현상 뒤에 숨어 있을 원인에 대한 가설을 세우고, 그것을 입증하는 형태로 실패한 예들을 분석해야 한다.

가설과 검증이라는 용어가 주는 무게에 위축될 필요는 없다. 어렵게 생각하면 답이 코앞에 있어도 찾기 힘들다. 지하철을 반대 방향으로 탔다면, 내가 왜 그랬는지 무의식적으로라도 묻고, 그 답을 순간적으로 인식한다. 스마트폰을 보느라 정신이 팔렸다든지, 처음 가는 역이어서 방향을 잘 모른 채 그저 들어오는 지하철에 몸을 실었다든지 말이다. 이 '왜'라는, 즉 궁금함 내지는 호기심이 문제 해결을 위한 가장 중요한 첫 단계이다. '왜 그랬을까?'에 대한 호기심 없이는 문제 해결을 위한 흥미가 일어날 수 없다. 이 '왜'에 대한 '아마도 ~ 때문에'가 바로 가설이다. 그리고 '아마도 ~ 때문에'가 실험구가 되거나 확인 작업에 들어가는 단초이며 그 결과를 보는 것이 검증이다. 이에 대한 예는 다음과 같다.

문제 발생

냉동실에 보관하던 아이스크림의 형태가 원래 만들었던 것과 다르게 뭉그러졌다.

문제 분석

아이스크림이 엉망이 된 형태가 녹았다가 다시 얼은 듯하다.

가설 1. 전원에 문제가 있었을지도 모른다.

가설 2. 냉동고의 문이 열린 채로 오래 있었다가 닫혔을지도 모른다.

가설 3. 생산과 보관 과정 중에 냉동 보관에 적합하지 않은 어떤 현상이 생겼을 수 있다.

이와 같이 될 수 있는 한 다양한 가설을 세우고, 가설을 검증할 우선순위를 정한다.

검증

가설 1과 2는 상대적으로 확인이 쉽고 수정이 쉬우므로 1과 2를 먼저 확인한다.

가설 1의 검증 : 냉동고의 전원 로그 기록을 확인하여 전원이 차단된 적이 있는지 확인한다.

가설 2의 검증 : 냉동고 온도 기록부를 확인하여 온도가 높아졌다가 다시 낮아졌는지를 본다.

이 단계에서 이미 검증이 되었다면 거기에 대한 해결책, 즉 전원의 안정성이나 온도 유지 장치, 혹시 일어났었을 누군가의 실수에 대한 방지책을 취한다. → 문제 해결

가설 3은 1과 2가 아닌 경우에 접근하게 되는데, 가설 3에는 세분화된 많은 가설들이

존재할 수 있다. 예를 들면 다음과 같다.

가설 3.1. 원재료 중에 무엇이 바뀌었는가?

가설 3.2. 공정 과정에 다른 점이 있었는가?

가설 3.3. 공정 후 냉동 과정이 표준 방식에서 벗어나는 것이 있었는가?

가설의 예에서 볼 수 있듯이, 가설 하나하나는 단순한(simple, single) 호기심(온갖 다양한 면에서 바라보며 개별적으로 만들어야 할)에 불과하다. 가설 하나하나는 단순하면 단순할수록 좋다.

문제 해결

가설을 세웠으면, 이를 검증할 수 있는 실험구를 만들어야 한다. 실험이 가능하다면 실험을, 가능하지 않다면 이 가설에 대한 답을 줄 수 있는 문헌이나 정보, 전문가의 의견 등에서 가능성을 찾아볼 수 있을 것이다. 가설이 맞는다는 결과가 나온다면, 이를 토대로 현재의 상태를 바꾸어 시험/수행한다. 이로써 문제가 해결되는 것이고, 혹은 명쾌하게 해결되지 않더라도 그전과 어떻게 다르게 접근해야 할지, 즉 무엇이 잘못되었는지 알게 되므로 같은 실수나 문제 발생을 최소화할 수 있다.

(2) 전문가의 능력

가설 수립은 일반적으로 논리와 그 계(system : 한정된 경계를 가지고 있는 범위)에 대한 지식, 그리고 상식을 토대로 하기 마련이다. 그러나 사실 이 정도 수준의 기반은 문제가 발생하기 전에 이미 직장 내 시스템에 반영해 놓았을 것이다. 앞에서 예를 든 경우와 같이 이런 일반적 지식에 근거하여 수행했는데 문제가 발생했다면, 이는 전혀 다른 관점에서 바라보아야 함을 의미한다.

그렇다면 전혀 다른 관점이란 무엇일까?

한마디로 일반화하기 힘들지만, 늘 하던 대로 하는 습관을 벗어던지는 것이 좋다. '설마 그게 작동하겠어?' 하는 것도 가설에 넣고 검증하는 것이 좋다. 어떻게 보면 필요 없어 보이는 실험을 추가하는 것은 시간과 인력, 자원의 소요를 뜻한다. 많은 경우 이런 가설은 제외하게 되는데 무엇을 과감하게 밀어 넣고, 무엇을 과감하게 빼야 할지를 알아가는 과정이 전문가나 전문 문제 해결자가 되어가는 과정이라고도 할 수 있기에 훈련은 필요하다. 그리고 이렇게 해 나아가는 데는 많은 정신적 힘과 용기, 대담함과 함께 의사소통 능력이 필요하다. 그 누구도 처음부터 다 잘 할 수는 없다. 결국 전문가의 능력은 문제를 해결해 가면서 함께 성장하는 자질이라고 봐야 할 것이다.

5. 맺음말

지금까지 기술한 모든 것에는 문제와 그 해결책에 대한 호기심, 끈질김, 도전 의식, 그리고 책임 의식과 주인 의식이 필수이다. 어쩌면 전문 지식은 이런 자세보다 덜 중요하다고 볼 수 있다. 전문 지식은 알려진 전문가에게 묻거나, 혹은 여러 사람들과 이야기하면서 관련된 가설을 만들어 나갈 수 있기 때문이다. 절대로 놓치지 말아야 할 것은 호기심, 끈질김, 도전 의식, 책임 의식, 그리고 주인 의식이다. 또 왜 이런 생각을 검증해야 하는지를 주변에 잘 이해시킬 수 있도록 의사소통 능력을 키워가는 것도 중요하다. 이를 끊임없이 스스로에게 독려할 수 있다면 어느 분야에서 일하든 문제가 발생했을 때 해결자로 일할 수 있을 것이다.

문제에는 사실 매력도 있다. 통상 하던 일에는 구체적인 질문이 없는 데 비해서 문제에는 구체적인 질문이 발생하고, 그 답을 찾기 위해 집중하게 된다. 어쩌면 그 직행 코스가 더 재미있을 수도 있다. 해결책을 찾기까지 시간이 별로 없다는 것도 한편으로는 쓸데없는 군더더기를 줄이고, 가장 중요한 요점에 집중하는 데 도움이 될 수 있다. 자신이 세운 아주 독창적인 가설들이 검증되는 순간의 쾌감은 해 본 사람만이 알 수 있다. 눈이 수북이 쌓인 산에 등산을 간다는 것이 어떤 이에게는 피해야만 할 일인 듯 싶지만, 어떤 이들은 일부러 채비를 갖추고 찾아다닌다는 것을 잊지 말자. 무슨 일이 벌어지든 즐길 수 있다면 문제의 반은 이미 해결된 것이다.

REFERENCE
참고문헌

가드 카렌 저, 홍현필·오동환·최윤희 역, 공학자를 위한 트리즈 : 발명 문제의 해결, GS 인터비전, 2015.

강미희·고현·홍남희, 문제해결 능력, 정민사, 2015.

김은경, 창의와 혁신의 시크릿 트리즈, 한빛아카데미, 2015.

김호종, 6단계 창의성을 적용한 실용 트리즈1 기초편, 두양사, 2007.

김호종, 실용 트리즈 창의 공학 설계 입문, 진샘미디어, 2015.

김호종·김기정·강일찬·조영덕, 창의 설계 실용 트리즈 : 한국형, 진샘미디어, 2011.

노봉수·김석중·김영석·이광근·이재환, 식품분석학, 수학사, 2014.

로저 마틴 저, 이건식 역, 디자인 씽킹 : 아이디어를 아이콘으로 바꾸는 생각의 최고 지점, 웅진윙스, 2010.

리차드 장·케이스 켈리 저, 이상욱·장윤현·이성호·류한호 역, 6단계 문제해결 모델, 21세기 북스, 1997.

리팅이·스신위·황즈옌·황칭웨이 저, 송은진 역, 스탠퍼드 대학의 디자인 씽킹 강의노트, 인서트, 2014.

바바라 민토 저, 이진원 역, 논리의 기술, 더난출판사, 2004.

박영태, 창의성과 문제해결능력, 창지사, 2019.

발터 크래머·괴츠 트렝클러 저, 박영구·박정미 역, 상식의 오류사전, 도서출판 경당, 2000.

식품과학기술교수연구회, 문제해결 능력을 키워주는 식품기사 산업기사, 수학사, 2014.

식품의약품안전처, 식품 이물관리 업무 매뉴얼, 진한M&B, 2017

알트슐러 저, 박성균·윤기섭·최윤희 역, 알트슐러의 40가지 발명 원리, GS 인터비전, 2012.

오경철, 생각이 열리는 나무 트리즈 마인드 맵, 성안당, 2012.

이형주·문태화·노봉수·장판식·백형희·이광근·김석중·유상호·이기원, 식품화학, 수학사, 2014.

이호철, 문제해결 로직트리, 한솜미디어, 2015.

전도근·김문준·나현정·방상규, 창의력 코칭, 교육과학사, 2014.

조연수, 문제중심학습의 이론과 실제, 학지사, 2006.

주문원, 창의적 설계를 위한 가이드북, 디올미디어, 2017.

토머스 J 크로웰 저, 박우정 역, 역사를 수놓은 발명 250가지, 현암사, 2011.

홍순택·정동화, 식품에멀션, 수학사, 2019.

平野裕之, 続·5S指導マニュアル, 日刊工業新聞社, 2001.

Barbara Minto, Pyramid Principle : Logical Writing, Thinking and Problem Solving, Pearson Education Corporate, 2008.

W.J. Harper, FST 696 TECHNICAL PROBLEM SOLVING Lecture Note, Ohio State University, 2000.

사이트 및 기타 자료

http://www.beautytimes.com/인사잇/타업종에배운다/kroger의-전략적-인수를-통한-성장-전략/

http://www.etoday.co.kr/news/section/newsview.php?idxno=1634139

http://www.ttimes.co.kr/view.html?no=2018030612407744129

http://www.ttimes.co.kr/view.html?no=2019010717207765660

http://www.ttimes.co.kr/view.html?no=2019011715117783000&ref=face&shlink=face&fbclid=IwAR3Rv1HV7BIb-HZFAfvC6RAWSSIguN3beOc3ywVEL2ZIqQfXhpDjutGx_V4

https://blog.lgcns.com/1140/누구나 전략기획고수가 될 수 있다-전략적사고의 중요성. LG CNS (2016.7.1)

https://blog.lgcns.com/1163/누구나 전략기획고수가 될 수 있다-문제해결을 위한 기본원칙. LG CNS (2016.7.29)

https://blog.lgcns.com/1343/누구나 전략기획고수가 될 수 있다-문제해결 프로세스 #1. LG CNS (2017.2.24)

https://blog.lgcns.com/1367/누구나 전략기획고수가 될 수 있다-문제해결 프로세스 #2. LG CNS (2017.3.24.)

INDEX
찾아보기

영문

저자 소개

노봉수 (현) 서울여자대학교 식품공학과 명예교수
서울대학교 식품공학과 학사·석사
University of California, Davis. 석사·박사
동서식품기술연구원 연구원
한국식품과학회 회장

양지영 (현) 한국식품위생안전성학회 회장, 부경대학교 식품공학과 교수
서울대학교 식품공학과 학사·석사·박사
두산종합기술원 선임연구원
Iowa State University 박사후 연구원

송상훈 (현) 서울여자대학교 식품응용시스템학부 식품공학전공 교수
서울대학교 식품공학과 학사·석사·박사
CJ 제일제당 식품연구소 수석연구원
배화여자대학교 식품영양과 교수

이재환 (현) 성균관대학교 식품생물공학과 교수
서울대학교 식품공학과 학사·석사
Ohio State University 식품공학 박사
CJ 제일제당 연구원
서울산업대학교 식품공학과 부교수

한정훈 (현) Vice-President of R&D and QA, Pulmuone Foods USA
고려대학교 식품공학과 학사·석사
Purdue University 식품공학과 박사
Associate Professor, University of Manitoba
Principal Engineer, PepsiCo Inc.

송태국 (현) 문제공학연구소 소장
부산공업대학교 기계설계 전공
금성통신 자동화기술실 엔지니어
한국능률협회컨설팅 토요타 생산방식 실천전문위원
일본 PEC 산업교육센터 컨설턴트

오원택 (현) 푸드원텍 대표이사
경희대학교 식품가공학과 학사
연세대학교 식품공학과 석사·박사
한국보건산업진흥원 책임연구원
식품규격연구회 회장

김현정 (현) 유니레버 네덜란드 식품연구소 Emulsion scientist/R&D 매니저
서울대학교 식품공학과 학사·석사·박사
서울대학교 농업생물신소재 연구소 박사후 연구원
University of Massachusetts 박사후 연구원
Iowa State University 박사후 연구원

현장을 위한 식품문제해결

2019년 8월 16일 초판 인쇄
2019년 8월 22일 초판 발행

저자 노봉수 · 양지영 · 송상훈 · 이재환
한정훈 · 송태국 · 오원택 · 김현정

발행인 이 영 호
발행처 **수 학 사**
06653 서울특별시 서초구 효령로 263
출판등록 1953년 7월 23일 No.16-10
전화번호 02) 584-4642(代) 팩스 02) 521-1458
http://www.soohaksa.co.kr
디자인 북큐브

정가 26,000원

ISBN 978-89-7140-728-8 (93570)